中国工业节能进展报告2012

——“十二五”工业节能形势与任务

国宏美亚（北京）工业节能减排技术促进中心　编著

海洋出版社
2013年·北京

内 容 简 介

报告对“十二五”工业节能形势与任务、2011 年工业节能经验与成就、工业节能工作障碍与对策等话题有了较为深入的探讨，能够帮助读者进一步认清当前形势，把握方向，实现“十二五”工业节能目标。全书分为四章。第一章分析“十二五”开局之年中国工业节能面临的新形势和新挑战，介绍中国节能政策步入调整期呈现出的一系列变化，简要评述年度工业节能总体表现；第二章介绍钢铁、石油和化工、建材、有色金属和电力五大行业的年度节能进展，从规划入手，分析上述五大行业未来节能任务；第三章总结和分析了《工业节能“十二五”规划》，万家企业节能低碳行动、企业能源管理体系建设和第三方节能量审核等节能政策措施的主要内容、实施现状及推进障碍与对策等；第四章分析“十二五”工业节能内外部环境和 2011 年工业节能任务完成情况，阐述未来四年工业节能目标和实现途径，总结工业节能工作面临问题，提出应对措施。

本书可为节能主管部门的政策制定，工业企业的节能实践，科研机构的学术研究等提供重要参考。

图书在版编目(CIP)数据

中国工业节能进展报告2012：“十二五”工业节能形势与任务/国宏美亚（北京）工业节能减排技术促进中心编著. —北京：海洋出版社，2013.7

ISBN 978-7-5027-8607-6

Ⅰ.①中… Ⅱ.①国… Ⅲ.①工业企业—节能—研究报告—中国—2011～2015 Ⅳ.①TK01

中国版本图书馆 CIP 数据核字（2013）第 144562 号

总 策 划：邹华跃
责任编辑：张曌嫘　张鹤凌
责任校对：肖新民
责任印制：赵麟苏
排　　版：申　彪

出版发行：海洋出版社

地　　址：北京市海淀区大慧寺路 8 号（716 房间）100081
经　　销：新华书店
技术支持：（010）62100058

发 行 部：（010）62174379（传真）（010）62132549
（010）68038093（邮购）（010）62100077
网　　址：www.oceanpress.com.cn
承　　印：北京旺都印务有限公司
版　　次：2013 年 7 月第 1 版
2013 年 7 月第 1 次印刷
开　　本：787mm×1092mm　1/16
印　　张：14（四色印刷）
字　　数：250 千字
印　　数：1～2500 册
定　　价：68.00 元

本书如有印、装质量问题可与发行部调换

《中国工业节能进展报告2012》
编 委 会

主　　任： 戴彦德　何　平

编　　委： （按姓氏音序排列）

白荣春　韩　炜　贺　军　胡秀莲　黄　导
李永亮　米建华　邵朱强　杨宏伟　郁　聪
周伏秋

主　　编： 李铁男

副 主 编： 李淑袆

编写人员： （按姓氏音序排列）

陈立立　邓秋玮　公丕芹　郭　晶　蒋　洁
李　臣　吕丹丹　吕晓剑　孙志辉　王与娟
谢修平　易　田　郑　深

序

党的“十八大”将生态文明建设列入“经济、社会、政治、文化、生态”建设五位一体的总布局，系统提出了建设生态文明，建设美丽中国的要求，彰显了党中央旨在通过继续大力推进节能减排、发展新能源，破解粗放式经济发展对经济增长造成的硬约束的决心，这对我国节能工作提出了更高的要求。

工业节能历来是我国节能工作的重中之重，“十一五”期间工业部门对全国总节能量的贡献率达78.8%。“十二五”期间，国家提出了单位国内生产总值（GDP）能耗强度下降16%的节能目标，但两年来这一目标的完成状况并不理想，2011年未完成既定年度目标，单位GDP能耗强度仅下降2.01%；2012年在经济增速放缓，对单位GDP能耗强度下降极为有利的形势下，也仅下降了3.6%。要达成16%的节能目标，“十二五”后三年单位GDP能耗强度平均每年还要再下降3.5%以上，节能形势十分紧迫，任务十分繁重，而工业作为最重要的节能领域，无疑将要承担更高的节能责任。在此形势下，对“十二五”工业节能形势与任务进行深入研究，探讨当前工业节能面临的问题，提出针对性措施保障“十二五”工业节能目标的顺利完成就显得尤为重要。

国宏美亚（北京）工业节能减排技术促进中心（CIEE）从分析钢铁、石油化工、建材、有色金属和电力五大高耗能行业的节能形势，以及万家企业节能低碳行动等主要节能政策措施入手，对“十二五”工业节能形势与任务、面临的问题和挑战、实现工业节能目标的实施途径和措施等问题进行了较为全面的分析。这对国家相关政策措施的制定、节能领域专家学者的研究工作等都有很好的参考价值。

同时，本报告也是CIEE正式出版的《中国工业节能进展报告》系列报告的第三部。CIEE是一个年轻的团队，正在不断成长，感谢他们这几年来的辛勤工作及对工业节能领域做出的重要贡献，也期待《中国工业节能进展报告》系列能够成为工业节能研究领域不可或缺的重要研究报告。

戴彦德

国家发展和改革委员会能源研究所副所长

2012年12月22日

自序

选择“十二五工业节能形势与任务”作为今年报告的主题，主要基于两方面考虑：一是步入“十二五”时期，中国工业节能所面临的形势发生了很大变化，内外部环境更为复杂；二是国家对工业节能工作提出了新的要求，工业节能责任更加重大、任务更为艰巨。认清“十二五”工业节能形势，明确未来几年的工业节能任务，是今年报告策划的初衷。

本年度报告延续了以往“四段式”的构架模式。第一部分：综合篇，分析“十二五”开局之年中国工业节能面临的新形势，介绍中国工业节能工作步入攻坚期呈现出的一系列变化，简要评述年度工业节能总体表现；第二部分：行业篇，介绍钢铁、石油和化工、建材、有色金属和电力五大行业的年度节能进展，从规划入手，分析上述五大行业的节能任务；第三部分：政策措施篇，总结和分析了《工业节能“十二五”规划》、万家企业节能低碳行动、企业能源管理体系建设和第三方节能量审核等节能政策措施的主要内容和实施现状，并对其后续实施提出了建议；第四部分：展望篇，分析“十二五”工业节能内外部环境和工业节能工作面临的机遇与挑战，阐述未来三年的工业节能目标和任务，提出对工业节能工作持续推进的思考与建议。

本年度报告继续由国宏美亚（北京）工业节能减排技术促进中心（CIEE）牵头组成的报告编写组分章撰写，中心李铁男主任负责报告框架、内容、文字等整体把关。为提高报告参考价值，我们不仅希望全面呈现工业节能相关政策、资料和数据等，更期望挖掘数据和资料背后的工业节能方向与热点、成效与经验、问题与思考等。当然，由于能力有限，这些观点的挖掘也许并不准确和到位。我们希望通过这些不成熟的观点，起到抛砖引玉的作用，引发业内同仁对工业节能工作更为深入的思考。

为顺利完成今年报告，我们邀请国内知名节能政策专家、行业专家和技术专家组成专家团队，为报告提供数据、资料和技术等方面的支持。同时组织了一系列研讨会和访谈活动，深入了解不同领域专家对2012年工业节能的总体表现和热点话题、工业节能面临的挑战和机遇、未来工业节能的任务和走向等议题的看法。

我们要感谢编委会及相关专家，特别是戴彦德先生和白荣春先生对报告的总体指导，感谢中国钢铁工业协会、中国石油和化学工业联合会、中国建筑材料联合会、中国有色金属工业协会和中国电力企业联合会等行业协会的专业把关，还要感谢国家发展和改革委员会能源研究所、方圆标志认证集团产品认证有限公司以及相关机构专家的支持和参与。最后，特别感谢能源基金会中国可持续能源项目的资金支持和专家指导。

今年是《中国工业节能进展报告》系列读本正式出版的第三个年头。在此，我们恳请新老读者对报告提出宝贵意见，使之成为有影响力、为国内外认可的品牌报告。

编 者

2012年12月10日

Content

执行摘要

2011年，中国节能工作迎来“十二五”开局之年。“十二五”开局之年的内外部形势可以用一个“变”字形容，体现在国际环境复杂“多变”、中国工业化道路积极“求变”、科技创新能力有待“变强”、人民生活水平期许“变高”、资源环境约束压力“变大”等。

受国内外形势的推动，中国节能工作迎来新篇章。《中华人民共和国国民经济和社会发展第十二个五年规划纲要》提出“单位国内生产总值能耗降低16%”的约束性指标和“合理控制能源消费总量”的方针。这意味着中国能源利用领域将实施“能源消费总量和能源利用强度”的双控措施。中国共产党第十八次全国代表大会报告首次将“生态文明”独立成篇，提出“把生态文明建设放在突出地位，融入经济建设、政治建设、文化建设、社会建设各方面和全过程”。作为生态文明建设的重要方面，节能工作的地位将再次提升，节能工作的影响力将进一步扩大。

为顺应“十二五”节能新形势，完成节能新任务，中国节能政策在继承的基础上发展创新，尝试了一些新思路和新做法。如加强节能工作顶层设计，出台国家级节能规划以及工业、建筑等重点用能部门的专项节能规划；调整各省（直辖市、自治区）节能任务分配方法，制定差异化的节能目标；加快产业转型升级，培育战略性新兴产业；启动万家企业节能低碳行动，将更多的重点用能单位纳入政府节能管理范围；创新碳排放权交易试点，开展节能减排财政政策综合示范工作；规范节能财政资金的发放使用，加强重点用能单位的节能监督等。

在中国节能工作发展过程中，工业节能一直备受重视。一方面，作为中国节能工作的主力军，工业节能责任不断加重，压力不断加大。“十二五”工业节能目标是规模以上工业增加值能耗下降21%，远高于国家节能目标。在万家企业节能低碳行动中，工业企业占万家企业总数的90%以上，工业企业的节能工作关系着万家企业节能低碳行动的成败。另一方面，工业耗能大户继续担任节能先行者的角色。截至2011年底，国家出台的28项产品能耗限额标准主要针对工业行业；能源利用状况报告制度、能源审计、能源管理岗位等企业能源管理制度被首先应用到工业企业；能效对标、能源管理体系、能源管控中心、节能自愿协议等节能新方法和新机制也最先发端于工业耗能大户的试点工作。

鉴于中国工业节能的地位和作用，人们对“十二五”开局之年的工业节能表现寄予较高期望。2011年初，国家提出了规模以上工业增加值能耗下降4%的节能目标（如将《工业节能“十二五”规划》规模以上工业增加值能耗下降21%的总目标进行年度分解，2011年工业节能目标则为下降4.6%）。但是，2011年工业节能总体表现未达预期，节能分项指标的完成情况虽不乏亮点，但与国家总体要求相比，还存在一些差距，主要表现在：

① 工业节能总指标完成情况未达预期。2011年规模以上工业增加值能耗仅下降3.49%，低于年初既定目标约0.5%，低于规划年度分解目标约1.1%。工业节能指标完成不理想直接影响到国家节能目标的实现，2011年单位国内生产总值能耗下降2.01%，同样低于预期目标。

② 主要产品单耗继续下降，少数产品单耗出现波动。一方面，重点统计企业吨钢综合能耗、原油加工、乙烯、合成氨、烧碱、纯碱、水泥熟料、氧化铝、电解铝、铜冶炼综合能耗等持续下降，部分产品单耗已经达到或接近世界先进水平。另一方面，在行业未出现大的技术或产品创新，产品生产受气候条件影响的情况下，少数产品单耗出现波动，如电石综合能耗比上年提高1.05%，铅冶炼综合能耗比上年提高近6%。

③ 淘汰落后产能的任务如期完成，但淘汰工作同时面临着一些问题。2011年工业领域的淘汰落后产能任务涉及18个行业的2225家企业，淘汰任务提前3个月基本完成，形成节能能力约0.1亿吨标准煤。与此同时，由于淘汰工作涉及到地方经济利益甚至可能影响到社会稳定，部分地方工作的执行难度较大，相关政策仍有待完善。

④ 节能技术水平持续提升，但技术节能难度逐渐加大。2011年，先进、高效的节能技术、装备和工艺继续在工业行业中推广，钢铁联合企业的技术已经达到世界水平，水泥行业中新兴干法生产线已具有较强的国际市场竞争力，氧化铝节能技术达到世界先进水平。此外，一些行业关键节能技术和装备，如钢铁行业干熄焦技术、高炉煤气余压能量回收透平发电装置（Blast-FurnaceTop Pressure Recovery Turbine Unit，简称TRT）、水泥行业纯低温余热利用技术、电解铝行业大型预焙槽等的普及率不断提高，技术进步继续成为推动工业节能的主要力量。但是，随着节能技术的大规模普及，部分既有技术的节能潜力下降，拓展节能空间的成本提高。在技术创新能力不足的情况下，部分行业可能会深陷技术锁定效应，推动工业节能技术水平持续提高的难度加大。

⑤ 企业节能管理制度建设迈上新台阶，但仍存在较大的提升空间。2011年，企业能源管理制度建设得到加强，能效对标、能源管理体系、能源管控中心等节能新方法、新机制和新机构的建立和推广，促进了企业能源管理的系统化、规范化、制度化和精细化，推动了企业节能管理长效机制的建立。但是，在企业能源管理负责人配备和能源管理岗位的设置等方面，还存在较大提升空间。国家对能源管理体系等企业节能管理机制的支持力度还不够。

总体来看，“十二五”开局之年的工业节能工作总体表现未达预期。从节能手段上讲，受高耗能行业能耗拉动作用的影响，结构调整没有发挥应有的节能作用，甚至部分抵消了技术进步带来的节能效果；随着“十一五”大规模的节能技术改造，既有技术的节能空间逐步收窄，部分技术节能的贡献率可能下降；节能管理工作尚未受到充分的重视，管理节能的潜力有待进一步挖掘。从根源上讲，随着中国工业化和城镇化加速，能源需求量依然巨大；同时，由于发展惯性使然，中国工业转型升级突破不易。同样，受现有体制机制的影响，形成有利于节能的市场环境尚需时日。

从大环境看，随着2011年末中国经济增速有所放缓，工业企业利润下滑，政府财政收入增速放缓，企业和政府的节能投入可能会受到较大影响。中国工业节能工作迈入攻坚期。

为打好节能攻坚战，中国工业节能领域必须做好充分准备，将工作重心放在把握节能方向、强化政策引导、建立长效机制、夯实节能基础等层面上来，更具耐心、更加务实地开展节能各项工作。

① 深刻认识节能工作的作用，妥善处理节能减排与经济发展、环境保护之间的关系，树立节能大局观，促进相关方达成更为广泛的节能共识。

② 坚持并尊重企业节能主体地位，建立政府与企业的沟通机制，企业节能管理能力建设应制度建设、能力建设和文化建设并举。

③ 以提高技术创新能力为核心，制定节能技术长远发展规划，研究建立节能技术遴选、评价、推广和后评估制度，拓展先进节能技术的传播和推广渠道，创新节能技术融资机制和服务模式。

④ 严格新建项目准入，培育战略性新兴产业，规范淘汰落后产能工作，发挥结构节能在工业节能工作中的作用。

⑤ 加大节能管理工作力度，积极推广节能管理新机制，建立能源管理绩效评价制度，推广节能管理最佳实践和案例，提高基层的节能管理能力。

⑥ 转变政府节能工作职能，在政策制定和实施过程中加强相关方协商，提高节能

政策的可操作性，增加政策执行的透明度，建立政策实施效果评估制度，把握节能政策实施的步伐和节奏。

⑦ 加快能源价格改革，实施有利于节能的财税政策，推动企业节能内生机制的形成，完善现有的节能市场化机制。

⑧ 加快工业节能法规和标准的制定、修订步伐，加强节能监察工作，开展执法能力建设。

⑨ 夯实节能基础，构建节能支撑体系，形成有利于节能工作持续发展的良好局面。

⑩ 加强工业节能工作宣传，奠定节能工作群众基础。

Executive Summary

In 2011, the energy conversation work of China entered into the Twelfth Five-Year Plan period. The situation at home and aboard has been changing, which is reflected on the following aspects: the international environment is complex and changeable; China's road to industrialization is active to pursue change; the technical innovation capacity is waiting to become stronger; the living level expected by people is getting higher; and the binding pressure of resource environment is becoming larger etc.

Addressing to the domestic and international situation, China's energy conservation work ushers in a new era. The binding target of "reducing energy consumption per unit of GDP by 16%" and fundamental policy of "reasonable capping of energy consumption" were put forward in *The 12th Five-Year Plan for National Economic and Social Development of the People's Republic of China*, which means that China will establish a doubt-control system on "Total energy use and Energy use intensity". Furthermore, the report of the Eighteenth National Congress of the Communist Party of China firstly used one separate chapter to state "ecological progress", and put forward that "We must give high priority to making ecological progress and incorporate it into all aspects and the whole process of advancing economic, political, cultural, and social progress". As an important aspect of promoting ecological progress, China's energy conservation work will rise in status as well as expanding its influence in the future.

In order to comply with the new situation and complete the new tasks of energy conservation work for the 12th Five-Year Plan, some new ideas and measures have been involved in the China's energy efficiency policies, which were developed based on experiences during the 11th Five-Year Plan period. Such as strengthening Toplevel planning of energy conservation work, and issuing national energy efficiency plan and special plans for major energy-using sectors, including industrial sector and building sector; adjusting the method of assigning energy conversation tasks to all provinces, autonomous regions and municipalities directly under the central government, and formulating regional energy intensity reduction targets with differentiation; optimizing and upgrading industrial structure, and supporting the development of strategic and newly emerging industries; carrying out "energy conservation and low carbon action of Top Ten Thousand Enterprises", and more key energy-using enterprises involved in the field of governmental energy management; innovating pilot programs for carbon emissions trading, and promoting the comprehensive pilot work of energy conservation and emission reduction fiscal policy; regulating allocation and utilization of special funds for energy conservation work, and enhancing supervision work of key energy-using enterprises.

Energy conservation work for industrial sector is the most valued along with the development of China's energy conservation work. On one hand, as a principal force of China's energy conservation work, the industrial sector faces with more responsibilities for energy conservation and more pressure. The energy intensity reduction targets of industrial sector during the 12th Five-Year Plan period is that the energy consumption per industrial added value of industrial enterprises above designated size reduced by 21%, which is far higher than the national energy conservation target. Industrial enterprises account for more than 90% of the total number of "Top Ten Thousand Enterprises", so industrial enterprises play a principal role in the implementation of "energy conservation and low carbon action of Top Ten Thousand Enterprises". On the other hand, industrial sector acts as a pioneer of China's energy conversation work. Most of energy efficiency actions and new mechanism are targeted at industrial sector. By the end of 2011, China had set a total of 28 mandatory national standards on energy consumption quotas for high-energy-consuming products, which aimed at the industrial sectors. The energy management systems, such as energy utilization status reporting system, energy auditing, energy management position etc., were used in industrial enterprises at the early stage. The new energy efficiency mechanisms such as energy efficiency benchmarking, energy management system (EnMS), energy management and monitoring center, voluntary agreement of energy conservation etc, were also initialized from energy conservation activities of key energy-using enterprises in industrial field.

In consideration of the status and role of industrial energy conservation work, high expectations are placed on industrial energy efficiency performance in the first year of the 12th Five-Year Plan period. In the beginning of 2011, China set industrial energy intensity reduction target that the energy consumption per industrial added value of industrial enterprises above designated size reduces by 4% (in accordance with the disassembly of

Blueprint of Conserving Energy in the Industrial Sector During the 12th Five-Year Plan Period, the industrial energy intensity reduction target in 2011 shall be 4.6%). However, the overall energy efficiency performance of industrial sector in 2011 was not up to expectation. Although industrial sector had made a great progress in reducing energy consumption per unit of products, speeding up the elimination of backward production etc, there still exist problems in industrial energy conservation work compared with requirements by the national basic policy, which mainly reflect on the following aspects.

I. The industrial energy efficiency performance was not up to expectation. In 2011, the index of energy consumption per industrial added value of industrial enterprises above designated size only reduced by 3.49%, which was about 0.5% lower than the annual target set by China's government in the beginning of 2011, and about 1.1% lower than the annual target from *Blueprint of Conserving Energy in the Industrial Sector During the 12th Five-Year Plan Period*. The unsatisfied result of industrial energy conservation work had influenced the realization of national energy conservation target. In 2011, energy consumption per unit of GDP only reduced by 2.01%, which was lower than the predicted target.

II. Energy consumption per unit of major industrial products continued to reduce, while some of which had a rebound. On one hand, full energy consumption per ton steel of key statistic enterprises, crude oil processing, ethylene, synthetic ammonia, sodium hydroxide, calcined soda, cement clinker, alumina, electrolytic aluminum, copper smelting etc, had declined in various degree, and energy consumption per unit of some products had already reached or been close to the advanced world level; On the other hand, the energy consumption per unit of some products had increased in the condition that product innovation had not occurred, and the production conditions may be influenced by climate change, for example, full energy consumption for calcium carbide had increased by 1.05% and full energy consumption for lead smelting had increased by 6% directly compared to the previous year .

III. The task of phasing out backward production capacity had been completely finished on time, but there are still problems in the elimination work. In 2011, there were 2225 enterprises in 18 industries sectors involved in the elimination work, and the elimination task had been completed basically 3 months ahead of schedule, almost achieved 10 Mtce energy-saving capacities. However, due to that the elimination work may influence local economic development and even social stability, the implementation of elimination work would be difficult in some regions. The elimination policies for backward production still need to be improved.

IV. The energy conservation technology level continued to improve, but it became more difficult to save energy relying on technology. In 2011, a lot of high advanced and efficient energy conservation technologies, equipments and processes continued to be promoted in the industrial sections. The technical level of large-scale iron and steel enterprises had reached the world advanced level, the emerging dry production line in cement industry was competitive in international market, and the energy conservation technology of alumina sector led the advance level in the world. In addition, key energy conservation technologies in several industries, such as dry quenching and TRT technology in steel industry, pure low temperature waste heat power generation in cement industry, large prebake tank in electrolytic aluminum industry, had achieved high popularizing rate, and technical progress kept on acting as the major force for promoting the industrial energy efficiency. However, along with the large-scale popularization of existing energy conservation technologies, it was worth noting that energy-saving potential of these technologies application becomes smaller and the cost to extend energy-saving space will increase at the same time. More than that, if the industrial sector is always lack of technological innovation ability, some industrial sectors may be involved in the lock-in effect of inefficient technologies, then it will be more difficult to continuously improve energy conservation technological level in the future.

V. The development of energy conservation management system for enterprises was marching towards a new stage, but the promotion space is still large. In 2011, the enterprise energy management system construction had been enhanced. New energy efficiency mechanisms, measures and institutions, such as energy efficiency benchmarking, EnMS and energy management and control center etc, had been promoted and therefore improved enterprises' energy conservation management with systematization, normalization, institutionalization and delicacy, and also accelerated the establishment of long-term mechanisms. However, there was still large improvement space in some aspects, such as construction of energy management responsible person and provision of energy management position etc. In addition, the development of enterprise energy management mechanism, such as the promotion of EnMS for "Top Ten Thousand enterprises", still needed stronger policy support.

In a word, the energy efficiency performance of industrial energy conservation work was not up to expectation in 2011. In the view of energy conservation measures, the structural adjustment failed to play its due role, which even offset part of the energy conservation effects brought about by technical progress; Along with the large-scale energy conservation technological transformation during the 12th Five-Year Plan period, the promotion space for existing energy conservation technologies was narrowing gradually, and the contribution rate of technological measures may drop; the energy conservation management work failed to be placed with enough attention, and the function of management measures needed to be improved. In root source speaking, China is growing up at a rapid speed with vigorously development of industrialization and urbanization, which may lead to large energy consumption demands as before; as a result of current stage of development, China's industrial transformation and upgrade is not easy to break through; while affected by the existing systems and mechanisms of China, the establishment of long-term mechanism of energy conservation needs more time.

As the growth speed of China's economy was slowing down gradually at the end of 2011, the profit rate of industrial enterprises was decreasing, the increase rate of government's fiscal revenue was declining gradually and the investment of energy conservation work for enterprises and governments may deduce. China's industrial energy conservation work proceeded to the hard period actually.

As emerging of hard period for energy conservation work, industrial sector should take full preparation, and place enough attention on the following aspects such as grasping energy conservation direction, strengthening energy policy guidance, establishing the long-term mechanism, enhancing the basic work, and carrying out industrial energy conservation work with more patience and practical methods.

I. Make a profound understanding of the value of energy conservation work, balance the relation among energy conservation, economic development and environmental protection, establish overall viewpoint of energy conservation work, and make a great effort to reach a more extensive consensus among stakeholders.

II. Adhere to and respect the dominant position of enterprises in energy conservation work, establish the communication mechanism between governments and enterprises, and carry out the system construction, capacity building and cultural cultivate in term of enterprises energy conservation ability improvement.

III. Attach core role on energy conservation technical innovation, formulate a long-term developing planning for energy conservation technologies, study and establish a system for technology selection, evaluation, promotion and post evaluation, expand the channel for energy conservation technology dissemination and promotion, and innovate financing mechanisms and service mode of energy conservation technologies.

IV. Strictly control the launching of new projects, support the development of strategic and newly emerging industries, regulate the eliminate work of backward production, and give full play to the readjustment of economy structure for industrial energy conservation.

V. Enhance the support to energy conservation management measure, promote energy conservation mechanism, establish energy management performance evaluation system, popularize the best practices and cases in energy conservation management, and improve energy management capacity of grass-root governments.

VI. Transform the governmental function in energy conservation field, strengthen consultation within stakeholders in the process of policy formulation and implementation, improve the operability of energy conservation policies, enhance the transparency of policy implementation, launch evaluation for policy implementation effects, and grasp the pace and rhythm of energy conservation policy implementation.

VII. Accelerate the reform of energy prices, guide fiscal and taxation policies which are advantageous to energy conservation work, promote the formation of endogenous mechanism for energy conservation work in enterprises, and perfect the existing energy conservation market mechanism.

VIII. Accelerate pace to formulate (revise) the industrial energy conservation regulations and standards, enhance inspection work and raise the capacity for conservation law enforcement.

IX. Enhance the basic work of energy conservation, build energy conservation supporting system and form a good situation benefiting for the continuous development of energy conservation work.

X. Enhance media publicity to lay a mass foundation for industrial energy conservation work.

第一章
综合篇

提要：全年工业经济实现较快增长，后期工业经济出现下行趋势，"稳增长"逐渐成为工业主旋律。与此同时，工业能耗逆势增长，高耗能行业重现抬头之势，工业转型升级面临重重困难。受经济下行和高耗能行业能耗激增的双重影响，2011年未完成年初制定的工业节能目标，开局之年的节能工作总体进展并不顺利。即便如此，工业领域依旧在淘汰落后、节能技术推广、企业节能管理能力建设等方面取得一系列节能成效，并在继承发展的基础上，积极开展节能政策的调整和创新。

第一节 中国工业经济发展概况

2011年初，中国工业经济迎来了良好开局，经济增长势头强劲。但从下半年开始，受欧债危机和国家宏观经济政策收紧的影响，部分行业经济增速呈现放缓迹象，年末工业经济增速下滑趋势愈加明显。与此同时，国家宏观经济政策再次从"紧缩性"转向"稳增长"。经济增速放缓，加上国际环境的复杂多变和国家宏观经济政策导向的转变，构成了"十二五"开局之年中国工业节能工作特殊的外部环境。

一、工业经济总量

2011年，工业经济增长总体呈现稳中放缓的基本态势。全年实现国内生产总值（GDP）472 881.6亿元（当年价），同比增长9.3%（2010年价）[①]，比上年下降了1.2%。中国工业实现工业增加值188 470.2亿元，约占GDP的39.86%，比上年降低了0.17%。全部工业增加值比上年增长10.7%，规模以上工业[②]增加值增长13.9%，增速均比上年有所下滑，如图1-1，图1-2所示。

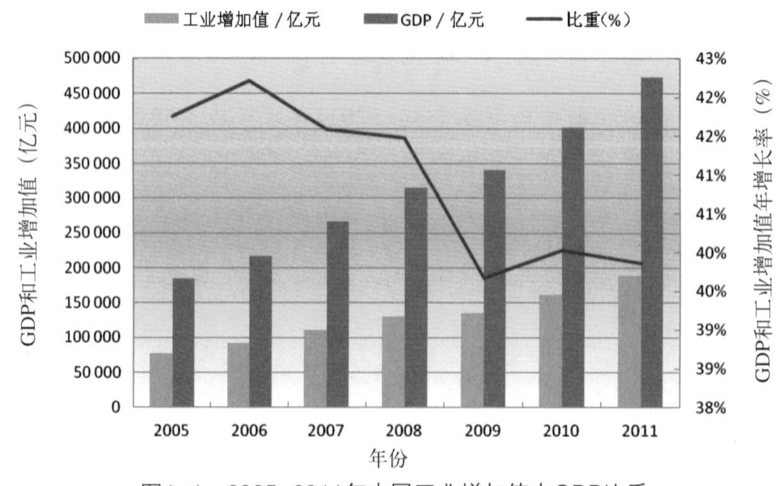

图1-1 2005-2011年中国工业增加值占GDP比重

注：2005-2010年数据来自历年《中国统计年鉴》，均为当年价。

① 国家统计局，《2011年国民经济与社会发展统计公报》，2012年2月22日。

② 从2011年开始，规模以上工业企业的统计范围调整为年主营业务收入2000万元及以上的工业企业。

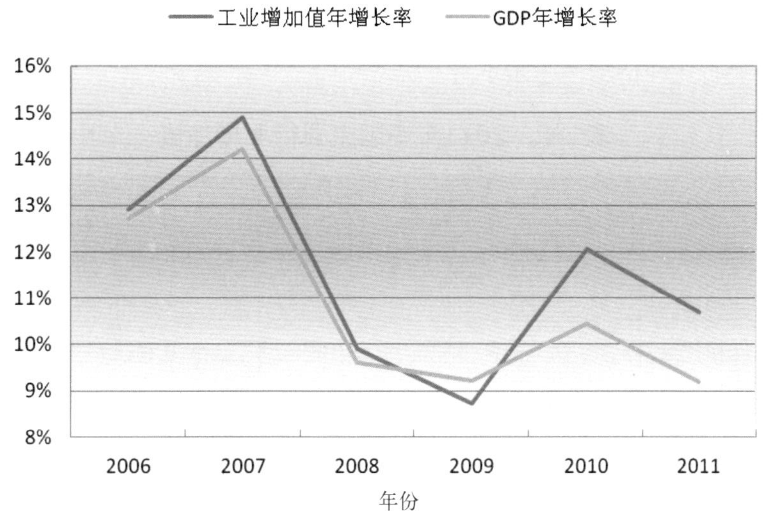

工业增加值年增长率 GDP年增长率

16% 15% 14% 13% 12% 11% 10% 9% 8%

2006 2007 2008 2009 2010 2011

年份

图1-2　2006-2011年中国工业增加值年增长率和GDP年增长率

注：1. 2006-2010年工业增加值年增长率和GDP年增长率数据根据《中国统计年鉴2011》折算得到。
2. 2011年工业增加值年增长率和GDP年增长率数据来自《2011年国民经济与社会发展统计公报》。
3. 2006-2010年年增长率为2005年价，2011年年增长率为2010年价。

从主要经济指标上看，2011年经济增长速度呈“前高后低”之势。2011年初，中国经济增长势头强劲，第一季度的GDP增速和工业增加值增速均好于上年同期，在通货膨胀压力下，国家采取“紧缩性”宏观调控政策，为过热的经济增长降温。但是，从2011年下半年起，随着欧债危机愈演愈烈以及国家紧缩性宏观调控政策效应逐步显现，国内外市场需求不振，主要经济指标出现下滑，第三季度的规模以上工业增加值增长率跌破14%，10月份降低到13.2%，11月份创下了12.4%的新低，经济增速放缓趋势愈加明显，见表 1-1。与此同时，国家宏观经济政策开始出现重大转变，“稳增长”再次被摆在首要位置。

表1-1　2011年分季度中国工业增加值增速

第一季度	第二季度	第三季度	第四季度		
			10月	11月	12月
14.4%	14%	13.8%	13.2%	12.4%	12.8%

注：数据来自国家统计局。

2011年主要行业经济增速同样呈现稳中有降态势。原材料工业、装备工业、消费品工业和电力制造业的增加值同比分别增长12.6%、15.1%、14.1%和15.9%，增速均比上年有所回落。其中装备工业增加值增速比上年同期放缓了6%，比其他三个行业工业增加值增速下降率更大。与前三季度相比，原材料工业、装备工业、消费品工业和电子制造业全年增加值增速分别下降0.4%、0.4%、0.1%和0.2%，见表1-2，说明年末主要行业经济增速逐步下滑。

表1-2　2011年中国主要行业增加值

	原材料工业	装备工业	消费品工业	电子制造业
增加值年增速	12.6%	15.1%	14.1%	15.9%
与上年同期相比	−0.3%	−6%	−1.2%	−1%
与前三季度相比	−0.4%	−0.4%	−0.1%	−0.2%

注：根据中华人民共和国工业与信息化部（以下简称工信部）2012年2月发布的《2011年工业生产运行情况》和2012年4月发布的《2011年中国工业运行情况》综合整理。

主要工业品产量维持高位，中国有200多种工业品产量继续居世界第一位，其中粗钢产量占世界总产量的45.5%，水泥产量占世界总产量的60%左右。从2011年主要工业品产量增速上看，绝大多数产品产量增幅均比上年有所下滑，见表1-3。

表1-3　2011年中国主要工业品产量及年增速

产品名称	单位	2011年产量	年增速（%）	增速比上年
粗钢	万吨	68528.31	7.54	−3.83%
钢材	万吨	88619.57	10.39	−5.27%
原油	万吨	20287.55	0.23	−6.59%
烧碱	万吨	2473.52	11.00	−10.61%
乙烯	万吨	1527.50	7.47	−25.04%
纯碱	万吨	2294.03	12.74	8.11%
水泥	万吨	209925.86	11.55	−2.92%
平板玻璃	万重量箱	79107.55	19.26	6.02%
十种有色金属	万吨	3435.44	10.08	−7.76%
发电量	亿千瓦时	47130.20	12.02	−1.24%
原煤	亿吨	35.20	8.81	−0.11%
天然气	亿立方米	1026.89	8.26	−2.97%

注：2011年产品产量数据来自《中国统计年鉴2012》。

钢铁行业，全年粗钢产量6.85亿吨，同比增长7.54%，增幅比上年下滑3.83%，钢材产量8.86亿吨，同比增长10.39%，增幅比上年下滑5.27%。

石油和化工行业，全年原油、烧碱和乙烯产量分别为2.03亿吨、2473.52万吨和1 527.5万吨，分别比上年增长0.23%、11%和7.47%，增幅分别比上年降低6.59%、10.61%和25.04%，只有纯碱产量增幅高于上年约8%。

建材行业中水泥全年产量突破20亿吨，增长11.55%，增幅比上年下滑约3%，平板玻璃全年产量为7.91亿重量箱，增长19.26%，增幅比上年增长约6%。

有色金属行业，十种有色金属产品全年产量达到3435.44万吨，增长10.08%，增幅比上年下降7.76%。

能源工业，全年发电量、原煤产量和天然气产量分别为47 130.2亿千瓦时、35.2亿吨和1026.89亿立方米，增速分别为12.02%、8.81%和8.26%，均比上年同期有所下降。

二、工业经济结构

2011年，中国继续加大产业结构调整步伐，产业结构持续优化升级，但重工业化特征依旧明显，产业结构调整之路困难重重。

高新技术产业增加值同比增长16.5%，比全国规模以上工业高出2.6%；中高端制造业有了进一步发展，通信设备、计算机及其他电子设备制造业增加值增长15.9%、电气机械及器材制造业增长14.5%，均高于行业平均水平；战略性新兴产业的培育和发展初见成效，据工信部资料显示[①]，2011年全国779家规模以上的环保装备企业完成工业总产值1 304.59亿元，比2010年增长31.64%；工业销售值1 268.86亿元，同比增长31.09%，部分产品已经具有较强的市场竞争力。

高耗能行业的经济比重进一步降低，六大高耗能行业[②]工业增加值比上年增长12.3%，低于规模以上企业工业增加值平均增幅约1.6%。18个工业行业淘汰落后产能任务如期完成，电解铝、平板玻璃和传统煤化工等部分产能过剩行业的调控力度加大[③]。

在产品结构调整方面，钢铁、石油和化工、建材、有色金属等传统行业加快产品结构优化。钢铁行业中高档特种钢材国产化率提高，高强节材型钢材产品产量及占比均有所提升；石油和化工行业中高附加值产品成为主要利润增长点，部分产品质量和生产技术已达到世界先进水平；建材行业中专用机械、特种玻璃、玻璃纤维、建筑陶瓷、石材制品等较高附加值产品出口增加；有色金属行业中铜、铝精深加工产品和新

① 工信部，《2011年环保装备产业经济运行形势分析和2012年展望》，2012年3月14日。

② 六大高耗能行业是指非金属矿物制造业，化学原料及化学制品制造业，有色金属冶炼及压延加工业，黑色金属冶炼及压延加工业，电力、热力的生产和供应业，石油加工、炼焦及核燃料加工业。

③ 工信部运行监测协调局、中国社会科学院工业经济研究所，《2011年中国工业经济运行秋季报告》，2011年11月24日。

材料等高附加值产业发展迅速。

但中国工业的重工业化特征依旧明显。2011年，重工业增速依然快于轻工业。重、轻工业增加值同比分别增长14.3%和13%，重工业增速快于轻工业约1.3%。重工业经济比重进一步升高，2011年重工业增加值比重比上年提高了0.2%，攀升至71.4%。从工业总体结构上看，中国一直没有摆脱传统工业发展路径，重工业化趋势仍在持续，如图1-3所示。

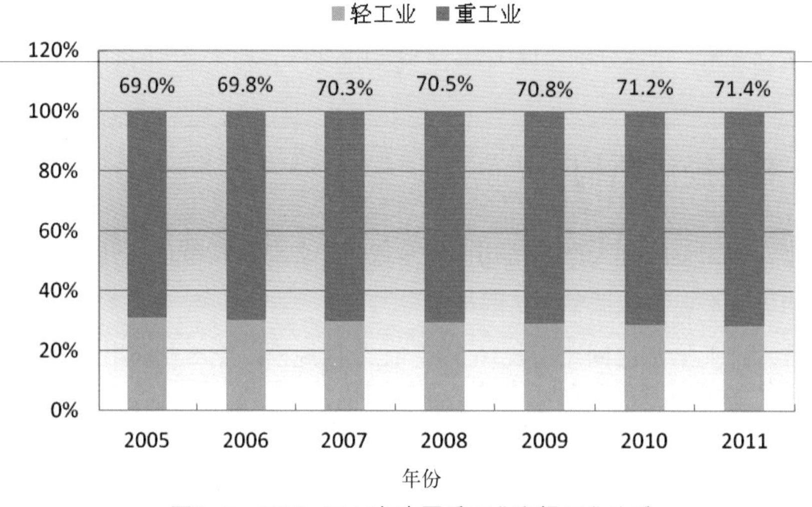

图1-3　2005-2011年中国重工业和轻工业比重

注：1. 2005-2008年数据来自《2008年中国工业节能进展报告》（国宏美亚，2009年9月）。
2. 2009-2011年重工业和轻工业比重根据国家统计局公布相关数据测算。

三、工业经济效益

2011年，中国工业经济效益总体继续改善，产业集中度进一步提高，但产能过剩加剧了部分行业亏损。

来自工信部的资料显示，全年全国规模以上工业实现主营业务收入84.33万亿元，实现利润5.45万亿元，分别比上年增长27.2%和25.4%，其中有色金属行业利润同比增长51.6%，建材行业利润同比增长44.3%。此外，企业组织结构调整和兼并重组步伐加快，产业集中度进一步提高。国内前十家钢铁企业的产业集中度达到49.2%，较上年提高0.6%；前23家水泥生产企业的产业集中度提高到55%；再生有色金属园区和骨干企业的工业总产值占再生有色金属产业总产值的50%以上。

但是，部分产品依然面临着严重的产能过剩，加上2011年部分产品仍未停止产能扩张的步伐，导致这些产品产能过剩局面进一步加剧。资料显示，2011年，钢材、水泥、平板玻璃、电解铝、甲醇、电石、尿素、聚氯乙烯等仍面临着产能利用率不足[①]或开工率不高等问题，见表1-4。随着2011年下半年中国经济增长速度逐步放缓，这些产品产能过剩带来的负面效应进一步凸显。以钢铁行业为例，由于粗钢产能持续过剩导致钢材价格不断下跌，企业效益不断下滑，企业利润由2011年初的增长35%一路下滑到负增长水平，全年黑色金属采矿业亏损面为12.9%，黑色金属冶炼和压延业亏损面达17.3%[②]。产能过剩行业的“去产能”和“产能消化”成为“十二五”开局之年工业经济工作的重要命题。

表1-4　2011年部分产品产能利用率或开工率

产品	产能利用率	产品	开工率
粗钢	80%	甲醇	49%
水泥	72%	电石	68%
电解铝	70%（2010）	尿素	78%
平板玻璃	70%（2010）	聚氯乙烯	58%

注：根据相关行业2011年经济运行情况报告以及工信部发布的《关于遏制电解铝行业产能过剩和重复建设引导产业健康发展的紧急通知》和《关于抑制平板玻璃产能过快增长引导产业健康发展的通知》综合整理。

四、工业技术水平

2011年，工业技术改造投入增加、企业技术水平不断提高，但技术创新能力不足，核心技术缺失严重。

国家统计局统计数据显示，2011年，工业技术改造投资完成5.4万亿元，增长24.9%，增速比上年高2.1%；工业技术改造投资额占工业投资的比重为41.6%，比上年高1.4%。其中，工信部联合有关部门安排专项资金135亿元，带动投资2 791亿元，用于支持技术改造工作[③]；安排8.3亿元资金用于支持清洁生产、企业能源管控中心建设以及“两型”企业创建试点工作等。

工业技术改造在推动企业更新装备、引进先进工艺和技术、提高产品质量等方面

① 美联储认为，工业部门能够以高达81%的产能利用率安全运行，即不会引起通货膨胀。如果产能利用率达到85%，就可以认为实现了产能充分利用。超过90%，则可以认为产能不足，有可能引起通货膨胀。如果明显低于79%～83%区间，则说明可能存在产能过剩，即开工不足，可能出现通货紧缩，可能会挫伤企业投资的信心，引起失业增加。资料来源：蔺丽莉，《多角度透视产能利用率》，《中国信息报》，2010年7月15日。

② 方烨，《中国工业利润三年来首降 企业经营困境难以改善》，《经济参考报》，2012年3月28日。

③ 工信部，《2011年盘点：稳步推进传统产业改造提升》，2011年12月26日。

发挥了重要作用。传统行业大型先进装备普及率明显提高，如钢铁行业中4000立方米以上高炉已达15座，1000立方米以上高炉生产能力所占比例约为60%；电石行业中密闭电石炉产能所占比重明显提升，乙烯生产装备平均规模不断提高；水泥行业中新型干法生产工艺普及率接近87%，水泥单线生产规模进一步扩大；电解铝行业中大型预焙槽基本实现了全行业覆盖。

与此同时，中国工业技术创新能力也在稳步提高，工业技术创新产出持续增长，重大技术专项接连取得突破。部分行业技术装备已经达到国际先进水平，如中国大型联合钢铁企业的整体技术达到世界先进水平；中国自主研发的水泥生产工艺和装备具有较强的市场竞争力，已出口到世界多个国家，并已经进入欧美市场；氧化铝产业中低品位铝土矿高效节能生产氧化铝技术、拜耳法高浓度溶出浆液高效分离技术、串联法生产氧化铝技术等先进的节能技术，已达到世界先进水平。

但是，中国工业依然面临着关键技术自给率低、技术对外依赖度高等问题，国内发明专利只占全球的1.8%，科技进步对工业增长的贡献率仅30%左右，高技术含量、高附加值的重大装备和关键材料等仍需大量进口[①]。加上引进消化再吸收能力、模块集成创新能力都相对薄弱[②]，制约了中国工业的转型升级。

第二节　中国工业能源消费情况

2011年，中国工业能源消费增长速度并未像中国工业经济增速一样呈现"稳中放缓"态势，而是创下了自2008年以来的新高，工业能耗年增速达到6.22%。几大高耗能行业能耗延续了2010年以来强劲的增长势头，高耗能行业继续成为推高中国能源消费的主要力量。

一、工业能耗总量

2011年，工业能源消费总量继续攀升。全年中国工业能源消费总量达到24.64亿吨标准煤（等价值，下同），占中国能源消费总量的比重为70.8%，如图1-4所示。工业能源消费总量攀升，加上交通运输和生活消费用能量提高（2011年，交通运输和生活消费用能之和占全国能源消费总量的18.94%，比上年提高0.3%），共同推动中国能源

① 工信部规划司，《工业转型升级规划系列解读》，2012年2月14日。

② 剧锦文，《战略性新兴产业的发展"变量"：政策与市场分工》，《改革》，2011年第3期。

消费总量突破34亿吨标准煤。在消费需求拉动下，2011年，中国一次能源生产总量达到31.8亿吨标准煤，居世界第一①。

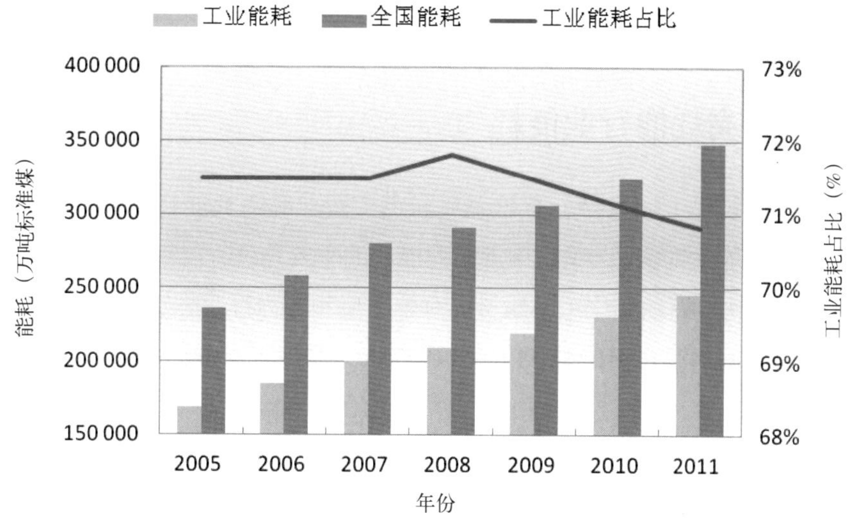

图1-4 2005-2011年中国工业能耗比重

注：1. 2005-2011年数据来自历年《中国能源统计年鉴》。
2. 以上数据均按照发电煤耗法测算。

2011年中国工业能耗增速为6.22%，增幅比上年提高0.4%。从2006年以来中国工业能耗年增速变化趋势上看，2008年工业能耗增速创下4.37%的最低点，此后一路温和反弹，从2008年到2011年，工业能耗增速增幅约为每年0.4%，如图1-5所示。

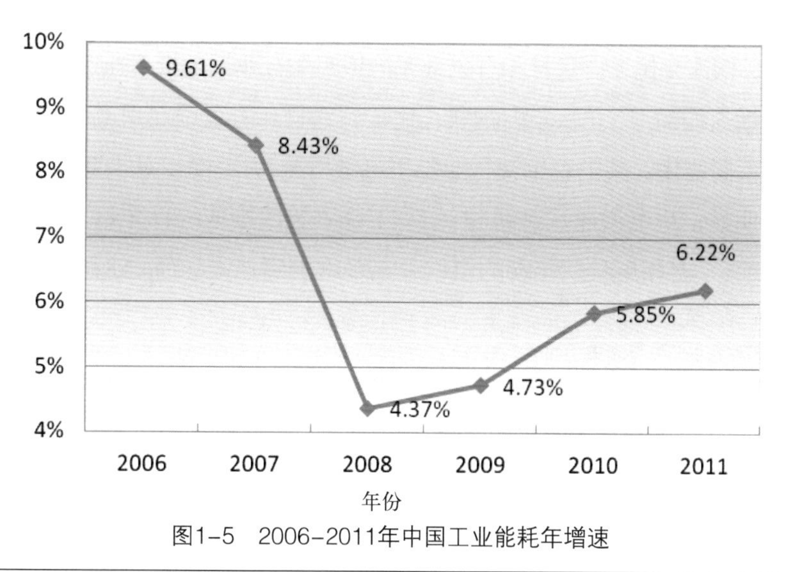

图1-5 2006-2011年中国工业能耗年增速

① 国务院新闻办公室，《中国的能源政策（2012）》（白皮书），2012年10月。

从工业用电量上看，工业用电规模继续扩大，占全社会用电量的比重进一步提高。2011年，工业用电3.469万亿千瓦时，比上年增长了12.37%，高于全社会用电量增速[①]。轻、重工业用电量增速差距继续扩大，轻工业占工业用电量比重比上年降低了0.4%[②]。

二、主要高耗能行业能耗

钢铁、石油和化工、建材、有色金属和电力行业等高耗能行业能耗增速创下自2006年以来的新高，继续成为推高中国工业能耗的主要角色。

2011年，钢铁、石油和化工、建材、有色金属和电力行业终端能源消费量分别为62490.32万、54667.43万、31443.53万、14977.06万和14238.46万吨标准煤，分别比上年增长10.8%、12.5%、9.7%、10%和12.8%[③]。五大行业能耗之和接近17.8亿吨标准煤，占工业能源消费总量的72.15%，比上年提高约3%。五大高耗能行业能耗平均年增速为11.18%，比同期工业能耗增速高出5%，高耗能行业能源消费增长势头强劲，见表1-5。

表1-5　2005-2011年五大行业能耗之和占工业能耗比重

	单位	2005年	2006年	2007年	2008年	2009年	2010年	2011年
能耗	万吨标准煤	119562.4	131470.2	143447.2	148478.4	156079.0	159936.6	177816.8
占比	%	70.86	71.09	71.53	70.94	71.20	68.93	72.15
年增速	%	11.63	9.96	9.11	3.51	5.12	2.47	11.18

注：根据历年《中国能源统计年鉴》综合整理。

2011年，钢铁、化工、建材和有色金属冶炼四个行业用电量增速达到13.97%，高于工业用电量增速约1.6%[④]。从年内钢铁、化工、建材和有色金属用电量上看，4个行业用电量呈现不同变化。其中，钢铁行业年用电量增速为12.4%，从全年分季度来看，增速下降趋势明显，用电增速从年初的16.2%下降到第四季度的11.8%；化工行业年用电量增速为13.5%，月用电量从年初的负增长逐步增加到15%左右；建材行业年用电量增

① 根据《中国能源统计年鉴2012》，2011年工业用电量为34691.6亿千瓦时。

② 中国电力企业联合会，《全国电力供需与经济运行形势分析预测报告2011-2012》，2012年2月。

③ 根据《中国能源统计年鉴2012》，钢铁行业能耗取黑色金属冶炼及延业加工业能耗值，因其统计口径与中国钢铁协会统计不完全可比，此数据分析仅供参考；石油和化工行业包括天然气和油气开采业，石油加工、炼焦及核燃料加工业，化学原料及化学制品制造业，化学纤维制造业，橡胶制品业；建材行业包括非金属矿采选业与非金属矿物制品业；有色金属行业包括有色金属矿采选业与有色金属冶炼及压延业；电力行业是指电力、热力的生产与供应业。

④ 钢铁、化工、建材和有色金属冶炼行业分别指黑色金属冶炼与压延加工业、化学原料及化学制品制造业、非金属矿物制品业、有色金属冶炼与压延加工业，根据《中国能源统计年鉴2012》，上述4个行业的电力消费量分别为：5248.27亿千万时、3528.32亿千万时、2917.93亿千万时、3501.8亿千万时。

速达到17.7%，远远高于其他行业用电量增速，但随着年内经济增速逐步放缓，建材行业用电量增速也呈现逐步下滑之势；有色金属行业年用电量增速13.2%，用电量增速呈逐月上升趋势，且在2011年下半年连续8个月保持超过300亿千瓦时的水平。

总体上看，2011年工业能耗总量和增速创下自“十一五”以来的新高，这与工业经济增速“稳中放缓”的趋势背道而驰。原因一方面是2011年中国经济起伏较大，经济信号传递具有一定的滞后性，能源消费市场还未来得及做出反应；另一方面，由于“十一五”末积压项目在2011年集中上马，在投资拉动下，部分高耗能行业重新抬头，加上部分行业特殊的生产工艺条件，不能根据企业生产经营状况随时关闭生产线，造成企业即使出现亏损也会维持一定开工率，这些情况综合导致2011年高耗能行业能耗的大幅攀升。

三、工业能源消费结构

工业能源消费依旧以化石燃料为主，但逐步向清洁化方向发展。2011年，工业能源消费结构与上年相比变化不大。其中，煤和焦炭消费量占到工业终端能耗的51.4%，比上年略有下降；原油及其他油品的消费比重达12.7%，比上年降低0.4%；电力消费比重达23.2%，比上年提高0.9%；天然气的消费比重比上年提高1.4%，如图1-6所示。

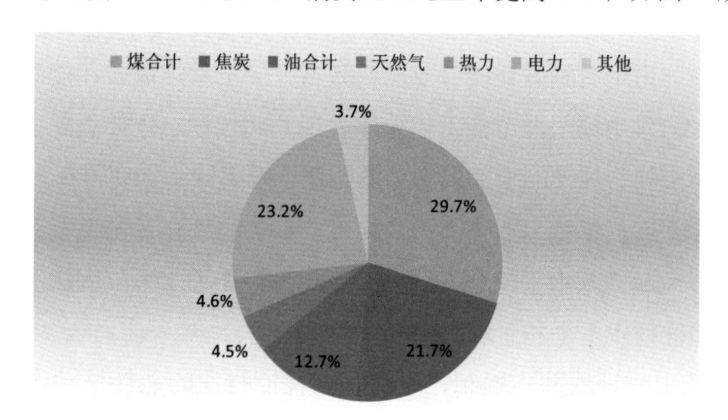

图1-6　2011年中国工业终端能源消费结构

注：1. 为计算方便，按电热当量法①取2011年工业终端能耗为169 825.7万吨标准煤。
2. 煤合计包括原煤、洗精煤、型煤、其他洗煤。
3. 油合计包括原油、柴油、汽油等油制品。
4. 以上数据均来自《中国能源统计年鉴2012》。

从趋势上看，自2005年以来，工业终端能源消费中煤、焦炭和油等的比重有所下

① 中国能源平衡表中按电力折标准煤方法列出两组数据，即发电煤耗法和电热当量法。平衡表中按发电煤耗法计算的终端能耗未扣除能源工业能源和发电损失；按电热当量法计算的终端能耗，扣除了发电损失。

降，中国工业能源消费结构正逐渐向清洁化方向发展，如图1-7所示。

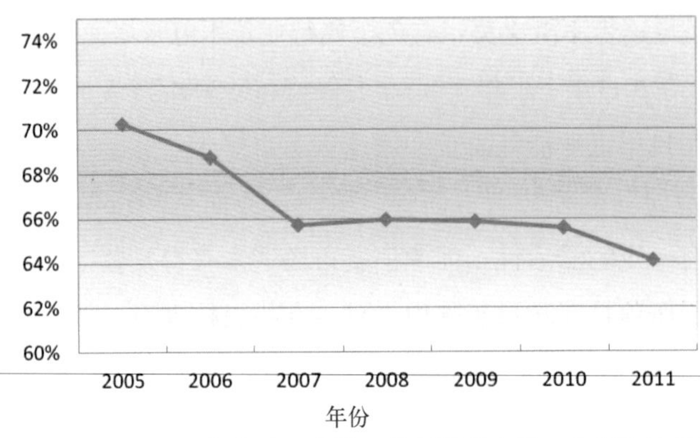

图1-7　2005-2011年中国工业终端能源消费中煤、焦炭和油的比重

注：1. 煤、焦炭和油的消费量均采用电热当量法计算。
　　2. 以上数据来自历年《中国能源统计年鉴》。

但2011年中国工业能源消费结构依然以化石燃料为主。此外，由于受西南旱情等气候因素影响，2011年水力发电量比上年下滑，煤炭生产比重提高①，工业能源消费结构的优化受到一定负面影响。

第三节　中国工业节能总体表现

从整体上看，由于受到高耗能行业能耗激增、经济增速放缓和能源消费结构波动等因素影响，2011年中国工业节能工作总体表现未达预期。主要表现在：工业能源消费弹性系数有所反弹，规模以上工业增加值能耗下降率低于年度目标。

从分项工作上看，年度工业节能不乏亮点。具体表现在：主要行业单位产品能耗继续下降，部分产品能效水平接近甚至已经达到世界先进水平；淘汰落后产能任务如期完成，企业节能技术水平和管理水平再迈新台阶等。

2011年节能工作进展并不顺利，主因是高耗能行业的能耗拉动作用。而主要产品单耗持续下降，则是由于以节能技术改造为主的重点节能工程不断推进。这说明“十一五”以来产业调整工作进展缓慢的局面未得到根本改善，结构调整尚未发挥应有的节能作用，反而抵消了技术进步带来的部分节能效果。随着2011年末中国经济增速的逐步放缓和拓展节能空间成本的不断提高，中国工业节能工作整体推进难度加大。中国的节能工作迈入攻坚期。

① 根据《中国统计年鉴2012》，2011年原煤、原油、天然气和水电、核电、风电比重分别为77.8%、9.1%、4.3%和8.8%，其中原煤产量比重比上年提高1.2%，水电、核电、风电比重比上年降低了0.6%。

一、工业节能指标

（一）工业能源消费弹性系数有所上升

从2007年以来，工业能源消费弹性系数一直徘徊在0.4～0.6之间。2011年工业能源消费弹性系数为0.581，比上年有所上升。虽然上升幅度有限，但仍创下自2007年以来的新高，如图1-8所示。

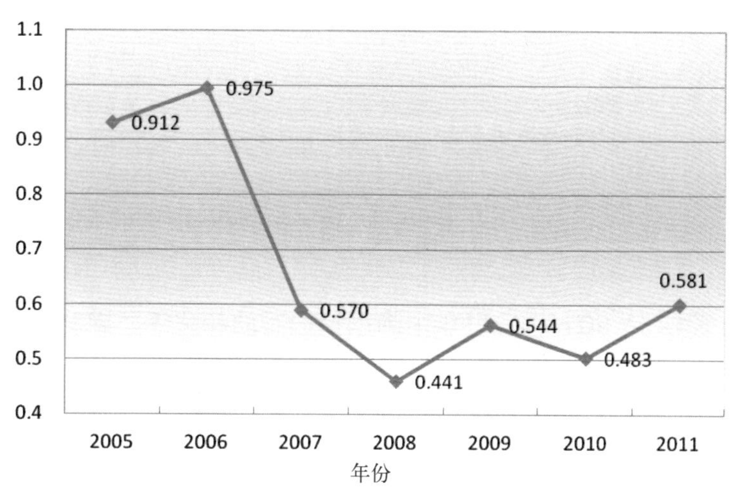

图1-8　2005-2011年中国工业能源消费弹性系数

（二）工业增加值能耗下降率未达预期

2011年初，国家制定了单位GDP能耗下降3.5%和规模以上工业增加值能耗下降4%的节能目标。从完成情况看，2011年单位GDP能耗下降2.01%，规模以上工业增加值能耗下降3.49%，均低于年初既定目标，节能指标完成情况不理想，见表 1-6。

主要行业节能进展放缓。据估算，石油和化工、有色金属行业单位工业增加值能耗分别比上年下降1.8%和3.4%，与工信部《工业节能“十二五”规划》制定的节能目标存在一定差距，钢铁行业单位工业增加值能耗略有上升，未来4年行业节能任务加重。建材行业单位工业增加值能耗下降率实现突破，达到7.6%，进度大幅超前，见表1-7。

表1-6　2005-2011年中国单位GDP能耗和工业增加值能耗下降情况

年份	单位GDP能耗（吨标准煤/万元）	单位GDP能耗下降率（%）	工业增加值能耗（吨标准煤/万元）	工业增加值能耗下降率（%）
按2005年价格计算				
2005	1.276	—	2.59	—
2006	1.241	2.74%	2.54	1.98%
2007	1.179	5.04%	2.40	5.46%

（续表）

年份	单位GDP能耗（吨标准煤/万元）	单位GDP能耗下降率（%）	工业增加值能耗（吨标准煤/万元）	工业增加值能耗下降率（%）
2008	1.118	5.20%	2.20	8.43%
2009	1.077	3.61%	2.05	6.62%
2010	1.034	4.01%	1.92	6.61%
按2010年价格计算				
2010	0.809	—	1.44*	—
2011	0.793	2.01%	1.39*	3.49%

注：1. 2005-2010年数据来自《2011中国工业节能进展报告——"十一五"工业节能成效与经验回顾》（国宏美亚，2012年2月）。
2. 2011年单位GDP能耗和下降率来自《2011年份省市万元地区生产总值（GDP）能耗等指标公报》。
3. 2011年规模以上工业增加值能耗下降率来自工信部。
4. 按照2010年价计算的2010年和2011年工业增加值能耗仅供参考。
5. 标*数据仅供参考。

表1-7　2010-2011年中国钢铁、石油和化工、建材和有色金属行业增加值能耗下降情况

行业	单位 工业增加值能耗（吨标准煤/万元）		2011比2005年变化（+/-）
	2010年	2011年	
钢铁	5.24*	5.29*（2005年价）	1.0%*
石油和化工	1.88	1.85（2005年价）	-1.8%
建材	3.65*	3.37*（2005年价）	-7.6%*
有色金属	3.16	2.89（2005年价）	-3.4%

注：1. 石油和化工行业单位工业增加值能耗值为2010年价，其他行业为2005年价。
2. 2010、2011年钢铁、建材行业单位工业增加值能耗及2011年其单位工业增加值能耗变化率均为估算，仅供参考。
3. 2010、2011年有色金属行业单位工业增加值能耗以及2011年其单位工业增加值能耗下降率数据来自中国有色金属工业协会。
4. 2010、2011年石油和化工行业单位工业增加值能耗以及2011年其单位工业增加值能耗下降率数据来自中国石油和化学工业联合会，其中行业能耗总量扣除了炼焦和核燃料加工业的能耗。
5. 将《工业节能"十二五"规划》中各个行业的"十二五"节能目标进行年度分解，钢铁、石油和化工、建材和有色金属行业"十二五"期间工业增加值能耗年均下降率分别为3.89%、3.89%、4.36%和3.89%。其中《工业节能"十二五"规划》制定的石油和化工单位工业增加值能耗下降率分别为18%和20%，此处统一取石油和化工行业节能目标为18%。
6. 标*数据仅供参考。

二、主要产品单耗指标

2011年重点行业的主要产品单耗继续下降，少数产品单耗如电石综合能耗和铅冶

炼综合能耗出现波动，如图1-9所示。

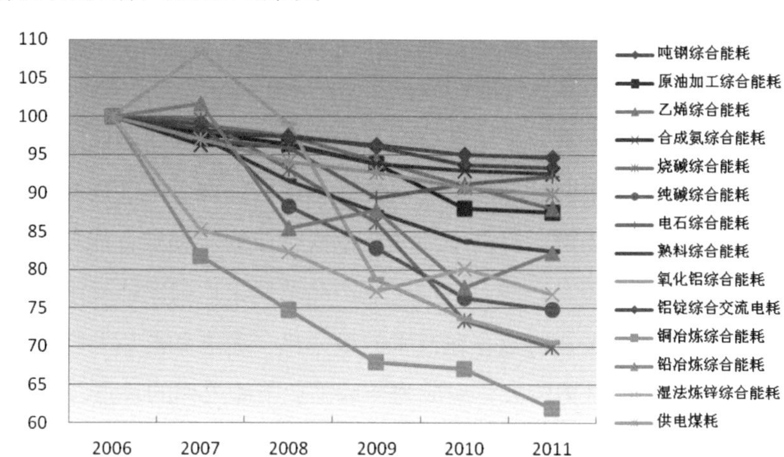

图1-9 2006-2011年中国主要高耗能产品综合能耗下降指数

注：2010和2011年水泥熟料综合能耗数据系作者测算，其他数据均来自各相关行业协会。

重点统计钢铁企业吨钢综合能耗为601.72千克标准煤/吨，比上年下降0.6%，大型联合钢铁厂的吨钢综合能耗指标已达到世界先进水平。

石化行业中原油加工、乙烯、合成氨、烧碱、纯碱综合能耗分别比上年下降0.61%、3.26%、0.4%、4.7%和2%，其中，先进的大型乙烯装置综合能耗、部分联碱法工厂的单位产品能耗以及膜极距离子膜烧碱单位产品能耗已经达到或接近世界先进水平。而电石综合能耗从2010年的1 040.61千克标准煤/吨上升到2011年的1 051.5千克标准煤/吨，同比增长了1.05%。

水泥熟料综合能耗由118.04千克标准煤/吨下降到116.25千克标准煤/吨，下降幅度为0.98%，4 000吨/日以上规模新型干法生产线的能效指标已经接近世界先进水平。

氧化铝综合能耗下降4.22%，铝锭（电解铝）交流电耗下降0.37%，铜冶炼和湿法炼锌综合能耗分别下降7.57%和4.02%，而铅冶炼综合能耗则上升了5.84%。其中，国内氧化铝能效先进值达到世界先进水平，铝锭综合交流电耗国内先进值也与国际先进值相当。

火电机组供电煤耗继续下降，2011年，6 000千瓦及以上火电机组平均供电煤耗为330克标准煤/千瓦时，比上年下降了4克标准煤/千瓦时。

虽然主要产品单耗在2011年保持下降趋势，但大部分产品单耗下降趋势减弱，少数产品单耗出现波动。原因是部分产品能效已经达到或者接近世界先进水平，如铜冶炼综合能耗、电解铝综合能耗等，在行业未出现大的技术变革或产品创新的情况下，仅依靠原有技术、工艺等，很难再次带来产品能效的大幅提升。而部分产品由于受到当年原材料品质、生产环境、设备性能等因素影响，产品单耗出现一定波动。此外，随着社会经济发展，对工业产品品质的要求不断提升，部分工业企业为提高产品质量会延长生产链或进行产品深加工，在其他条件不变的情况下，由于增加了单位产品的能源投入，也会造成部分产品单耗的相应提高。

虽然从能效平均水平来看，中国部分产品的能效指标已经达到国际先进水平，提升潜力似乎不大。但由于中国区域、企业间发展不平衡，部分地区还存在大量能效水平落后企业。以钢铁行业为例，目前中国联合钢铁企业的吨钢综合能耗已经接近或达到国际先进水平，但同时还有一些大中型企业产品单耗未达国家能耗限额的要求。与钢铁行业类似，还有很多工业行业存在技术两极分化、先进和落后并存的现象，这些行业中落后企业技术节能潜力较大，应成为今后工业节能工作的重点。

三、淘汰落后产能任务完成情况

淘汰标准的提高和部分行业淘汰任务的加重是2011年淘汰落后产能工作的重要特征。2011年工业领域的淘汰落后产能任务涉及18个行业的2 225家企业，其中淘汰落后炼铁产能3 122万吨、涉及96家企业，炼钢2 794万吨、涉及58家企业，焦炭1 975万吨、涉及87家企业，铁合金211万吨、涉及171家企业，电石152.9万吨、涉及48家企业，电解铝61.9万吨、涉及22家企业，铜冶炼42.5万吨、涉及24家企业，铅冶炼66.1万吨、涉及38家企业，锌冶炼33.8万吨、涉及32家企业，水泥15 327万吨、涉及782家企业，平板玻璃2 940.7万重量箱、涉及45家企业，造纸819.6万吨、涉及599家企业等[①]。由于2011年底是一批落后产能的最后淘汰期，根据前期完成进度，炼钢、铁合金、电石、电解铝、铜冶炼、铅冶炼、锌冶炼、水泥、平板玻璃、造纸等10个行业加大了淘汰任务；而炼铁、焦炭、酒精、味精、柠檬酸、制革、印染、化纤等8个行业，由于剩余的落后产能已经不多，则减少了淘汰任务。

据工信部和国家能源局联合公告，2011年全国淘汰落后目标任务全面完成[②]。全国共淘汰炼铁落后产能3 192万吨、炼钢2 846万吨、焦炭2 006万吨、铁合金212.7万吨、电石151.9万吨、电解铝63.9万吨、铜冶炼42.5万吨、铅冶炼66.1万吨、锌冶炼33.8万吨、水泥（熟料及磨机）15497万吨、平板玻璃3041万重量箱、造纸831.1万吨、酒精48.7万吨、味精8.4万吨、柠檬酸3.55万吨、制革488万标张、印染186 673万米、化纤37.25万吨，煤炭4 870万吨、电力784万千瓦，见表1-8。形成的节能能力约0.1亿

① 工信部，《关于下达2011年工业行业淘汰落后产能目标任务的通知》（工信部产业〔2011〕161号），2011年7月。
② 工信部、国家能源局联合公告，《2011年全国各地区淘汰落后产能目标任务完成情况》（2012年第62号），2012年12月17日。

吨标准煤[①]。中国淘汰落后产能工作是缓解部分行业产能过剩的重要手段，对于实现“十一五”节能减排目标，推动产业结构调整，转变发展方式起到了重要作用。

表1-8　2011年中国淘汰落后产能完成情况

行业	淘汰内容	单位	淘汰目标	实际淘汰量	目标完成情况
炼铁	400立方米及以下炼铁高炉	万吨	3122	3192	超额完成
炼钢	年产30万吨及以下的转炉、电炉	万吨	2794	2846	超额完成
水泥熟料	立窑，干法中空窑，直径3米以下水泥粉磨设备等	万吨	15327	15497	超额完成
平板玻璃	“平拉法”（含格法）落后产能	万重量箱	2940.7	3041	超额完成
焦炭	土法炼焦（含改良焦炉），单炉产能7.5万吨/年以下的半焦（兰炭）生产装置，炭化室高度小于4.3米焦炉（3.8米及以上捣固焦炉除外）	万吨	1975	2006	超额完成
铁合金	6300千伏安以下矿热电炉、3000千伏安以下铁合金半封闭直流电炉、铁合金精炼电炉等	万吨	211	212.7	超额完成
电石	单台炉容量小于12500千伏安电石炉及开放式电石炉	万吨	152.9	151.9	基本完成
电解铝	铝自焙电解槽及100千伏安及以下自焙槽	万吨	61.9	63.9	超额完成
铜冶炼（含再生铜）	鼓风炉、电炉、反射炉炼铜工艺及设备	万吨	42.5	42.5	完成
铅冶炼（含再生铅）	采用烧结锅、烧结盘、简易高炉等落后方式炼铅工艺及设备 建设制酸及尾气吸收系统的烧结机炼铅工艺等	万吨	66.1	66.1	完成
锌冶炼（含再生锌）	采用马弗炉、马槽炉、横罐、小竖罐等进行焙烧、简易冷凝设施进行收尘等落后方式炼锌或生产氧化锌工艺装备	万吨	33.8	33.8	完成

注：1. 淘汰内容来自《节能减排“十二五”规划》，部分行业淘汰内容与《产业结构调整指导目录（2011年本）》略有不同。如《产业结构调整指导目录（2011年本）》中焦炭行业的淘汰内容为“土法炼焦（含改良焦炉），单炉产能5万吨/年以下或无煤气、焦油回收利用和污水处理达不到准入条件的半焦（兰炭）生产装置，炭化室高度小于4.3米焦炉（3.8米及以上捣固焦炉除外）（西部地区3.8米捣固焦炉可延期至2011年）”等。
2. 2011年工业行业淘汰落后产能目标任务来自工信部，表中铜冶炼、铅（含再生铅）冶炼、锌（含再生锌）冶炼为新增行业。
3. 2011年淘汰落后产能完成情况摘自《工信部、国家能源局联合公告2011年全国各地区淘汰落后产能目标任务完成情况》。

① 仅计算具有产品能耗限额标准的行业形成的节能能力，某行业淘汰落后产能形成节能能力的计算方法为：行业某产品（工序）落后产能的实际淘汰量×（产品能耗限定值 — 产品能耗准入值），其中产品能耗限定值和准入值均来自国家发布的该产品能源消耗限额标准。

但是，中国淘汰落后工作也面临着一些问题。

一是落后产能的界定问题。由于落后产能的界定标准有待研究，以设备规模作为淘汰标准的做法在“十二五”初期得到延续。随着淘汰规模越来越大，部分行业可能会出现为淘汰而淘汰的局面。以钢铁行业为例，根据《产业结构调整指导目录（2005年本）》，300立方米及以下高炉属于落后产能范畴，“十一五”期间一些小钢铁企业为避免被淘汰，将原属淘汰范畴的高炉改扩建到刚好不处于淘汰范围的规模，这种做法虽然能够完成当前任务，但随着淘汰标准的提高①，下一阶段的淘汰落后负担将会加重，也会造成资源的极大浪费。此外，对于产能过剩的行业来说，如果企业采取这种扩大生产规模的手段来完成淘汰任务，将会加剧行业产能过剩问题。

二是淘汰工作的监管问题。淘汰落后产能的监督检查工作一直是个难题。对于进入淘汰名单的企业来说，只有拆除全部落后产能主体设备、生产线，使其不能恢复生产，淘汰工作才算完成，因此，为保证淘汰效果，有必要开展现场监督检查等工作。但是，该项工作会花费大量的人力和物力，对人员素质和专业性要求较高。一旦监管不到位，很容易出现重复申报、虚报和假报淘汰落后产能完成量等问题。

三是淘汰工作的执行意愿问题。中国目前的淘汰落后产能工作主要以行政手段推进，淘汰落后工作问责制会提高地区或企业对于淘汰工作的重视程度，促进淘汰工作取得成效。但淘汰落后产能可能会增加地方政府负担，部分地方政府不得不承担淘汰落后产能带来的资产损失、债务处理、职工安置等经济和社会问题②，导致地方政府对淘汰工作的积极性降低。

四是淘汰落后的继续推进问题。淘汰落后对节能意义重大，但继续推进是项难题。从未来发展上看，按照《产业结构调整指导目录（2011年本）》的要求，钢铁、石油和化工、建材、有色金属等行业的落后产能要在2013年淘汰完毕。今后是继续扩大淘汰范围、提高淘汰标准，还是审视现有政策措施、调整淘汰落后的步伐和节奏？应该慎重考虑。

四、工业节能技术应用情况

2011年，节能技术在节能工作中依旧发挥重要作用。传统工业通过技术装备的更新换代，优化生产流程与工艺，推广和应用先进的节能技术等，不断提高能源利用效率水平，见表1-9。

① 根据《产业结构调整指导目录（2011年本）》，400立方米及以下高炉属于淘汰范畴。
② 陈永昌，《淘汰落后产能的主体是市场不是政府》，经济参考报，2010年8月13日。

表1-9　2000-2011年中国高耗能行业的节能技术进步

	2000年	2005年	2010年	2011年	节能效果
钢铁（%）					
连铸比	82.5	97.5	—	—	加工1吨连铸坯可节能70千克标准煤
干熄焦普及率	6	31	73	—	吨焦发电75千瓦时
石化（%）					
离子膜法烧碱产量比重	26.0	38.4	84.3	86.5	离子膜法烧碱电耗占成本比重比隔膜法降低18.7%
密闭式电石产能比重	—	10	40	50	密闭式电炉能对电石炉尾气回收、再利用，节能效果显著
建材（%）					
新型干法产量占水泥产量比重	12	40	80.7	86.3	大型新法生产线单位产品能耗比机立窑低20%
水泥散装率	—	37	—	51.7	每万吨水泥散装比袋装节能237吨标准煤
浮法工艺产量占平板玻璃产量比重	57	79	87．3	88.97	浮法玻璃法热耗比普通平板玻璃低18%
电解铝（%）					
大型预焙槽占产量比重	52	52	97	98.5	160千安以上大型预焙槽比自焙槽节电9%
电力（%）					
300兆瓦及以上机组占火电装机容量比重	42.7	48.25	71.02	72.87	<100兆瓦机组供电煤耗380～500克标准煤/千瓦时，>300兆瓦机组290～340克标准煤/千瓦时

① 钢铁行业。2011年，先进装备工艺继续得到推广应用，重点统计钢铁企业1 000立方米以上高炉生产能力所占比例提高到60%，100吨及以上炼钢转炉生产能力所占比例约为57%；大部分企业已配备铁水预处理、钢水二次精炼设施，精炼比达到70%，轧钢系统基本实现全连轧。高炉TRT、干熄焦技术在联合钢铁企业得到普遍推广，提高了“三气”利用率，进一步降低了产品单耗。

② 石油和化工行业。乙烯生产过程中一系列先进控制技术的应用，提高了乙烯行业能源利用效率；合成氨行业实行上大压小，产能置换等措施，持续降低产品单耗；纯碱行业中联碱补充精制盐水技术、蒸氨工序波纹管换热器冷母液流程、循环水低位热能的回收、重灰炉气系统增加冷母液换热器技术等新节能减排技术的应用，助力纯碱综合能耗的进一步降低；电石行业中大部分大型电石企业技术改造与扩能同时进行，2011年中国密闭电石炉产能所占比重明显提升，已由年初的40%提高到50%以上。

③ 建材行业。新型干法生产工艺生产熟料产量比重进一步提高，水泥单线生产规模进一步扩大，2011年全国运营的水泥新型干法生产线达到1398条，其中日产熟料4000吨以上生产线528条，生产能力占新型干法熟料能力59%，950条生产线已经建设了余热发电生产线，总装机容量6374兆瓦，年发电460亿千瓦时，相当于年节约标准煤1125多万吨；平板玻璃行业中浮法玻璃产量占平板玻璃总产量的88.97%[①]，比2010年上升了1.64%，技术装备水平提高加上余热发电技术的应用等促进平板玻璃行业能效水平的提升。

④ 有色金属行业。氧化铝行业进一步优化和推广低品位铝土矿高效节能生产氧化铝技术、拜耳法高浓度溶出浆液高效分离技术、串联法生产氧化铝技术等先进的节能技术，目前中国氧化铝的能效指标已达到世界先进水平。电解铝行业中大型预焙槽已经基本普及，带来铝行业节能技术水平进一步提高。

2011年，获得国家财政奖励的节能技术改造初审合格项目形成1750万吨标准煤的节能能力，合同能源管理项目形成1650万吨标准煤的节能能力，保守估计2011年工业节能技术改造形成的节能能力在3400万吨标准煤以上。再加上行业先进生产设备工艺的替换以及高效技术的应用，由系统效率水平提高带来的节能效果明显，技术节能对年度节能工作作出重要贡献。

但是，随着主要行业节能技术水平的提高，在行业不出现大的技术创新的前提下，既有节能技术提升潜力下降，扩展节能空间的成本也会相应提高。从中央财政支持的节能技术改造项目看，“十一五”期间，单位节能能力平均投资为2500元/吨标准煤[②]；根据《节能减排“十二五”规划》，“十二五”期间重点节能工程的单位节能能力平均投资为3273元/吨标准煤[③]，“十二五”期间单位节能能力平均投资额是“十一五”期间的1.3倍。随着单位节能能力投资额的递增，未来技术节能工作的整体推进难度将会提高。

五、工业企业节能管理机制推广情况

随着国家对企业节能管理工作的日益重视，企业节能管理机制的推广和应用水平有了明显进步。

能源管理体系助力企业运用系统化的管理方法持续提高能源利用效率。从2009年起，国家认证认可监督管理委员会（以下简称国家认监委）组织了针对钢铁、建材等

① 中国建筑材料工业规划研究院，《2011年相关产业政策对行业的影响分析与2012年行业发展展望》，《建材行业发展报告2012》，P128–P134。

② 国家发展改革委能源研究所，《中国“十一五”节能评估报告》，2012年6月。

③ 根据《节能减排“十二五”规划》，“十二五”期间节能重点工程可形成30000万吨标准煤的节能能力，投资需求为9820亿元。

十几个行业的能源管理体系认证试点工作，截至2012年9月，共计119家企业通过了能源管理体系认证，实现了较好的节能增效[①]。随着国家对“十二五”期间万家企业建立健全能源管理体系提出了明确要求，企业能源管理体系建设需求将不断增加。

能效对标达标活动持续深入，逐步树立行业先进典型。2011年工信部继续组织企业开展能效对标达标工作，利用标杆企业的示范作用激励更多的企业达到标杆企业水平。2012年，石油和化工行业率先启动重点耗能产品“能效领跑者”发布制度，发布了石油和化工行业重点能耗产品2011年度能效领跑者名单，合成氨、甲醇、磷酸二铵、硫酸、电石、烧碱、聚氯乙烯、纯碱、黄磷和轮胎10个重点产品领域的42家企业成为行业能效领跑者。目前，钢铁、有色金属等行业也在研究或开展领跑者评选活动。中国的能效对标活动逐渐从数据和指标对比，向能源管理最佳实践和案例推广方面迈进。

部分企业以能源管控中心为手段，利用信息化技术改造传统工业，提高能源管理水平。由于对资金、技术、管理要求较高，中国的能源管控中心建设选择大企业开展试点。大型联合钢铁企业的能源管控中心建设走在其他行业前头。2009年至2011年共3批56项钢铁能源管控中心建设工程获得中央财政资金支持，数额超过5亿元。从2010年开始，中国化工、湖北兴发、新疆中泰等26家石化企业也开始了能源管控中心建设，共获得了1.86亿元的财政补助资金。根据试点情况，能源管控中心稳定运行后至少可以实现1%～2%的节能率。“十二五”期间，有色金属、建材等部分有条件的企业也将陆续开展能源管控中心建设，相关行业能源管控中心建设实施方案也在积极制定之中。

但是，企业节能管理能力建设的政策扶持力度仍显不足。从资金投入看，2011年国家财政奖励节能技术改造资金投入上百亿，中央财政投入合同能源管理资金20亿元，2012年节能产品惠民工程投入达到350亿元，均远远超过企业节能管理资金投入规模；从企业节能管理队伍建设上看，由于企业能源管理人才严重不足，能源管理负责人或能源管理岗位规范不健全等原因，导致企业能源管理专职人员配备不足；从企业节能基础工作看，企业能源管理相配套的标准体系不健全，耗能设备管理标准等有待制定和修订，企业能源计量、统计和报告等基础工作有待加强。

第四节　中国工业节能政策措施概述

从节能政策上看，“十二五”开局之年出台的节能政策基本延续了“十一五”节能政策措施，如继续实施节能目标责任制、淘汰落后产能、节能重点工程等。在继承

① 根据相关能源管理体系认证试点机构编写的《能源管理体系认证试点总结》综合整理。

的基础上，部分政策有一定的调整和发展，如制定差异化的地方节能指标、将商业和民用等领域的重点用能单位纳入万家企业节能低碳行动、规范第三方节能量审核工作等。此外，开局之年的节能政策也呈现一些新动态，如在全国范围内实施能源消费总量控制，启动碳排放权交易试点和电力需求侧管理（DSM）城市综合试点工作等。这些政策发出了节能工作持续深入化、规范化和扩大化的明确信号。虽然由于处于新旧政策交替时期，部分政策还未见实效，但这些政策措施必将影响中国“十二五”乃至更长时间的节能工作走向。

一、节能相关规划

“十二五”开局之年明显的特征是相关规划的迭出，相比“十一五”，国家及工业领域首部纲领性节能规划相继出台，部门、行业和地区相关规划中也增加了节能篇幅，见表1-10，节能顶层设计理念日渐深入。

在专项规划方面，2011年9月，国务院下发了《“十二五”节能减排综合性工作方案》，2012年8月，国家出台了节能减排专项规划——《节能减排“十二五”规划》，明确了“十二五”国家节能减排总体要求、主要目标与重点任务。同年8月，工信部发布中国首个工业领域专项规划——《工业节能“十二五”规划》，该规划提出了“十二五”工业节能目标和任务及工作部署，对于未来工业节能工作具有重要的指导意义。

表1–10 中国部分“十二五”规划一览表

规划名称	基本情况			主要内容
	出台时间	出台部门	具体对象	
国家规划				
“十二五”节能减排综合性工作方案	国发〔2011〕26号	国务院	各省、自治区、直辖市人民政府，国务院各部委、各直属机构	《方案》明确了“十二五”节能减排的总体要求、主要目标、重点任务和政策措施。在节能方面，提出到2015年，全国万元国内生产总值能耗下降到0.869吨标准煤（按2005年价格计算），比2010年的1.034吨标准煤下降16%，比2005年的1.276吨标准煤下降32%；“十二五”期间，实现节约能源6.7亿吨标准煤。此外，《方案》还以附件形式，明确了“十二五”各地区节能目标、各地区化学需氧量排放总量控制计划等。

（续表）

规划名称	基本情况			主要内容
	出台时间	出台部门	具体对象	
节能减排“十二五”规划	国发〔2012〕40号	国务院	各省、自治区、直辖市人民政府，国务院各部委、各直属机构	《规划》提出“十二五”节能减排的目标包括单位国内生产总值能耗下降16%、主要污染物排放总量下降8%～10%的总体目标，以及各行业、重点领域和主要耗能设备的具体目标。此外，《规划》提出了三项重点任务，包括调整优化产业结构、推动能效水平提高和强化主要污染物减排，以及十大节能减排重点工程和十项保障措施等。
能源发展“十二五”规划	国发〔2013〕2号	国务院	各省、自治区、直辖市人民政府，国务院各部委、各直属机构	《规划》主要阐明能源发展的指导思想、基本原则，明确主要发展目标、任务和保障措施，衔接煤电油气和新能源等各类能源的生产能力建设和供需平衡，引导全社会合理用能。《规划》提出2015年能源发展的主要目标，实施能源消费强度和消费总量双控制，能源消费总量40亿吨标煤，用电量6.15万亿千瓦时，单位国内生产总值能耗比2010年下降16%。
“十二五”控制温室气体排放工作方案	国发〔2011〕41号	国务院	各省、自治区、直辖市人民政府，国务院各部委、各直属机构	《方案》是国务院首次颁布的关于控制温室气体排放工作的重大政策文件，全面部署了“十二五”中国控制温室气体排放的各项工作任务，提出了一系列创新性的重大举措。在控制温室气体排放目标方面，提出到2015年全国万元国内生产总值（按2005年价格计算）二氧化碳排放为1.9吨左右，比2010年下降17%，比2005年下降34%左右。
国家环境保护“十二五”规划	国发〔2011〕42号	国务院	各省、自治区、直辖市人民政府，国务院各部委、各直属机构	《规划》主要阐明“十二五”期间国家在环境保护领域的目标、任务和政策措施。《规划》确定了7项主要指标，即化学需氧量、氨氮、二氧化硫、氮氧化物等4个主要污染物排放总量控制指标和2项地表水环境质量指标、1项大气环境质量指标。

（续表）

规划名称	基本情况			主要内容
	出台时间	出台部门	具体对象	
“十二五”资源综合利用指导意见和大宗固体废物综合利用实施方案	发改环资〔2011〕2919号	国家发展改革委	各省、自治区、直辖市及计划单列市、副省级省会城市、新疆生产建设兵团发展改革委、资源综合利用管理部门	该文件阐述了“十二五”资源综合利用工作的指导思想、基本原则、主要目标、重点领域和政策措施，以及在工业、建筑业和农林业等领域选择产生堆存量大、资源化利用潜力大、环境影响广泛的固体废物编制实施方案。《指导意见》提出：到2015年，矿产资源总回收率与共伴生矿产综合利用率提高到40%和45%；大宗固体废物综合利用率达到50%；工业固体废物综合利用率达到72%；主要再生资源回收利用率提高到70%，再生铜、铝、铅占当年总产量的比例分别达到40%、30%、40%。
“十二五”国家战略性新兴产业发展规划	国发〔2012〕28号	国务院	各省、自治区、直辖市人民政府，国务院各部委、各直属机构	《规划》明确了节能环保产业、新一代信息技术产业、生物产业、高端装备制造产业、新能源产业、新材料产业、新能源汽车产业等7大领域的重点发展方向，制定了产业发展路线图，提出了各领域发展目标、提升整体创新能力与拓展市场应用等创新发展重大行动计划与主要政策措施。
工业规划				
工业转型升级规划（2011-2015年）	国发〔2011〕47号	国务院	各省、自治区、直辖市人民政府，国务院各部委、各直属机构	这是改革开放以来第一个把整个工业作为规划对象，并且由国务院发布实施的中长期规划。《规划》在全面分析“十一五”工业发展成就和“十二五”面临形势的基础上，提出了工业转型升级的总体思路、主要目标、重点任务、重点领域发展导向和保障措施。《规划》的发布和实施，对于指导未来五年工业结构调整和优化升级，加快中国工业发展方式转变，具有重要意义。
工业节能“十二五”规划	工信部规〔2012〕3号	工信部		《规划》制定了“十二五”时期工业节能目标，同时分解制定了20个单位产品的能耗指标，提出九大行业节能的基础途径和路线、任务以及九大重点节能工程等。详细内容请见本书第三章第一节。

（续表）

规划名称	基本情况			主要内容
	出台时间	出台部门	具体对象	
行业规划				
有色金属工业“十二五”发展规划		工信部	各省、自治区、直辖市工业和信息化主管部门，有关行业协会，有关中央企业	节能减排方面：按期淘汰落后冶炼生产能力，万元工业增加值能源消耗、单位产品能耗进一步降低。铜、铅、镁、电锌冶炼综合能耗分别降到300千克标煤/吨、320千克标煤/吨、4吨标煤/吨和900千克标煤/吨及以下，电解铝直流电耗、全流程海绵钛电耗分别降到12500千瓦时/吨和25000千瓦时/吨及以下。
钢铁工业“十二五”发展规划	工信部规〔2011〕480号	工信部	各省、自治区、直辖市工业和信息化主管部门，有关行业协会，有关中央企业	节能减排方面：淘汰400立方米及以下高炉（不含铸造铁）、30吨及以下转炉和电炉。重点统计钢铁企业焦炉干熄焦率达到95%以上。单位工业增加值能耗和二氧化碳排放分别下降18%，重点统计钢铁企业平均吨钢综合能耗低于580千克标准煤，吨钢耗新水量低于4.0立方米，吨钢二氧化硫排放下降39%，吨钢化学需氧量下降7%，固体废弃物综合利用率97%以上。
石化和化学工业“十二五”发展规划		工信部	各省、自治区、直辖市及计划单列市、新疆生产建设兵团工业和信息化主管部门，有关行业协会，有关中央企业	节能减排方面：全面完成国家“十二五”节能减排目标，全行业单位工业增加值用水量降低30%、能源消耗降低20%、二氧化碳排放降低17%，化学需氧量（COD）、二氧化硫、氨氮、氮氧化物等主要污染物排放总量分别减少8%、8%、10%、10%，挥发性有机物得到有效控制。炼油装置原油加工能耗低于86千克标准煤/吨，乙烯燃动能耗低于857千克标准煤/吨，合成氨装置平均综合能耗低于1350千克标准煤/吨。
建材工业“十二五”发展规划		工信部	各省、自治区、直辖市工业和信息化主管部门，有关行业协会，有关中央企业	节能减排方面：大力淘汰落后的水泥、平板玻璃产能。单位工业增加值能耗和二氧化碳排放降低18%～20%，主要污染物排放总量减少8%～10%，实现稳定达标排放。协同处置推广应用，综合利用固体废弃物总量提高20%。

二、能源消费总量控制

从"十一五"期末起，国家开始酝酿"十二五"全国能源消费总量控制相关工作。2011年3月，全国人大审议通过的《中华人民共和国国民经济和社会发展第十二个五年规划纲要》要求"加快制定能源发展规划，明确总量控制目标和分解机制"。中国共产党第十八次全国代表大会报告中明确提出在"十二五"时期"控制能源消费总量"。

为贯彻落实"十八大"精神，2013年1月，国务院下发了《关于印发能源发展"十二五"规划的通知》，提出"十二五"期间中国要实施能源消费强度和消费总量的"双控制度"，到2015年，全国能源消费总量和用电量分别控制在40亿吨标准煤和6.15万亿千瓦时，单位国内生产总值能耗比2010年下降16%。该规划还提出，要综合考虑各地经济社会发展水平、区位和资源特点等因素，将能源和电力消费总量分解到各省（区、市），由省级人民政府负责落实，并把能源消费总量控制目标落实情况纳入各地经济社会发展综合评价考核体系，实施定期通报制度。

能源消费总量控制是"十二五"中国能源政策的创举，此举不仅对中国节能减排工作、环境保护事业等带来积极影响，也将深刻影响中国经济和社会生活。

三、节能目标责任考核

"十二五"期间国家提出了更高的节能目标。到2015年，全国万元国内生产总值能耗下降到0.869吨标准煤（按2005年价格计算），比2010年的1.034吨标准煤下降16%，比2005年的1.276吨标准煤下降32%，实现节约能源6.7亿吨标准煤。为保证节能目标的实现，国家继续实施节能目标责任制，节能目标责任制延续了"十一五"节能目标分解、统计监测和责任考核的基本做法，但在节能指标覆盖面和目标分解方式方面做出一些调整。

① 扩大节能指标覆盖面。根据《"十二五"节能减排综合性工作方案》，"十二五"节能指标分解到地区和行业。工业、交通、建筑等部门都要承担一定的节能责任，国家也将对这些领域的节能目标完成情况进行考核。

② 调整节能目标的地区分解方式。改变原来"一刀切"的做法，将全国划分为五个区域，按区域资源禀赋、经济发展现状等分配节能任务，实施差异化的节能指标，

见表1-11。其中经济较发达地区如北京、上海、天津、江苏、浙江和广东的节能目标高于全国平均水平，一些经济总量较大、节能潜力较大的地区如河北、山东的节能目标也高于全国平均水平。反之，欠发达地区的节能目标相对较低，如海南、西藏、青海和新疆的节能目标比全国平均水平低约40%。

表1-11 “十二五”期间中国各地区节能目标分类

分类	单位GDP能耗下降率/（%）	地区名称
第一阶梯	18	天津、上海、江苏、浙江、广东
第二阶梯	17	北京、河北、辽宁、山东
第三阶梯	16	山西、吉林、黑龙江、安徽、福建、江西、河南、湖北、湖南、四川、陕西
第四阶梯	15	内蒙古、广西、重庆、贵州、云南、甘肃、宁夏
第五阶梯	10	海南、西藏、青海、新疆
全国单位GDP能耗下降率：16%		

“十二五”期间各地区节能目标的差异化，充分考虑了中国目前地区发展水平的巨大差别，兼顾公平和效率，为中国节能工作提供了新的思路。同时差异化的节能目标也成为各个地区制定万家企业节能目标的重要依据。

四、产业结构调整

转变经济发展方式，推动产业转型升级，是“十二五”规划的核心内容之一。“十二五”开局之年，中国开始从国家战略层面推动工业发展方式的转变，制定了《“十二五”工业转型升级规划（2011－2015年）》，提出了工业领域全面优化结构，增强产业核心竞争力和可持续发展能力的要求。工业领域将着力提升自主创新能力，推进信息化和工业化深度融合，培育壮大战略性新兴产业，建立现代产业体系等。而中国的节能工作一方面将继续成为推动中国产业结构调整的重要抓手，另一方面也将从工业转型升级，特别是战略性新兴产业发展中获益。

（一）继续培育战略性新兴产业

2010年，国务院出台了《关于加快培育和发展战略性新兴产业的决定》，节能环保、新一代信息技术、生物等7大新兴产业获得国家更多的政策支持，产业规模迅速扩大。2012年上半年，国家出台了《国家战略性新兴产业发展“十二五”规划》，系统阐述了7大战略性新兴产业的功能定位、发展路径和支持政策，同时提出国家将从财税、金融、科教三个方面制定支持政策，促进战略性新兴产业的健康成长。

战略性新兴产业的发展壮大，不仅将扩大和提高绿色、低碳和高端产业的规模和发展水平，还将进一步推动传统产业升级改造，并最终推动整个工业发展水平的进步。为实现这一目标，国家在制定扶持战略性新兴产业发展政策时，还需明确战略性新兴产业发展方向，规范相关财政政策和金融政策，促进战略性新兴产业与传统产业的进一步融合。

（二）健全淘汰落后产能工作机制

淘汰落后产能仍是工业领域节能工作的重要内容。2011年国家出台了一系列政策措施，规范淘汰落后产能工作，见表1-12。

表1-12　2011年中国淘汰落后产能主要政策文件

时间	政策名称
1月26日	《关于印发淘汰落后产能工作考核实施方案的通知》（工信部联产业〔2011〕46号）
3月27日	《产业结构调整指导目录（2011年本）》（发改委令〔2011〕9号）
4月20日	《淘汰落后产能中央财政奖励资金管理办法》（财建〔2011〕180号）
7月11日	《2011年淘汰落后产能的企业名单》（工信部）
8月31日	《“十二五”节能减排综合性工作方案》（国发〔2011〕26号）

与“十一五”相比，“十二五”初期中国淘汰落后产能工作呈现以下特点：

① 强化淘汰落后产能工作领导，建立淘汰落后产能工作组织协调机制。2010年底，国家成立了由工信部牵头，国家发展改革委等17个部门组成的淘汰落后产能工作部际协调小组，全面统筹协调淘汰落后产能工作，研究解决淘汰落后产能工作中的重大问题，做好淘汰落后任务分解和组织落实工作。自2010年成立起，淘汰落后产能工作部际协调小组定期召开会议，组织部署淘汰落后工作。

② 建立健全淘汰落后产能工作目标责任评价、考核和奖惩制度。为督促地方各级政府和企业落实相关责任，确保淘汰落后产能目标任务的完成，2011年初，国家发布《关于印发淘汰落后产能工作考核实施方案的通知》，明确了考核对象、内容、考核方式及奖惩措施，并将淘汰落后产能完成情况正式纳入地方政府绩效考核体系。

③ 淘汰落后涉及面更广，任务更重。“十二五”期间淘汰落后产能重点行业从“十一五”期间的12个增加到19个（包括18个工业行业和白炽灯行业），部分行业的淘汰力度有所增加。新增加的7个行业包括铜冶炼、铅（含再生铅）冶炼、锌（含再

生锌）冶炼、制革、印染、化纤、铅蓄电池。电解铝、铁合金、电石、水泥、平板玻璃、造纸6个行业淘汰落后产能任务有所增加，增加幅度分别为38.5%、85%、90%、48%、200%和130%。

④ 淘汰标准逐步提高。2011年，国家发布了新的《产业结构调整指导目录（2011年本）》，部分行业提高了“十二五”期间落后生产工艺装备的淘汰标准，见表1-13。

表1-13　部分行业结构调整指导目录（淘汰类）2005年本和2011年本比较

行业	《产业结构调整指导目录（2005年本）》	《产业结构调整指导目录（2011年本）》
钢铁	20吨及以下转炉（电炉）	30吨以下转炉（电炉）
	300立方米及以下高炉	400立方米及以下高炉
石化	100万吨/年以下生产汽煤柴油的小炼油生产装置	200万吨/年及以下常减压装置
	4万吨/年以下的硫铁矿制酸生产装置	10万吨/年以下的硫铁矿制酸和硫磺制酸
建材	200万立方米/年以下的改性沥青防水卷材生产线	500万立方米/年以下的改性沥青防水卷材生产线
有色金属	10平方米及以上密闭鼓风炉炼铜工艺及设备	鼓风炉、电炉、反射炉炼铜工艺及设备
	电炉、反射炉炼铜工艺及设备	

⑤ 奖励资金管理办法得到进一步规范。“十二五”期间，国家继续对经济欠发达地区淘汰落后产能工作给予奖励。为规范奖励资金管理，2011年4月，国家制定《淘汰落后产能中央财政奖励资金管理办法》，规定了“十二五”奖励资金支持条件、标准以及资金安排、使用管理，同时强化了对奖励资金的监督管理。

⑥ 市场机制在淘汰落后工作中的作用依旧不明显。由于生产要素价格的扭曲和二元经济结构的存在，市场机制在淘汰落后工作中的作用仍不明显。从落后产能的界定标准上看，以设备规模作为淘汰标准的做法在“十二五”初期得以延续。随着小规模的设备不断被淘汰，为继续开展淘汰落后工作，必须不断提高淘汰标准，而这种淘汰标准的提高会不会导致生产资源的浪费，值得进一步研究和探讨。

五、重点节能工程

“十二五”期间，国家继续实施节能重点工程，节能技术改造仍是节能重点工程的主要组成部分，同时合同能源管理推广和节能能力建设也被摆在重要位置。

根据《“十二五”节能减排综合性工作方案》，“十二五”期间国家将实施锅炉窑炉改造、电机系统节能、能量系统优化、余热余压利用、节约替代石油、建筑节能、绿色照明等节能改造工程，以及节能技术产业化示范工程、节能产品惠民工程、合同能源管理推广工程和节能能力建设工程，预计将实现节能能力3亿吨标准煤。

与“十一五”相比，“十二五”更注重对行业重点节能技术的甄别，强调“先进适用”和“共性关键”技术的研发、推广和应用。《工业节能“十二五”规划》对行业节能技术按照“全面推广、重点推广、示范推广和研发推广”进行分类，分别制定技术推广路线。《工业节能“十二五”规划》还进一步提出了工业领域的九大重点工程，包括工业锅炉窑炉节能改造、内燃机系统节能、电机系统节能改造、余热余压回收利用、热电联产、工业副产煤气回收利用、企业能源管控中心建设、两化融合促进节能减排和节能产业培育，并明确了九大重点工程的推广目标、具体任务和配套措施等。

2011年和2012年，国家发展改革委接连出台《国家重点节能技术推广目录》第四批和第五批。工信部也继续出台用能产品（装备）推广目录等。此外，“十二五”期间，国家继续加大高效电机推广力度，研究建立以财政补贴政策为核心的高效电机推广新机制[①]。

从政策出台来看，“十二五”期间围绕着先进节能技术的研发、产业化、推广和应用，国家将进一步加大支持力度；在推广方式上，国家将选择“少而精”的技术进行分阶段、有侧重的推广；在技术选择上，将更加注重信息化和工业化的进一步融合，利用信息化技术改造传统工业。这些对于中国技术节能工作的深入开展具有重要意义。

六、万家企业节能低碳行动

为践行“以企业为主体”的基本原则，2012年，国家启动了万家企业节能低碳行动。纳入万家企业的企业数量为16078家，除工业企业外，还包括交通运输、商贸宾馆和学校等“十一五”期间“千家企业节能行动”未囊括的企业类型，万家企业节能量目标为2.5亿吨标准煤[②]，占国家节能目标的1/3强。无论从企业数量、覆盖面还是节能目标上讲，万家企业节能低碳行动都是“十二五”期间节能领域的一次重大行动。

① 国家财政部副部长在全国高效电机推广工作会议上的讲话，2011年3月19日。

② 根据2011年12月国家发布的《万家企业节能低碳行动实施方案》，万家企业节能量目标为2.5亿吨标准煤。但根据2012年5月国家发展改革委公布的进入万家企业节能低碳行动的企业名单及节能量目标进行核算，万家企业节能量目标为2.55亿吨标准煤。此处，依然取《万家企业节能低碳行动实施方案》里的万家企业节能量目标，即2.5亿吨标准煤。关于万家企业节能低碳行动，详细见本书第三章第二节。

万家企业节能低碳行动以提高企业自身节能能力为主要目标。国家在《万家企业节能低碳行动实施方案》中提出了针对万家企业的十项工作要求，大都旨在提高企业节能管理能力。如加强节能工作组织领导、强化节能目标责任制、建立健全能源管理体系、加强能源计量统计工作、开展能源审计和编制节能规划、开展能效达标对标工作、建立健全节能激励约束机制和开展节能宣传与培训等。围绕着这些能力建设要求，国家已经出台或正在酝酿一系列配套措施，见表1-14。

表1–14　万家企业节能管理工作要求及配套政策

节能管理工作要求	配套政策措施（已出台或研制中）
加强节能工作组织领导	工信部正在研制《工业企业能源管理岗位管理办法》和能源管理负责人培训制度
强化节能目标责任制	《万家企业节能目标责任考核实施方案》和《万家企业节能目标责任评价考核指标及评分标准》
建立能源管理体系	《关于加强万家企业能源管理体系建设工作的通知》
加强能源计量统计工作	《关于进一步加强万家企业能源利用状况报告工作的通知》
开展能源审计和编制节能规划	暂无
加大节能技术改造力度	万家企业可申请财政奖励节能技术改造项目资金
加快淘汰落后用能设备和生产工艺	《产业结构调整指导目录（2011年本）》以及《淘汰落后产能工作考核方案》、《中央财政奖励资金管理办法》、每年发布淘汰落后产能的企业名单和开展监督检查等
开展能效达标对标工作	发布了部分行业能效对标指标[①]、石化等行业开展能效领跑者评选活动
建立健全节能激励约束机制	工信部正在研究能源绩效评价制度
开展节能宣传与培训	国家发展改革委组织开展万家企业节能低碳行动培训工作等

七、节能经济政策

2011年，中央财政继续加大投入，全年安排979亿元节能减排和可再生能源专项资金，比上年增加了251亿元，加上可再生能源电价，战略性新兴产业、循环经济、服务业发展资金和中央基建投资中安排的资金，合计达到1 623亿元[②]。在节能财税政

① 工信部办公厅，《关于发布2011年度钢铁等行业重点用能产品（工序）能效标杆指标及企业的通知》，2012年8月。

② 国家财政部，《2011年中央财政节能环保支出1623亿元 取得显著成效》，2012年3月8日。

策创新方面，2011年，国家启动了以城市为平台的节能减排财政政策综合示范，并以绿色信贷为切入点，撬动金融机构的节能服务作用。此外，为强化财政资金的安全性和有效性，提高财政资金使用效率，国家以规范第三方节能量审核工作入手，加强节能财政奖励资金管理。

（一）启动节能减排财政政策综合示范工作

2011年，财政部、国家发展改革委印发了《关于开展节能减排财政政策综合示范工作的通知》，决定在北京市、深圳市、重庆市、浙江省杭州市、湖南省长沙市、贵州省贵阳市、吉林省吉林市、江西省新余市8个城市，开展节能减排财政政策综合示范工作。

节能减排财政政策综合示范工作以城市为平台。试点城市通过开展各项措施，优化产业结构，提高工业、交通、运输等行业能效水平，健全和创新节能市场化机制，实现节能与可持续发展。在配套政策上，国家将在节能减排等政策上对试点城市优先倾斜，对于列出实施方案但现有政策没有覆盖的项目，中央财政将根据实际情况给予综合奖励；试点城市也将拿出一定专项资金用于示范工作。

节能减排财政政策综合示范工作是“十二五”国家节能财政政策中的一项新尝试，选择城市作为试点，是因为城市本身的复杂社会经济和环境系统。8个试点城市的经济发展水平和方式，能源利用效率和利用方式不尽相同。以不同的城市作为切入点，能够从不同角度研究财政政策对节能减排的作用，探索节能减排重点突破和机制创新。

（二）完善绿色信贷，发挥金融机构节能服务作用

金融机构在引导资金流向和资源配置等方面发挥重要作用。“十二五”金融机构的节能服务作用一再被提及。原因一方面是仅依靠国家财政投入显然无法满足节能工作的资金需求，只有金融机构加大对节能项目的信贷支持，或引导资金增加对节能项目的投入，节能工作才能获得持续、高效、充足的资金；另一方面对于限制“高能耗、高排放”（双高）行业发展和淘汰落后产能工作等政策来说，必须依靠市场手段特别是金融机构的资源配置作用才能建立起长效机制，实现产业结构优化升级目标。

《“十二五”节能减排综合性工作方案》中提出要加大各类金融机构对节能减排项目的信贷支持力度，鼓励金融机构创新适合节能减排项目特点的信贷管理模式。特别提到要建立银行绿色评级制度，将绿色信贷[①]成效与银行机构高管人员履职评价、

① 绿色信贷（“green-credit policy”）是环境保护部（原环境保护总局）、中国人民银行、中国银行业监督管理委员会（简称中国银监会）三部门为了遏制高耗能高污染产业的盲目扩张，于2007年7月30日联合提出的一项全新信贷政策。详细内容见《关于落实环境保护政策法规防范信贷风险的意见》。

机构准入、业务发展相挂钩。

为贯彻上述政策，2012年初，中国银监会印发《绿色信贷指引》（以下简称《指引》）。作为一个引领性文件，《指引》要求银行业金融机构加大对绿色经济、低碳经济、循环经济的支持；严密防范环境和社会风险；关注并提升银行业金融机构自身的环境和社会表现；同时要建立绿色信贷组织管理、完善绿色信贷政策制定及能力建设、控制环境和社会风险等。今后，银监会内部的各个监管部门、监管局还会结合实践，探讨《指引》如何跟监管挂钩，使其升级成为有约束力的管理办法。

随着中国节能工作的深入，特别是对建立节能长效机制的诉求加深，金融机构需要在节能工作中发挥更为关键的作用。

（三）加强节能财政奖励资金管理

为加强节能技术改造项目和合同能源管理项目财政奖励资金的管理，规范资金使用，国家以评选第三方节能量审核机构入手，逐步规范中国的第三方节能量审核工作。2011年，国家发展改革委及国家财政部联合发布了《节能技术改造财政奖励资金管理办法》，该管理办法明确了对财政奖励节能技术改造项目进行第三方审核的要求，并确定了第三方审核内容和模式等。同年6月，财政部办公厅、国家发展改革委办公厅联合下发了《关于组织推荐第三方节能量审核机构的通知》，该文件规定了第三方节能量审核机构条件，确定了节能量审核机构“择优选择”的原则。根据上述文件，相关部门评选出第一批26家第三方节能量审核机构。第三方机构随后开展了针对财政奖励节能技术改造项目和合同能源管理项目的节能量审核工作。

目前，中国的第三方节能量审核工作还处于起步阶段，节能量测量与核证技术和方法有待统一，节能量审核人员专业能力有待提高。未来可以探索建立节能量测量与核证协作机制，加强节能量审核相关机构之间的合作和交流，解决节能量审核中的共性和关键问题，促进中国节能量审核工作的规范化发展。

八、节能市场化机制

进入“十二五”，相关部门加快了节能市场化机制建立和完善的步伐。具体表现在：加大节能产品推广力度，扶持合同能源管理发展，创新碳交易试点和开展DSM城市综合试点工作。

（一）继续实施节能产品惠民工程

为拉动内需、促进节能产品推广，形成有利于节能的市场氛围，“十二五”期间国家继续实施节能产品惠民工程。在加大政策支持力度的同时，相关部门进一步规范节能产品推广工作。

随着2011年下半年经济下行压力的增大，从2012年起，国家加大了节能产品惠民工程推广力度，全年安排财政资金350亿元补贴节能产品惠民工程[①]。补贴类型从空调、汽车、电机等扩展到家用热水器、电动洗衣机、家用冰箱、台式微型计算机等[②]。此外，为保证节能产品惠民工程的顺利实施，多部门联合出台了节能汽车等节能产品专项核查办法[③]，工信部出台了《节能产品惠民工程推广信息监管实施方案》，开展节能产品推广信息的第三方核查工作。

节能产品惠民工程的实施，促使中国形成了家用电器、交通工具、照明产品和工业设备等四大类高效节能产品推广体系。在政策推动下，高效节能产品市场推广率和终端产品能效水平均大幅提高，企业进行产品升级的积极性得到激励，带动了整个产业技术水平提升。部分高效节能产品推广的实施效果见表1-15。

表1–15　部分高效节能产品推广的实施效果

产品类型	价格下降	市场占有率提高	节能效果	产业升级效果
高效空调	从推广前的每台3 000～4 000元下降到2000元左右	从推广前的5%提高到70%	行业整体能效水平提高24%	三、四、五级低能效空调已全部停止生产
节能汽车	每辆节能汽车约补贴3 000元左右	市场份额从7%上升到30%以上	实现年节油30万吨	1.6升及以下节能乘用车型号从推广前的101个增加到341个、自主品牌增多，企业技术投入增大
节能灯	价格下降40%	2010年节能灯市场占有率为72.44%	实现年节电125亿千瓦时	有力促进白炽灯企业转型升级

注：1. 以上数据均截至2011年10月。
2. 根据《财政撬动1200亿元节能产品消费 市场占有率提高》（中国新闻网，2011年10月）及《2010年中国照明市场调查分析报告》（中国照明学会、北京华通人商用信息有限公司，2012年6月）综合整理。

（二）加大合同能源管理扶持力度

"十二五"国家继续出台政策扶持并规范合同能源管理发展。从2011年起，符合

① 2012年初国家节能补贴的预算为155亿元，6月份追加150亿元，9月份又追加了45亿元，共计350亿元。

② 2012年家电产品节能补贴政策推广期限暂定为一年，具体时间从2012年6月1日至2013年5月31日。

③ 工信部、国家发展改革委、财政部，《关于印发"节能产品惠民工程"节能汽车（1.6升及以下）乘用车推广专项核查办法的通知》（工信部联装〔2010〕566号），2010年11月。

条件的节能服务公司实施合同能源管理项目将享有增值税、营业税和企业所得税等多项税收优惠政策[①]。此外，为规范合同能源管理的发展，2011年，国家组织了对财政奖励合同能源管理项目的监督检查工作[②]，核查出部分节能服务公司存在资质申报材料造假或项目造假等问题，国家发展改革委随后公布造假节能服务公司名单，取消其备案资格，并收回这些节能服务公司所有合同能源管理项目奖励资金[③]。

从“十一五”期末至今，政策支持力度的加大和相关财税政策的落地极大地推进了合同能源管理的发展。目前，合同能源管理作为一个极具发展活力的新兴产业越来越被人熟知和接受。截至2011年底，全国从事节能服务业务的公司数量将近3 900家，其中备案节能服务企业1 719家，实施过合同能源管理项目的节能服务公司1 472家，比上年的782家增加了88.23%，节能服务产业产值首次突破1 000亿元，达到1 250.26亿元，比上年增长49.5%，其中合同能源管理项目投资额从上年的287亿元增长到412.43亿元，增加了43.45%，实现节能量达1 648.39万吨标准煤，行业从业人数大幅度增加，从175 000人增加到378 000人，提高 116%[④]。

但是，合同能源管理依然处于发展初期，合同能源管理如要获得更为长远的发展，一方面要继续明确行业发展方向、树立为企业服务的经营理念；另一方面要加强行业自律，提高从业机构和人员专业能力。

（三）创新碳排放权交易试点

为履行减排承诺，降低减排成本，探索碳排放权交易机制，为全国形成统一的碳交易市场做准备，2011年，国家选择金融市场相对健全和基础工作相对完善的五市二省作为碳排放权交易试点[⑤]，包括北京市、天津市、上海市、重庆市、湖北省、广东省及深圳市。目前，试点省市陆续启动了碳排放权交易试点工作，部分省市编制完成了试点方案，并开始了区域性碳排放交易市场体系的筹建工作。在已经出台的试点工作方案中[⑥]，碳排放权配额制度的建立被放在突出位置。试点省市以本地区辖内企业（单位）为交易主体，二氧化碳排放量超过一定数值的重点企业被强制纳入交易体

① 财政部、国家税务总局，《关于促进节能服务产业发展增值税营业税和企业所得税政策问题的通知》（财税〔2010〕110号），2010年12月30日。

② 国家发展改革委办公厅、财政部办公厅，《关于进一步加强合同能源管理项目监督检查工作的通知》（发改办环资〔2011〕1755号），2011年7月20日。

③ 国家发展改革委、财政部，《关于取消节能服务公司备案资格名单的公告》（2011年第33号公告），2011年12月15日。

④ 中国节能协会节能产业委员会（EMCA），《2011年中国节能服务产业年度报告》，2012年1月。

⑤ 国家发展改革委员会办公厅，《关于开展碳排放权交易试点工作的通知》（发改办气候〔2011〕2601号），2011年10月29日。

⑥ 据不完全统计，截至2012年10月，上海市、北京市和广东省已经正式启动碳排放交易试点工作，出台了相关试点方案，天津和深圳预计2013年年初正式启动碳排放交易试点工作。

系，企业的初始排放权额免费分配，作为交易主体的企业可以根据实际情况进行排放权交易①。

碳排放权交易体系涉及碳排放权的交易主体、交易内容、交易价格和成本等，它的建立和完善急需相关方面的支持与配合，如加强立法工作、完善碳排放统计、核算和验证工作并把握市场供需变化等②。对于国内试点城市来说，一方面需要在体系建设、市场开创、能力培育等方面勇于创新；另一方面需要充分借鉴国际经验，特别是消化和吸收欧盟、美国和日本等发达国家的先进经验。

值得注意的是，随着“十二五”期间能源消费总量控制措施的提出，中国随之将会产生节能量交易需求。一旦节能量交易出现，那么中国将会同时存在两种交易体系，这两种交易体系在交易主体、交易产品等方面存在一定的重复和交叉，处理好二者之间的关系极为重要。

（四）启动DSM城市综合试点工作

为加强中国电力需求侧管理（DSM）工作，保障电力供需总体平衡，促进发展方式转变，“十二五”期间，中国启动了DSM城市综合试点工作。2012年10月，财政部和国家发展改革委发布《关于开展电力需求侧管理城市综合试点工作的通知》，确定首批试点城市名单为：北京市、江苏省苏州市、河北省唐山市和广东省佛山市。根据同年7月出台的《电力需求侧管理城市综合试点工作中央财政奖励资金管理暂行办法》，中央财政将安排专项资金，按实施效果对以城市为单位开展电力需求侧管理综合试点的工作给予适当奖励。奖励资金支持范围包括：①建设电能服务管理平台；②实施能效电厂；③推广移峰填谷技术，开展电力需求响应；④开展相关科学研究、宣传培训、审核评估等。奖励资金标准分为两种：①对通过实施能效电厂和移峰填谷技术等实现的永久性节约电力负荷和转移高峰电力负荷，东部地区每千瓦奖励440元，中西部地区每千瓦奖励550元；②对通过需求响应临时性减少的高峰电力负荷，每千瓦奖励100元。

DSM城市综合试点工作的启动标志着电力节约日益受到重视。今后的试点城市工作还要研究解决中央财政奖励资金和地方配套资金的发放、使用和管理问题，攻克电力节约量测量、计算和验证等技术难题，理顺发电厂、电网企业和用电户等不同利益方的关系等。

---

① 根据《北京市碳排放权交易试点实施方案（2012-2015）》，北京市碳排放权交易试点的交易产品包括直接二氧化碳排放权、间接二氧化碳排放权和由中国温室气体自愿减排交易活动产生的中国核证减排量（CCER）。

② 林明彻、杨富强.《对碳排放交易试点的建议》，《中外对话》，2012年8月3日。

九、节能监管措施

“十二五”期间，加强节能监管成为重要命题。节能监管包括对节能相关法规、标准等执行情况的监管。

随着高耗能产品能耗限额标准的陆续出台，2011年，工信部组织开展了针对主要产品列入能耗限额标准目录的重点用能企业和使用落后机电设备（产品）的所有工业企业的专项检查[①]。检查分企业自查、地方监察和国家抽查3个阶段进行。2012年，工信部继续组织了2012年度单位产品能耗限额标准和高耗能落后机电设备（产品）淘汰目录执行情况监督检查[②]，与2011年相比，检查内容有所增加，整改力度有所提升。作为节能监察工作的重点，针对能耗限额标准和落后机电设备（产品）的专项检查将会在“十二五”期间持续开展。

“十二五”开局之年，节能相关基础工作也在继续加强。如国家发展改革委组织相关机构，正在实施“百项能效标准推进工程”，重点围绕支撑高效节能产品推广、节能评估审查制度、万家企业节能低碳行动、绿色建筑行动和淘汰落后产能等重点工作，研究制定100项重点终端用能产品能源效率标准和单位产品能耗限额标准；工信部提出建立和加强工业节能减排信息监测系统[③]，以此作为推进节能减排的基础性工作和重要措施。

---

① 工信部，《关于开展2011年度重点用能行业单位产品能耗限额标准执行情况和高耗能落后机电设备（产品）淘汰情况监督检查的通知》（工信部节〔2011〕310号），2011年6月29日。

② 见工信部《关于开展2012年度重点用能行业单位产品能耗限额标准执行情况和高耗能落后机电设备（产品）淘汰情况监督检查的通知》，检查内容包括28项单位产品能耗限额强制性国家标准（2011年6月，国家新出台了铝及铝合金热挤压棒材单位产品能源消耗限额（GB 26756-2011），加上“十一五”期间出台的27项单位产品能耗限额强制性国家标准，累计达到28项），以及《高耗能落后机电设备（产品）淘汰目录》第一批和第二批等。

③ 工信部，《关于建立工业节能减排信息监测系统的通知》（工信部节〔2011〕237号）和《关于进一步加强工业节能减排信息监测系统建设工作的通知》（工信部节〔2012〕8号）。

第二章

行业篇

提要：作为工业节能工作主力，2011年钢铁、石油和化工、建材、有色金属和电力行业节能工作取得新进展。五大行业单位工业增加值能耗和主要产品单耗实现双下降，淘汰落后产能工作如期完成，节能技术水平和管理能力不断提升。但是，受新建项目接连上马等因素影响，五大行业能源消费总量又上新台阶，能耗比重攀升，部分行业能耗增速更是创下近年来新高，加上前期节能挖潜力度较大，导致2011年大部分行业节能进展放缓，未来4年行业节能任务加重。随着中国经济下行压力加大，行业经济受到影响和冲击，行业要在保持经济平稳发展、满足社会需求的同时，厉行节能工作、实现节能目标的难度加大。但是，压力同时也意味着新的机遇，行业需要把握转型升级的机遇期，将节能工作作为促进结构调整、提高质量和效益的重要抓手，深入挖掘节能潜力，提高节能工作成效。

第一节 钢铁行业

“十二五”开局之年，钢铁行业持续发展，粗钢产量连续16年位居世界第一。受国内宏观调控和欧美债务危机影响，钢铁行业运行呈前高后低态势：上半年，钢铁产量保持较高增速，出口小幅增长；下半年，尤其是进入第四季度，经济下行压力增大，生产运行各项指标逐月走低，行业运行困难加重。

面对复杂局面，钢铁行业持续推进节能工作。通过加强行业指导，调整产业结构，强化企业节能管理，推广节能先进技术等措施，推动行业能源利用效率持续提高，节能技术水平和管理水平不断提升。但是，受到行业利润下滑、原材料品质下降等诸多因素影响，2011年行业节能总目标完成情况未达预期，单位产品能耗下降幅度放缓，钢铁行业要完成工业增加值能耗下降18%的“十二五”节能目标，将面临一系列挑战，行业节能工作任重道远。

一、行业发展概况

（一）粗钢产量保持增长，钢铁产能继续扩张

2011年，中国粗钢产量为6.85亿吨，同比增长7.54%[①]，这是近十年来除2008年外，增幅最小的一年。钢材产量为8.86亿吨，同比增长10.39%。从全年走势来看，上半年粗钢产量基本呈逐月增加态势，6月份日产量达到全年最高点199.7万吨；下半年回落，四季度下降幅度加快，11月份降至全年最低点166.2万吨，比最高点下降16.8%，如图2-1所示。

据中国钢铁工业协会统计，2010年末中国炼钢产能超过8亿吨，2011年新投产炼钢产能约8 000万吨，考虑到淘汰落后产能近3 000万吨，实际净增炼钢产能约5 000万吨，2011年末粗钢产能超过8.6亿吨。一些部门组织的专项调研显示，粗钢实际产能约为9.2亿吨，全行业产能继续扩张[②]。

① 数据来自国家统计局，《中国统计年鉴2012》，中国统计出版社，北京，2012年9月。“行业篇”优先采用国家统计局发布的《中国统计年鉴》等出版物中的数据。如国家统计局没有行业相关数据，则采用中国钢铁工业协会、中国石油和化学工业联合会、中国建筑材料联合会、中国有色金属工业协会和中国电力企业联合会发布的数据。

② 工信部，《2011年钢铁工业运行情况分析和2012年运行展望》，2012年2月。

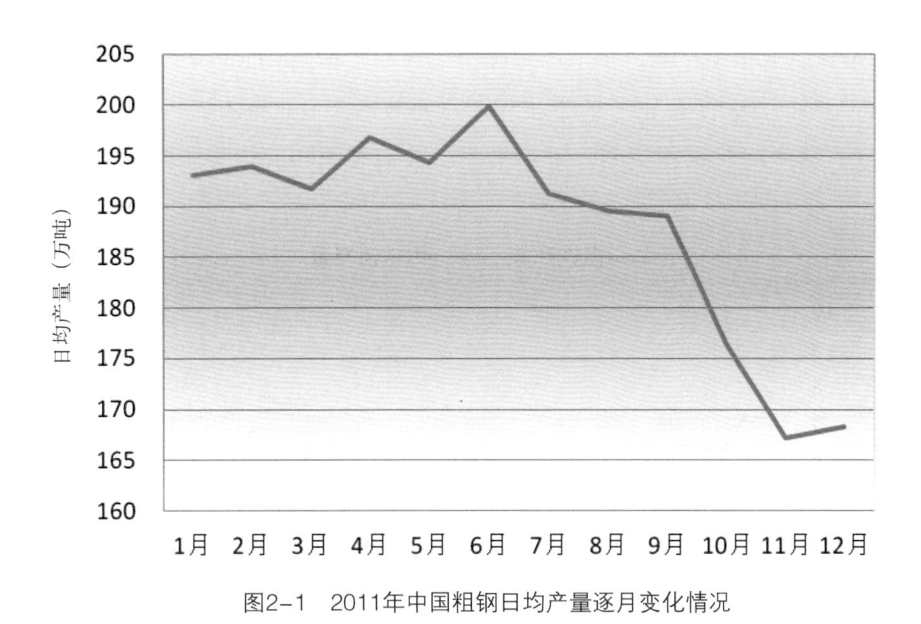

图2-1 2011年中国粗钢日均产量逐月变化情况

（二）钢铁产品结构优化，但供需矛盾凸显

2011年钢材产品结构进一步优化。大型变压器用高磁感取向硅钢、轿车用超高强钢板、机械装备用高级齿轮钢和高档轴承钢、发电设备用耐高温高压锅炉管等高档特种钢材国产化率不断提高。同时，以Ⅲ级螺纹钢、高强度汽车板、高强度造船板等产品为代表的高强节材型钢材产品产量及比例均有所提升，带动钢材产品结构进一步优化①。

2011年下半年，受欧债危机影响，全球经济增速放缓，中国钢材出口不振，国内市场压力不断加大。加上年初国家采取紧缩货币政策应对国内高企的通胀压力，固定资产投资增速回落。建筑、船舶、机械、汽车、家电等钢铁下游行业增速也相应放缓，下游需求减弱，钢材消费加速下降。与此同时，钢铁企业由于考虑到市场份额和生产边际效益等因素，主动减产意愿不足，在国内外需求减弱的背景下，过快释放的产能使供需矛盾凸显。2011年，中国钢铁产量与实际需求量的差距为0.46亿吨，供大于需的矛盾有所加剧，如图2-2所示。

（三）企业兼并重组艰难推进，产业集中度缓步提高

2011年，中国钢铁企业的兼并重组继续艰难推进。马钢集团、鞍钢集团、宝钢集团、太钢集团等钢铁企业陆续实施重组，企业实力有所增强。

随着企业兼并重组的艰难推进，中国钢铁产业集中度缓步提升。2011年，国内排

① 中国行业咨询网，《钢铁工业2011年发展回顾和2012年发展展望》，2011年12月。

名前4位的钢铁企业粗钢产量占全国产量比例达到33.7%，排名前10位的达到49.2%，较上年提高0.6%。2011年粗钢产量超过3 000万吨的钢铁企业集团达到6家，超过1 000万吨的16家，其中河北钢铁集团、宝钢集团、鞍钢集团和武钢集团粗钢产能均超过5 000万吨。

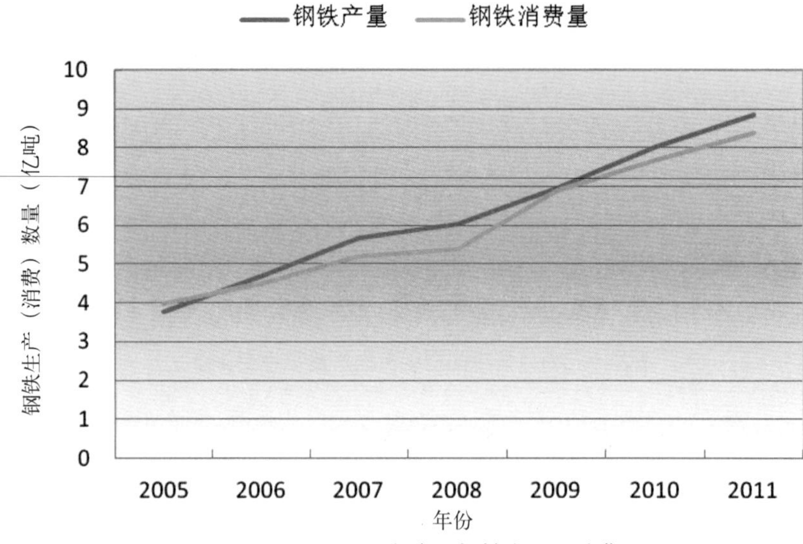

图2-2　2005-2011年中国钢铁产量和消费量

注：数据来自国家统计局。

（四）技术装备水平提高，自主创新能力提升

2011年，重点统计钢铁企业1 000立方米以上高炉生产能力所占比例约为60%，较2010年提高约8%；4 000立方米以上大型高炉15座；100吨及以上炼钢转炉生产能力所占比例约57%；大部分企业已配备铁水预处理、钢水二次精炼设施，精炼比达到70%；轧钢系统基本实现全连轧。宝钢、鞍钢、武钢、首钢京唐、太钢、马钢、兴澄特钢、东特大连基地等大型钢铁企业技术装备达到国际先进水平。

在自主创新方面，钢铁生产的焦化、烧结、炼铁、炼钢、连铸、轧钢等各主要工序主体装备基本实现了国产化。中国钢铁行业具备了自主建设和运营世界一流水平千万吨级钢厂的综合能力。鞍钢鲅鱼圈、首钢京唐、宝钢梅钢宽带钢冷连轧机组的自主集成、自主建造，标志着中国钢铁工业自主设计、制造、工程建设和掌握运用新技术的水平达到了一个新的里程碑。

二、行业能耗状况

随着钢铁产量继续攀升，钢铁行业能耗总量不断增加。根据《中国能源统计年鉴

2012》，2011年，规模以上黑色金属冶炼与压延业[①]能耗为6.25亿吨标准煤,，年增速为10.8%，约占全国工业能源消费总量的25%。从图2-3可以看出，经历了2006、2007年的高速增长之后，钢铁行业能耗增幅放缓，并开始呈震荡变化。2008年行业能耗增速降至3.35%，2009年窜升到8.78%，2010年下滑至0.76%的历史新低，2011年又重回10.8%的高位。

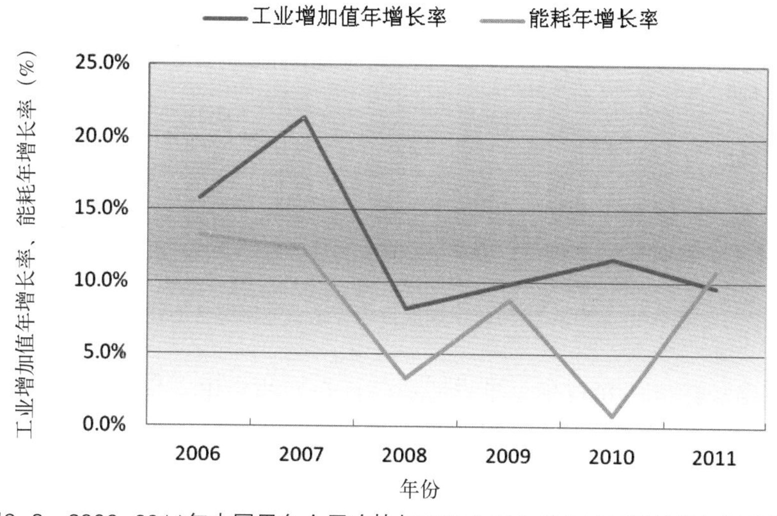

图2-3　2006-2011年中国黑色金属冶炼与压延业工业增加值年增长率与能耗年增长率

注：1. 行业能耗数据来自历年《中国能源统计年鉴》。
2. 2006年行业工业增加值年增长率是作者估算，2007-2011年工业增加值年增长率来自历年《国民经济与社会发展统计公报》。其中，2006-2010年行业工业增加值年增速为2005年价，2010年工业增加值年增速为2010年价。

2006-2010年，黑色金属冶炼与压延业的工业增加值年增长率一直高于行业能耗年增长率。但在2011年，黑色金属冶炼与压延业工业增加值年增长率为9.7%（2010年价），比同期能耗增速低约1%。行业能源消费弹性系数突破1，节能压力陡然增加。

三、行业节能主要成效

（一）能源利用效率有所提高

从单位产品能耗看，2011年重点统计企业吨钢综合能耗为601.72千克标准煤/吨，较上年下降0.48%。自2005年以来，重点统计企业吨钢综合能耗下降幅度逐渐收窄，说明随着既有技术的普及以及市场对钢材品质要求的不断提高，吨钢综合能耗的下降

① 规模以上黑色金属冶炼及压延加工业包括钢铁生产企业和铁合金，不包括炭素、金属制品、耐火和采矿。国家统计局的统计口径与中国钢铁协会统计口径不完全可比。

越来越困难，如图2-4所示。

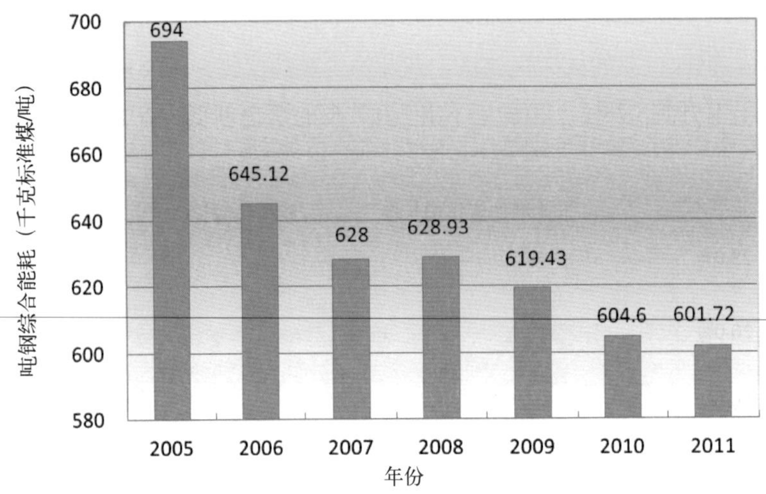

图2-4 2005-2011年中国重点统计企业吨钢综合能耗

从主要工序能耗看，2011年，重点能源统计企业的焦化、烧结、炼铁、转炉、电炉工序能耗分别为106.65千克标准煤/吨、54.34千克标准煤/吨、404.07千克标准煤/吨、-3.21千克标准煤/吨、69.00千克标准煤/吨。与2010年相比，除焦化、烧结两个工序能耗有小幅上升之外，其他指标均下降，见表2-1。焦化工序能耗提高与当年焦煤质量下降有一定关系。一方面随着炼铁装备的大型化，大型高炉对焦炭质量（如抗压强度和耐磨强度等）提出了更高的要求，另一方面焦煤质量下降直接导致焦炭质量降低，低质量的焦炭无法满足大型高炉炉料要求，不仅约束了高炉生产效率，也增加了焦化和烧结环节的能源消耗。

表2-1 中国重点能源统计钢铁企业工序能源消耗

（单位：千克标准煤/吨）

年份	焦化	烧结	炼铁	转炉	电炉
2010	105.89	52.65	407.76	4.68	73.98
2011	106.65	54.34	404.07	－3.21	69.00
2011比2010增加（+/－）	0.76	1.69	－3.69	－7.89	－4.98

注：资料来源于中国钢铁工业协会。

（二）淘汰落后工作取得新进展

2011年，钢铁工业继续加大淘汰落后钢铁产能力度。2011年钢铁行业淘汰落后产能共涉及154家企业，其中炼铁企业96家，炼钢企业58家。从地区分布来看，淘汰落后产能涉及企业较多的省份有：河北（33家）、湖南（20家）、山东（12家）、山西

（11家）、内蒙古（9家）、四川（8家），如图2-5所示。

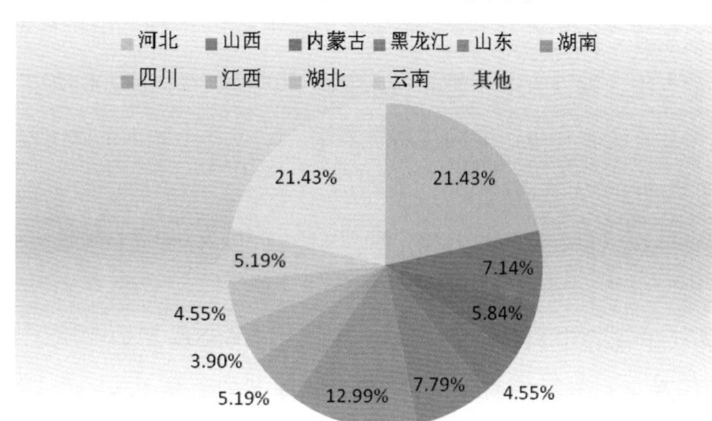

图2-5　2011年中国钢铁行业淘汰落后产能涉及企业的地区分布

来自工信部和国家能源局的联合公告称，2011年钢铁行业超额完成淘汰落后产能任务，全年实际淘汰炼铁产能3 122万吨、炼钢产能2 794万吨。

（三）节能技术水平不断提升

近年来，钢铁行业不断增加节能投入、推广先进工艺、开展节能技术改造，特别是推广实施了以干熄焦技术、高炉煤气干式除尘、转炉煤气干式除尘为代表的节能改造措施，促进行业节能技术水平不断提高，见表2-2。

表2-2　中国钢铁行业先进技术或工艺的普及率

主要工序	先进技术或工艺	描述	2010年普及率	2010年资源综合利用率、二次能源利用率
焦化	干熄焦技术	吨焦发电75千瓦时	投产104套 普及率73%	焦炉煤气 98.15%
烧结	烧结机余热发电技术	吨铁烧结矿发电12千瓦时	—	—
炼铁	高炉TRT技术	吨铁发电40千瓦时	655座	高炉煤气 95.30%
	煤气干法除尘技术	吨铁节电19千瓦时	597座	
	CCPP技术	每立方米高炉煤气发电1千瓦时	建成15套 （2008年）	高炉余渣97.4% （2009年）
转炉	连铸铸锭工艺	生产1吨连铸坯节能70千克标准煤	连铸比99.2% （2008年）	转炉煤气回收量：81立方米/吨钢； 转炉余渣93.1% （2009年）
	转炉煤气干法除尘	节能3.7千瓦时/吨钢	49台	
轧钢	蓄热式燃烧技术	热回收率>80% 节能>30%	400多台 （2008年）	—

注：1. 以上先进技术普及率、资源综合利用率以及二次能源利用率均为钢铁行业重点统计企业数据；
　　2. 连铸比是连铸合格坯产量占钢总产量的百分比；
资料来源：中国钢铁工业协会。

① 干熄焦技术：截至2010年，中国投产运行的干熄焦装置达104套，比2005年增加了84套。干熄焦装置产能约合10117万吨干熄焦能力/年，占到中国炼焦总产能的22.5%左右。2010年重点统计钢铁企业干熄焦技术普及率约为73%，比2005年提高了42%。目前，中国干熄焦装置套数和生产能力均居世界第一，世界上最大的260吨/小时干熄焦装置已在中国投产运行。

② 烧结机余热发电技术：据测算，吨铁烧结矿可发电12千瓦时。“十一五”期间，烧结机余热发电技术得到一定程度的推广。

③ 高炉煤气干式除尘TRT：2010年，中国已有655座高炉实施了余压余热TRT（高炉煤气顶压透平）节能技术改造，约有597座高炉配套干式除尘TRT，比2005年增加了550座。TRT数量与干式TRT数量及能力，均居世界第一。

④ CCPC（低热值煤气联合循环发电装置）：2008年中国已经建成CCPC约15套，年回收煤气150亿立方米，发电150亿千瓦时。

⑤ 连续铸锭工艺：据测算，生产1吨连铸坯，可节能70千克标准煤。2008年中国国内重点钢铁企业连铸比为99.2%，比2005年提高约1.5%。

⑥ 转炉煤气干法除尘：2010年，中国钢铁行业共有49台转炉干法除尘装备，比2005年增加了41台，每年可节电1.65亿千瓦时。

⑦ 蓄热式燃烧技术：加热炉采用蓄热式燃烧技术可以节能30%～50%，同时还可以使企业内富余的低热值高炉煤气得到充分利用，使加热炉的热效率提高到70%以上。截至2008年底，中国钢铁行业已有蓄热式加热炉400多台。

先进技术的推广应用，除了提高行业能源利用效率之外，还大幅提高了行业资源综合利用率和二次能源利用率。近年来，钢铁行业中以高炉渣、转炉渣为代表的固体废弃物综合利用水平显著提升，钢铁生产中副产煤气如转炉煤气、高炉煤气和焦炉煤气的利用率和利用量都有较大幅度的提高。

四、行业主要节能政策措施

2011年，钢铁行业通过加强行业指导、调整产业结构、强化企业节能管理等措施，推动行业节能工作。

（一）加强行业节能指导

钢铁行业作为《工业节能“十二五”规划》确定的九大重点行业之一，在“十二五”工业节能工作中占有重要的地位。《工业节能“十二五”规划》提出的钢铁行业节能目标为：单位工业增加值能耗比2010年下降18%，吨钢综合能耗下降至580千克标准煤/吨。钢铁行业节能工作应以工序优化和二次能源回收为重点，通过优化产品结构、淘汰落后产能、推广先进适用节能技术等，实现主要工序能效提升和二次能源综合利用率提高等目标。

《钢铁工业“十二五”发展规划》也将“深入推进节能减排”作为行业重点任务，并将钢铁行业单位工业增加值能耗降低和企业平均吨钢综合能耗降低等作为“十二五”时期钢铁工业发展的重要指标，提出了一系列节能减排技术推广重点领域。

（二）加大产业结构调整

钢铁行业按照“控制增量、优化存量”的原则，开展行业结构调整工作。除大力提高产品附加值外，钢铁行业继续加大淘汰落后产能工作力度。

① 提高行业准入条件和淘汰落后标准。2011年，国家发展改革委修订并发布了《产业结构调整指导目录（2011年本）》。就钢铁行业来看，减少了8项鼓励类型生产工艺装备或产品，增加了7项限制类型生产工艺装备或产品，淘汰类型中落后生产工艺装备增加了14项，落后产品减少了1项。此次修订体现出钢铁行业提高准入标准、加大淘汰落后力度、持续推进产业结构调整的工作原则。

② 淘汰落后产能工作力度加大。“十二五”期间钢铁行业淘汰落后产能目标为：淘汰炼铁落后产能4 800万吨，炼钢4 800万吨。2011年淘汰任务为淘汰炼钢落后产能2 794万吨，炼铁3 122万吨，其中炼钢淘汰产能任务较2010年有所增加，增幅为219%。

③ 淘汰落后产能的工艺和装备标准提高。《产业结构调整指导目录（2011年本）》和《钢铁工业“十二五”发展规划》中都要求淘汰400立方米及以下炼铁高炉（不含铸造铁），200立方米及以下铁合金、铸铁管生产用高炉，30吨以下转炉和电炉，相比《产业结构调整指导目录（2005年本）》的淘汰标准有所提高。

（三）强化企业节能管理

为强化钢铁企业节能管理，钢铁行业实施了多项政策措施，促进企业节能管理能力提升。

① 成为国内能源管控中心建设先行者。自2009年《钢铁企业能源管理中心建设实施方案》和《工业企业能源管理中心建设示范项目财政补贴资金管理暂行办法》发布以来，钢铁行业能源管控中心建设工作顺利开展，参与企业数量逐年增加。2009—2011年3批共56项钢铁能源管控中心建设工程累计获得5亿元中央财政资金支持。能源管控中心稳定运行后至少可以实现1%～2%的节能率，随着各企业能

源管控中心的不断成熟，节能效果将进一步显现。为规范钢铁企业能源管控中心建设工作，中国钢铁工业协会还组织编写了《钢铁企业能源管理中心系统建设技术规范》，指导钢铁企业能源管控中心建设工作。2011年工信部组织专项督查组对部分钢铁企业能源管控中心建设情况进行督查，推动"十二五"期间钢铁行业节能信息化建设不断向前。

② 继续开展钢铁行业能效对标活动。为促进能效对标达标活动，2012年，工信部发布了2011年度钢铁行业重点用能工序能效标杆指标及企业（主要工序包括：焦化、烧结、高炉、转炉，每种工序涉及6个标杆企业），促进钢铁企业追赶先进，不断挖掘节能减排潜力。

③ 积极开展企业能源管理体系建设。建立健全能源管理体系是推动企业实现系统节能管理和持续改进能源绩效的有效途径。中国国家认证认可监督管理委员会（简称国家认监委）于2009年正式启动了能源管理体系认证试点工作，钢铁行业成为首批试点行业之一。经过两年多的试点与探索，钢铁行业能源管理体系建设工作走在了试点行业的前列，实现了较好的节能增效，积累了丰富的实践经验。截至2012年9月，已有20余家钢铁企业开展了能源管理体系建设试点工作，宝钢、沙钢等企业成为国内第一批获得能源管理体系认证证书的钢铁企业。

（四）促进节能技术推广

"十二五"时期，国家积极促进钢铁行业节能技术的推广和应用。

《工业节能"十二五"规划》中要求钢铁行业全面推广焦炉干熄焦、转炉煤气干法除尘、高炉煤气干法除尘、煤调湿、连铸坯热装热送、转炉负能炼钢等技术；重点推广烧结球团低温废气余热利用、钢材在线热处理等技术；示范推广上升管余热回收利用、脱湿鼓风、利用焦炉消纳废弃塑料和废轮胎等技术；研发推广高温钢渣铁渣显热回收利用技术、直接还原铁生产工艺等；加快电机系统节电技术、节能变压器的应用；到2015年，转炉负能炼钢、脱湿鼓风、烧结余热发电、煤调湿等技术的应用比例分别达到65%、20%、40%和50%。

《钢铁工业"十二五"发展规划》中提出钢铁行业节能减排技术推广应用的重点包括：铁前节能减排技术（低温烧结工艺技术，烧结烟气脱硫、脱硝技术，小球烧结技术，链篦机-回转窑球团技术，球团废热循环利用技术，高温高压干熄焦技术，煤调湿技术，捣固炼焦技术，焦炉、高炉利用废塑料技术，高炉高效喷煤技术，高炉脱湿鼓风技术，高炉干法除尘技术，高炉热风炉双预热技术，转底炉处理含铁尘泥技术）；炼钢、轧钢节能减排技术（转炉煤气干法除尘技术，转炉负能炼钢工艺技术，电炉烟气余热回收利用除尘技术，蓄热式燃烧技术，低温轧制技术，在线热处理技术，轧钢氧化铁皮综合利用技术）；综合节能减排技术（燃气–蒸汽联合循环发电技术，原料场粉尘抑制技术，双膜法污水处理回用技术，能源管控中心及优化调控技术，冶金渣综合利用技术，综合污水处理技术，余热余压综合利用技术）。

五、行业节能工作建议

2011年，在钢材市场需求相对低迷、效益降低的困境下，中国钢铁行业持续推进节能工作，并取得积极节能成效，主要表现在：行业能源利用效率稳步提高，淘汰落后产能工作如期完成，节能技术水平和管理水平不断提高，能源管理体系、能源管控中心建设和能效对标达标等节能新机制得到一定程度的推广和应用。

但由于钢铁行业整体效益降低、新上项目拉动行业能源消费，钢铁行业大部分节能指标完成情况未达预期。2011年钢铁行业单位工业增加值能耗有所上升；2011年吨钢综合能耗为601千克标准煤/吨，实际下降率为0.66%，也与《工业节能“十二五”规划》制定的年度目标有一定差距。从2011年钢铁行业节能总体表现看，未来4年的节能任务将会加重，见表2-3。

表2–3　2011年中国钢铁行业主要节能指标完成情况

指标	目标值		2011年实际值	
	“十二五”累计下降目标（%）	年均下降目标（%）	2011年实际下降率（%）	完成情况
单位工业增加值能耗	18	3.89	+1.0%	未达预期
吨钢综合能耗	4.1	0.83	0.66	未达预期

注：1. 根据《工业节能“十二五”规划》，钢铁行业“十二五”节能目标为单位工业增加值能耗累计下降18%，年均分解为3.89%。

2. 2011年钢铁行业单位工业增加值能耗下降率系笔者估算。其中，2011年钢铁行业能耗取《中国能源统计年鉴2012》中黑色金属冶炼与压延业的终端能耗，2011年钢铁行业工业增加值为2010年黑色金属冶炼压延业的工业增加值（2005年价）与《2011年国民经济与社会发展统计公报》中的行业年增长率折算得到。因《2011年国民经济与社会发展统计公报》中行业年增长率为2010年价，因此计算得到的2011年行业工业增加值与实际有一定出入。该数据仅供参考。

此外，从钢铁行业主要工序能耗上看，虽然中国部分联合钢铁企业能效水平已经接近或达到世界先进水平，但还有一些大中型企业的能效水平没有达到国家能耗限额值要求。钢铁行业技术两极分化，先进和落后并存，淘汰落后工作和节能技术改造力度还须加强。

2011年，钢铁行业节能的实现之所以不尽如人意，原因较多。一方面，经过“十一五”大规模的节能技术改造，中国联合钢铁（长流程）企业的装备技术已经接近或达到世界先进水平，节能技术的投入产出比下降，既有技术节能潜力降低，实现单位工业增加值下降18%这一较高节能目标十分不易。再加上钢铁行业节能受到原料性质、产品结构、技术结构的限制和国内废钢价格、生铁价格、国内电价等市场环境影响，结构节能工作推进困难。如提高铁钢比是行业节能有效手段之一，但根据中国海关总署公布的数据，2011年废钢价格持续走高，进口达到611美元/吨，同比上涨19%，由于全球废钢市场供应总量有限，大部分钢铁企业依旧选择长流程生产，铁钢比继续下降，加大了行业节能工作难度。另一方面，在中国重工业化大环境下，钢铁行业也无法摆脱规模效益发展依赖。虽然自“十一五”以来，国家政策文件中明确要求“严格控制钢铁工业新增产能”，但2011年新增炼钢能力依然达到8 000万吨，新上项目屡禁不止，必然带来能源消耗总量攀升，增加行业节能工作难度。此外，在目前经济下行压力下，钢铁企业节能投融资能力下降。数据显示，2011年，重点大中型钢铁企业销售利润率为2.42%，同比下降0.58%，远低于同期全国规模以上工业企业6.47%的平均利润率水平。在企业利润下降，甚至出现经营困难的情况下，钢铁企业无力或无意扩大节能环保投入，节能技改能力明显下降。

面对未来4年艰巨的节能任务，钢铁行业亟需加大节能工作力度，推动行业节能技术进步和提高节能管理能力。

（一）加大节能工作总体指导，促进“十二五”节能目标实现

随着经济增速放缓，行业节能工作阻力变大。为保证节能工作的持续性和有效性，节能主管部门加大节能工作力度，支持行业协会和企业的节能工作，建立相关方沟通机制。同时，做好钢铁行业节能规划和指导工作，协调上下游关系，梳理现有节能政策措施，形成系统有效的钢铁行业节能政策体系，发挥节能政策和资金的引导作用，促进“十二五”行业节能目标实现。

（二）加大节能技术的研发和推广力度，提高自主创新能力

加大钢铁行业节能技术的研发力度，特别是烧结烟气循环技术等前沿技术研发。提升钢铁行业节能技术的自主创新能力。针对技术创新薄弱现状，建立自主创新体系，制订创新人才战略，落实激励机制，保护知识产权，积极参与到前沿技术和前瞻性技术研究中，逐渐形成研究基础。

在技术推广方面，按照《工业节能“十二五”规划》和行业发展规划要求，分步

骤、有侧重地开展节能技术推广工作，提高工序能耗和资源综合利用水平。

（三）提高企业节能管理水平，推广节能管理新机制

加强钢铁企业能源计量、统计、审计等基础工作，支持企业落实节能目标责任制、设立能源管理负责人和能源管理岗位，支持企业开展遵法贯标和节能评优活动，帮助企业降低用能成本、增强能源管理能力。

加大企业能源管理体系建设工作的支持力度，鼓励企业通过能源管理体系认证；发挥行业协会指导作用，提高企业能效对标水平；支持有条件的企业建立能源管控中心，帮助企业利用合同能源管理开展节能技术改造等。

第二节　石油和化工行业

2011年，中国石油和化工行业大力推进发展方式转变和产业结构调整，行业经济呈现快速平稳增长，整体效益显著提高，发展质量进一步提升。但是，受新项目接连上马等因素影响，石油和化工行业能源消费提速，行业节能工作进展放缓。2011年，行业单位工业增加值能耗下降率为1.8%，低于规划分解目标，部分重点产品单耗出现波动，未来4年行业节能任务加重。面对当前日趋严峻的外部环境和2011年节能工作欠账，石油和化工行业亟待抓住产业结构调整契机，加强各项节能工作，建立节能长效机制。

一、行业发展概况

（一）行业整体运行态势快速平稳，固定资产投资稳步增长

2011年，石油和化工行业经济总量再上新台阶。截至2011年底，全行业规模以上企业（主营业务收入2000万元以上企业）26832家，总产值历史性突破11万亿元（当年价，下同），达到11.28万亿元，比2010年增长31.5%，占全国规模工业总产值的13.2%[①]；行业增加值达到2.41万亿元，同比增长10.1%。

全年行业经济增长总体快速平稳，前三季度工业产值同比增长35%左右。但进入第四季度后，行业经济回调显著加快，下行压力骤增，第四季度工业产值同比增长23.4%，比前三季度降低约12%。

①《2011年中国石油和化工工业经济运行报告》，中国石油和化学工业联合会。

2011年，石油和化工行业投资仍具强大吸引力，石油加工炼焦及核燃料加工业、石油和天然气开采业、化工原料及制品业、橡胶制品业等4个子行业的固定资产投资额继续增长，全年4个子行业的固定资产投资额为1.52万亿元，同比增长20%以上，如图2-6所示。

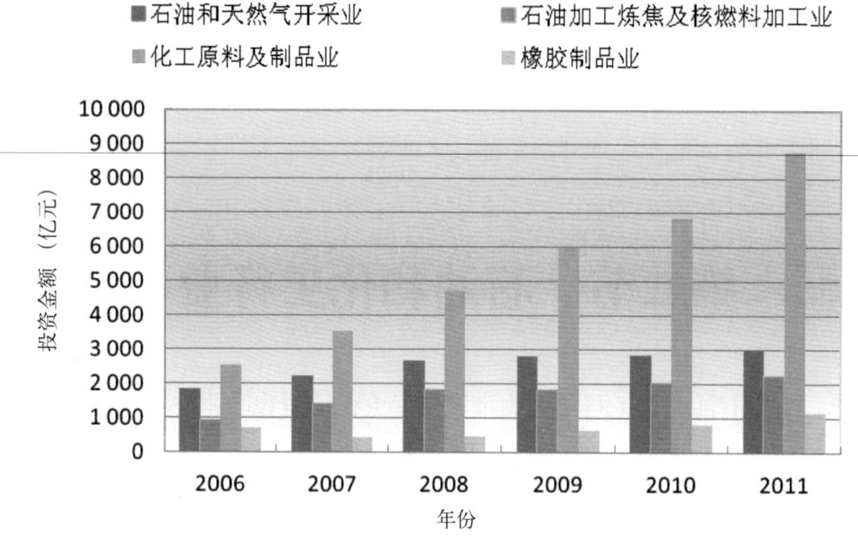

图2-6　2006-2011年中国石油和化工行业固定资产投资额

（二）主要产品产量总体保持较快增长，市场需求强劲

2011年行业主要石油和化工产品总量达到4.18亿吨，比上年增长12.9%，增幅较上年提高1.6%。其中，原油加工量为4 474万吨，比上年增长5.9%，增幅较上年明显回落；乙烯产量达到1 527.5万吨，同比增长7.47%，增幅大幅回落；合成氨产量5252.7万吨，年增速为5.78%，增幅较上年上涨；烧碱和纯碱产量分别达到2 473.52万吨和2 094.03万吨，年增速都在10%以上，但烧碱增幅较上年出现回落；电石产量为1737.7万吨，年增速为2.22%，增幅较上年减少约10个百分点，见表2-4。

表2-4　2011年中国石油和化工行业主要产品产量及年增速

产品类型	原油加工量	乙烯	合成氨	烧碱	纯碱	电石
产量（万吨）	4.474	1527.5	5252.7	2473.52	2294.03	1737.7
年增速（%）	5.9%	7.47%	5.78%	11%	12.74%	2.22%
增幅较上年（+/-）	-6.9%	-25.04%	9.1%	-11.23%	8.1%	-10.89%

注：原油加工量和电石产量来自中国石油和化学工业联合会，其他数据来自《中国统计年鉴2012》。

受国内消费市场的强劲拉动，行业主要产品消费量增长态势明显，市场供需基本平稳。2011年，主要石油和化工产品表观消费总量①比上年增长10.1%，增幅高于上年约4%。

产品进出口方面，2011年行业产品进出口总额再攀高峰，达到6 071.46亿美元，比2010年增长32.3%，占全国进出口贸易总额的16.7%，贸易逆差2 624.64亿美元，比上年扩大38%。

在产销两旺的拉动下，部分行业装置开工率有所上升，2011年烧碱和纯碱装置开工率分别达到74%和77%，较上年小幅上升。

（三）子行业经济效益差别显著，高附加值产品成主要利润增长点

2011年，石油和化工行业利润、主营业务收入等都实现了较快增长，行业经济效益进一步改善，经济运行质量进一步提高。全行业利润总额为8 234.34亿元，同比增长19.0%，占同期全国规模以上工业利润总额的15.1%。

各子行业经济效益差别显著。石油和天然气开采业、化学工业两个子行业利润占全行业利润的99.85%。其中，石油和天然气开采业增长较快，效益较好，2011年油气开采业利润总额为4044.3亿元，同比增长44.8%，占全行业利润总额的49.1%。化工行业（包括化学原料及化学制品制造业、化学纤维制造业和橡胶制品业，下同）利润总额达到4134.1亿元，同比增长32.6%，占全行业利润总额的50.2%，综合实力进一步增强。石油加工、炼焦及核燃料加工业整体出现亏损，2011年亏损108.2亿元②，如图2-7所示。

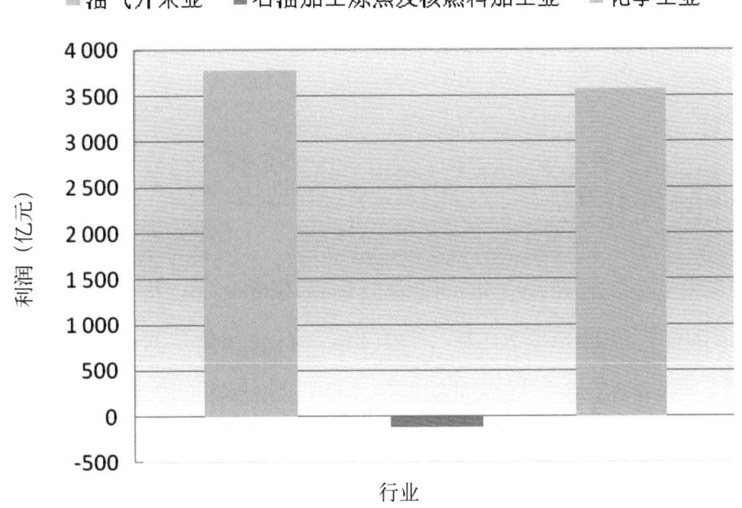

图2-7　2011年中国石油和化工三大子行业利润

① 表观消费量指当年产量加上净进口量（当年进口量减出口量）再加上库存变化量（年初库存减年末库存）。

② 范敏，马克，《2011年我国石油和化学工业效益分析》，《中国石化和化工经济分析》，2012年第3期。

在化工行业，高附加值产品成为主要利润增长点。随着产业结构的调整和发展方式的转变，专用化学产品、合成材料等高技术高附加值产品在化学工业利润增长中的比重不断攀升，成为提高行业经济增长质量的主要动力。其中，专用化学品利润占化学工业利润总额的比重约达31.5%，较2010年上升约1%；合成材料利润占比14.1%，比2009年高1.6%，总体上升的趋势没有改变；有机化学原料利润占比12.7%，与上年基本持平。化肥、橡胶制品等传统化学品在利润增长中的比重总体上呈下降的趋势。2011年，专用化学品、合成材料、有机化学原料三大领域在化学工业产值增长中的贡献率达到59.0%，利润增长的贡献率超过52%。

（四）产业结构升级步伐加快，部分产能过剩行业仍继续扩张

2011年行业产业结构进一步优化。以化工行业为例，专用化学品、合成材料、有机化学原料的产值占据了化工行业的半壁江山。产业结构优化的同时，出口结构也继续优化，2011年，中国橡胶制品在进出口总额中的比重继续下降，有机、专用化学品、合成材料等产品出口均保持上升趋势。此外，化学产品在质量和技术创新方面都取得了长足进步，产品技术加快向高端领域延伸，其中有机化学品、合成材料等技术含量较高产品的国内市场占有率稳步提高。

近年来，石油和化工行业加大了淘汰落后产能的工作力度，但是仍有一些领域存在不顾市场条件、资源条件或技术条件，盲目扩张产能的现象，进一步加剧了产能过剩局面[①]；从装置开工率看，2011年甲醇、电石、聚氯乙烯、尿素等行业开工率仍然不高；“两碱”开工率虽然有所回升，但也面临产能进一步释放的巨大压力。此外，甲醇、电石、尿素等产能扩张仍未停止，新型煤化工产业发展速度仍在加快。

二、行业能耗状况

2011年是“十二五”的开局之年，随着新项目不断上马，行业能源消耗总量明显上升。根据《中国能源统计年鉴2012》，2011年，石油和化工行业能源消费总量约为5.47亿吨标准煤，占同年工业能耗总量的22%，能耗同比增长12.5%，增幅比2010年高出10%，创下“十一五”以来最高点，如图2-8所示。

① 中国石油和化学工业联合会李勇武，《积极推进节能减排加快转变发展方式努力实现石油和化学工业的可持续发展》。

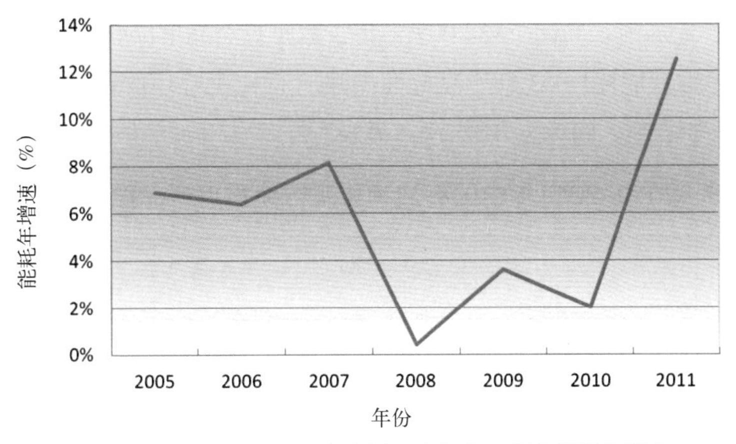

图2-8 2005-2011年中国石油和化工行业能耗年增速

三、行业节能主要成效

中国石油和化工行业能源消费总量的增加，影响了行业节能工作的顺利开展，如图2-9所示，2011年石油和化工行业单位工业增加值能耗为1.85吨标准煤，同比下降1.80%，与《工业节能“十二五”规划》的年度分解目标相比还有较大差距。2011年行业万元增加值能耗降幅也创下了自“十一五”以来的新低，行业节能工作整体放缓，如图2-9所示。

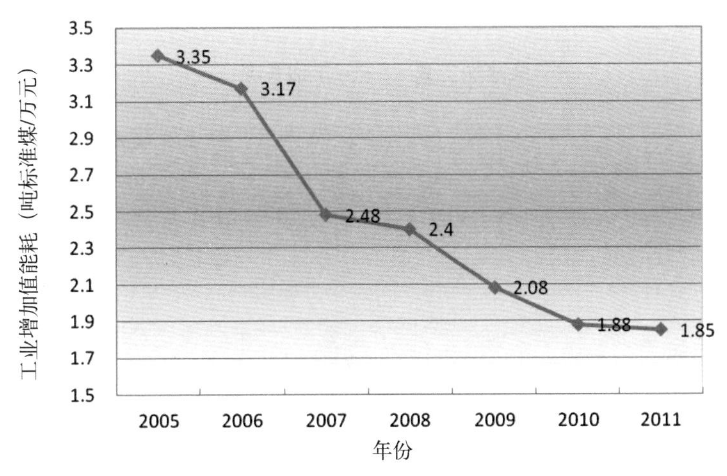

图2-9 2005-2011年中国石油和化工行业单位工业增加值能耗下降率

主要耗能产品综合能耗较2010年呈不同程度变化。其中，原油加工单位产品综合能耗96.05千克标准煤/吨，同比下降0.60%；乙烯生产综合能耗850.75千克标准煤/吨，同比下降3.26%；合成氨生产综合能耗1 371.91千克标准煤/吨，同比下降0.40%；烧碱生产综合能耗433.51千克标准煤/吨，同比下降4.70%，纯碱生产综合能耗300.58千克标准煤/吨，同比下降2.00%。但少数重点产品单位综合能耗略有波动，如单位电石生产综合能耗1 051.58千克标准煤/吨，同比上升1.05%；烧碱生产综合能耗337.88千克标准煤/吨，同比上升0.52%，见表2-5。

表2-5　2010-2011年中国石油和化工行业重点产品能耗变化表

产品	2010年（千克标准煤/吨）	2011年（千克标准煤/吨）	比上年同期增减（%）
原油加工	96.63	96.05	-0.60
乙烯	879.42	850.75	-3.26
合成氨	1377.48	1371.91	-0.40
烧碱	454.88	433.51	-4.70
纯碱	306.71	300.58	-2.00
电石	1040.61	1051.58	1.05

注：数据来自中国石油和化学工业联合会。

（一）原油加工

2011年，中国原油产量为2.03亿吨，同比增长0.23%；原油加工量为4.48亿吨，同比增长5.9%，年增长率放缓，为"十一五"以来的最低值，如图2-10所示。全国炼油产能利用率约为80%。

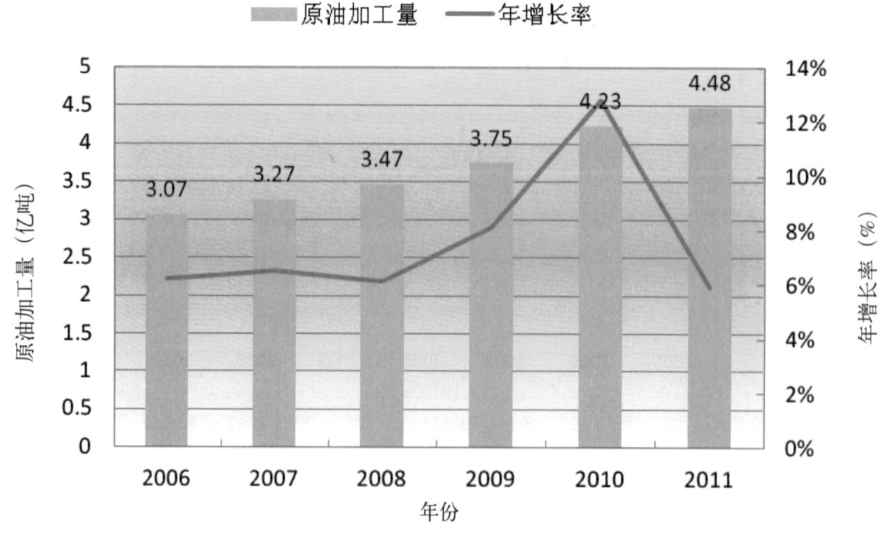

图2-10　2006-2011年中国原油加工量

2011年，原油加工单位产品综合能耗为96.03千克标准油/吨，比2010年降低了0.6%，降幅较小，大约形成26.22万吨标准煤的节能量。与国际先进水平相比，原油加工单位产品综合能耗仍然很高，节能潜力很大。

（二）乙烯

2011年，中国乙烯产量达到1 527.5万吨，比上年增长7.47%，如图2-11所示。

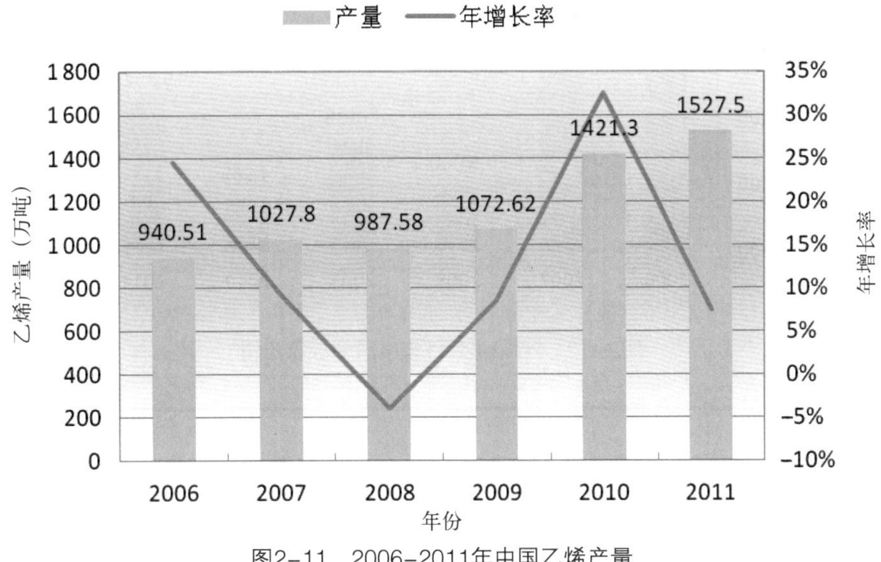

图2-11 2006-2011年中国乙烯产量

全年中国乙烯产能小幅增长，新增20万吨/年，包括南京扬巴石化从60万吨/年扩产至74万吨/年的扩能项目和中原石化60万吨/年甲醇制烯烃装置项目（建成后新增乙烯产能6万吨/年），总产能达到1 531万吨/年。全年乙烯装置平均开工率达到了99.1%[①]。截至2011年底，中国共有24家乙烯生产企业，共计29套乙烯装置。

从生产格局看，2011年，中国乙烯生产格局变化不大，仍然以三大石油公司为主。中国石化、中国石油、中国海油分别占总产能的62.6%、24.2%、6.2%。

得益于乙烯裂解原料中加氢尾油和柴油比例的降低、石脑油比例增高以及乙烯生产过程中一系列先进控制技术的应用，中国乙烯单位产品综合能耗持续降低。2011年乙烯单位产品综合能耗为850.75千克标准煤/吨，比2010年下降3.26%，相当于节能43.79万吨标准煤。

（三）合成氨

“十一五”期间，中国合成氨产量先增后减。2011年产量有所回升，达到5 252.7万吨，比2010年增长5.78%，如图2-12所示。中国合成氨总产量仍居世界首位。

2011年，合成氨产业实行了上大压小、产能置换等措施，合成氨单位产品综合能耗为1 371.91千克标准煤/吨，同比下降0.40%，可带来28.23万吨标准煤的节能量。

① 邹涛，江林，《2011年我国乙烯工业概况及发展建议》，《中国石油和化工经济分析》，2012年第4期。

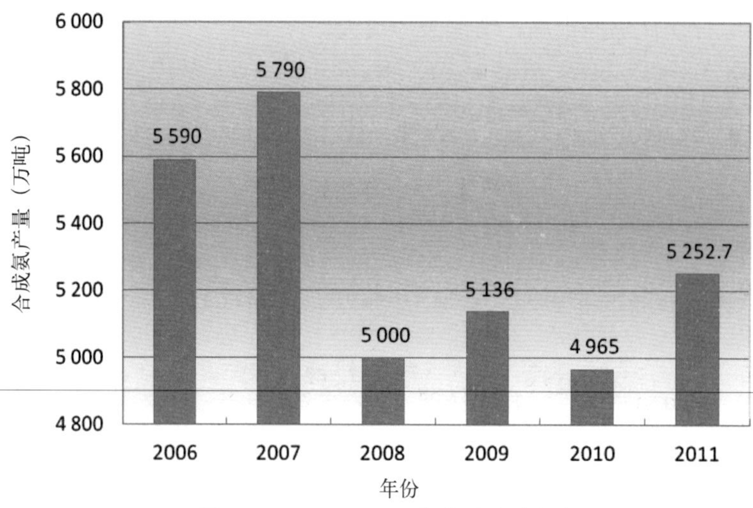

图2-12 2006-2011年中国合成氨产量

（四）烧碱

2011年，中国烧碱产量为2 473.52万吨，比2010年增长11%，如图2-13所示。其中，离子膜法烧碱产量为2 133.3万吨，占全国烧碱总产量86.5%，比2010年提高1.7%。烧碱产能利用率约为74%。

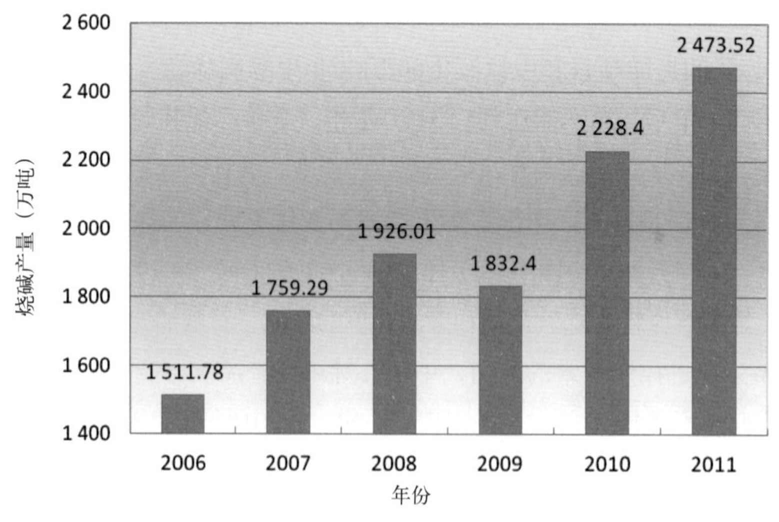

图2-13 2006-2011年中国烧碱产量

2011年，中国烧碱单位产品综合能耗为433.51千克标准煤/吨，同比下降4.7%，约产生52.7万吨标准煤的节能量。

（五）纯碱

2011年，中国纯碱产量为2 294.03万吨，比2010年增长12.74%，如图2-14所示。纯碱中能耗较低的联碱占比47.6%，氨碱和天然碱分别占比44.9%和7.5%。受益于下游需求旺盛和出口火爆的拉动，纯碱行业的整体效益较好。

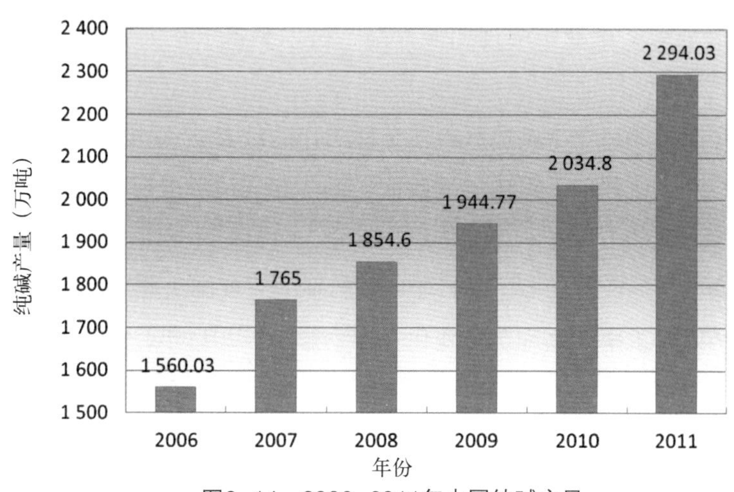

图2-14　2006-2011年中国纯碱产量

2011年，各项节能减排技术继续助力纯碱企业的节能工作，如联碱补充精制盐水技术、蒸氨工序波纹管换热器冷母液流程、循环水低位热能的回收、重灰炉气系统增加冷母液换热器技术等新节能减排技术的应用，助力纯碱单位产品综合能耗的进一步降低。2011年，中国纯碱单位产品综合能耗为300.58千克标准煤/吨，同比降低2.00%。

（六）电石

中国电石产业继续向西部资源、能源产地大规模集中，形成内蒙古、新疆、宁夏、陕西等多个大规模电石生产基地，并且大多配套了完整的下游产品生产装置。2011年，中国电石产量达1 737.6万吨，较2010年增长22.3%，涨幅较大，如图2-15所示。由于大部分大型电石企业技术改造与扩能同时进行，2011年中国密闭电石炉产能所占比重明显提升，已由年初的40%提高到50%以上。

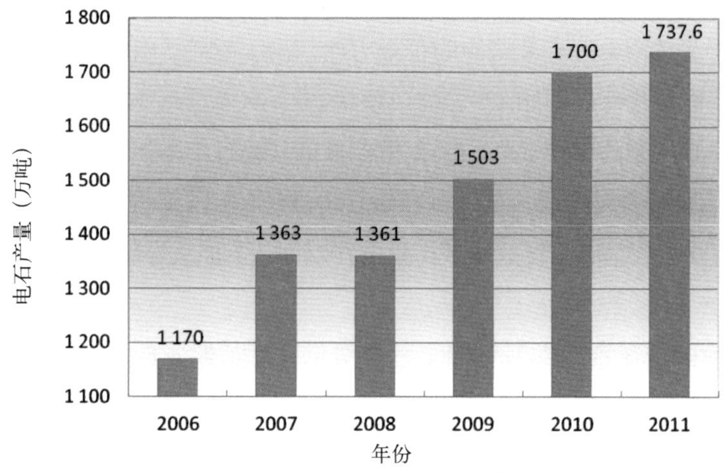

图2-15　2006-2011年中国电石产量

受节能减排政策推动和下游聚氯乙烯市场低迷等影响，2011年电石行业产业结构调整取得显著成效，产业集中度明显提高，技术装备水平大幅提升，产业结构得以优化。

淘汰落后产能是2011年中国电石行业节能工作的最大亮点。国家向各地、各企业下达电石落后产能淘汰任务，再由各地政府对淘汰完成情况进行核查，并出台政策对淘汰产能进行每万吨60万元～80万元的退出补偿。一部分中小企业得以关停，如期完成当年的行业淘汰落后产能任务。2011年电石行业共完成淘汰落后任务151.9万吨。

但是，受产能开工率不高和气候变化等因素影响，2011年，中国电石单位产品综合能耗为1 051.58千克标准煤/吨，较2010年增加1.05%，产品单耗小幅上涨。

随着中国经济增长势头明显放缓，作为基础化工原料之一的电石行业面临严峻考验。电石行业需要进一步提高技术装备水平，实现生产装置密闭化、大型化；积极开展淘汰落后产能工作，通过技术改造配套建设炉气综合利用装置，实现节能降耗。

四、行业主要节能政策措施

为了实现行业节能目标，2011年，石油和化工行业采取了一系列节能政策措施，推进各项节能工作。

（一）行业结构调整

“十二五”期间，中国石油和化工行业进入产业结构调整的攻坚时期。调整产业结构、继续开展淘汰落后产能工作是促进行业节能减排的关键环节。行业以实现总量平衡和行业布局的合理调整为目标，继续控制好三酸两碱、电石等高耗能、大宗基础化学品总量，淘汰或改造其中部分能耗高、污染严重的落后产能和装置，同时加强重点产品能耗限额和清洁生产标准实施的督查力度，淘汰能耗超限额、污染超指标的产能，促使先进产能替代落后产能。

2011年6月1日实施的《产业结构调整指导目录（2011年本）》抬高了石油和化工行业许多生产装置的准入门槛。如限制新建1 000万吨/年以下常减压、150万吨/年以下催化裂化、100万吨/年以下连续重整、150万吨/年以下加氢裂化生产装置，淘汰200万吨/年及以下的常减压装置等。

针对部分地区仍在盲目发展煤化工、煤炭供需矛盾紧张的现状，2011年3月23日，国家发展改革委发布了《规范煤化工产业有序发展的通知》，要求在国家相关规划出台之前，暂停审批单纯扩大产能的焦炭、电石项目；禁止建设不符合准入条件的焦炭、电石项目，加快淘汰焦炭、电石落后产能；对合成氨和甲醇实施上大压小、产能置换等方式，提高竞争力。在新的核准目录出台之前，禁止建设年产50万吨及以下煤经甲醇制烯烃项目，年产100万吨及以下煤制甲醇项目，年产100万吨及以下煤制二甲醚项目，年产100万吨及以下煤制油项目，年产20亿立方米及以下煤制天然气项目，年产20万吨及以下煤制乙二醇项目。这些措施将进一步提高煤化工行业门槛。

（二）试行“能效领跑者”发布制度

为形成一套行之有效的长效机制，石油和化工行业研究建立重点耗能产品“能效领跑者”发布制度。能效领跑者发布制度是把生产某一产品能耗最低的企业确定为标杆，引领其他企业努力达到标杆企业的水平，从而提高全行业的能效水平。重点耗能企业都应当开展能效对标工作，通过采取自身“纵向”对标与企业间“横向”对标相结合的方式，查找差距，分析原因，完善措施，持续改进。为了推动此项工作，行业于2011年底，试行重点耗能产品能效领跑者发布制度，确定了10个产品的能效领跑者名单和相关能耗指标，促进石油和化工行业节能工作深入开展。

2012年6月20日，工信部与中国石油和化学工业联合会在京联合发布石油和化工行业重点能耗产品2011年度能效领跑者名单，合成氨、甲醇、磷酸二铵、硫酸、电石、烧碱、聚氯乙烯、纯碱、黄磷和轮胎10个重点产品领域的42家企业成为领跑者。这是石油和化工行业发布的首批能效领跑者名单，标志着行业能效领跑者发布制度初步建立。

（三）应用节能新技术

2011年，石油和化工行业加快了先进节能技术的推广应用，在油气开采行业重点推广油田采油污水余热综合利用技术和油田伴生气回收技术；在原油加工行业重点推广优化换热流程、优化中段回流取热比、降低汽化率，增加塔顶循环回流换热等方面的节能技术；在乙烯行业继续推广裂解炉空气预热、扭曲片强化传热、瓦斯回收等节能技术；在氮肥行业重点推广高效清洁的先进煤气化技术、节能型水溶液全循环尿素生产技术、高效脱硫脱碳技术、氮肥生产无水零排放技术；在氯碱行业重点研发和推广氧阴极低槽电压离子膜电解技术、膜极距离子膜电解槽、氯化氢合成余热利用技术、低汞触媒技术；在电石行业加快采用大型密闭式电石炉，重点推广电石炉尾气利用、空心电极等节能技术；在硫酸行业重点推广硫磺制酸装置低温位热能回收技术，加快研发硫铁矿制酸、冶炼烟气制酸中低温位热能回收技术；在黄磷行业重点推广黄磷尾气深度净化及利用技术；在橡胶行业重点推广炭黑生产过程余热利用和尾气发电（供热）技术。

（四）企业能源管控中心建设

从2010年开始，工信部和财政部组织了针对石化企业的能源管控中心示范项目。截至2011年底，中国化工、湖北兴发、新疆中泰等26家企业的能源管控中心建设项目共获得了1.86亿元的财政补助资金，促进了行业企业能源管控中心的建设工作。同时，相关部门还组织召开了企业能源管控中心示范项目建设交流现场会，总结了湖北兴发能源管控中心项目的建设经验，推动能源管控中心的推广。在此基础上，行业协会组织编制了石化、氯碱、纯碱等3个行业的企业能源管控中心建设实施方案，用来指导这3个行业“十二五”期间能源管控中心建设工作。

五、行业节能工作建议

2011年，石油和化工行业延续“十一五”工作基础，发挥节能减排在产业结构调整中的积极作用，加强企业节能管理，应用节能新技术和新机制，推动节能各项工作。总体而言，石油和化工行业能效持续提高，淘汰落后产能工作基本完成，以“能效领跑者”和能源管控中心为代表的节能新机制和新手段等带来了行业节能管理面貌的变化。但是，从节能指标完成情况来看，2011年石油和化工行业单位工业增加值能耗同比下降1.80%，单位工业增加值能耗下降速度比“十一五”有所放缓，与当年单位工业增加值能耗下降3.89%的规划分解目标相比，还有较大差距；主要耗能产品单位产品综合能耗较2010年有不同程度的下降，但大部分产品下降幅度放缓，少数产品单耗出现波动。

2011年，石油和化工行业节能总体表现映射出“十二五”开局之年工业节能工作的艰巨性。在现有的技术条件下，“十一五”期间行业节能潜力已经获得了较好的释放，留给“十二五”的是逐渐收窄的能效提升空间。随着2011年第四季度经济运行风险骤增，石油和化工行业需要同时面对经济下行和节能减排压力，节能工作难度陡然增加。

面对2011年行业节能进展放缓这一事实，石油和化工行业需要继续加大行业节能工作力度。

（一）加强产业指导，推动产业结构调整

“十二五”期间，中国石油和化工行业进入结构调整的关键时期。围绕着行业结构调整工作，行业积极开展产业政策研究，如制定、修订行业准入条件、产业发展政策、产品能耗限额标准等，推动落后产能退出，加快产能过剩行业产能消化或去产能化，发挥结构节能在节能工作中的重要作用。

（二）加强重点用能企业节能管理

完善“能效领跑者”发布制度，扩大产品发布范围、类型等。发挥“能效领跑

者”的示范带动作用，促进节能管理和技术最佳实践和案例等在行业内传播。提高“能效领跑者”发布制度的影响力和公信力，推动该制度成为行业节能管理工作的一面旗帜，成为重点产品能耗限额标准等行业节能标准的实践基础。

加强企业能源计量、统计、报告等基础工作，强化能源审计和节能规划，支持有条件的企业建设能源管控中心等。此外，推动企业能源管理体系建设，完善企业能源管理制度建设、加强节能人才队伍建设、培养企业节能专业人员、加强一线员工用能培训等工作。

（三）推广节能技术

做好炼油、乙烯、氮肥、氯碱、纯碱、电石、黄磷等高耗能行业的节能技术改造工作。帮助企业利用国家财政奖励节能技术改造项目资金和合同能源管理奖励资金等开展节能技术改造，降低企业节能技术改造成本。

第三节　建材行业

“十二五”期间，建材行业迎来新的发展机遇。2011年，行业经济平稳发展，产业结构调整稳步向前，技术水平不断提高。从节能进展看，建材行业节能工作取得成效，能效水平持续上升，节能技术水平进一步提高。虽然受制于中国整体经济增速放缓、产能持续扩张等因素，建材行业节能工作还存在一些突出问题，但开局之年的行业节能工作还是亮点颇多，值得进一步总结和研究。

一、行业发展概况

（一）行业增长速度放缓，产能过剩压力增大

2011年，建材行业延续了“十一五”的增长势头，但增长速度放缓。统计数据显示[①]，建材行业规模以上企业完成工业总产值3.5万亿元（当年价），较2010年增长9.2%，增长速度相对上年回落20%，如图2-16所示。2011年，建材行业规模以上工业增加值同比增长28%，增幅比2010年回落2%。

建材行业主要产品产量稳步增长，2011年水泥产量20.99亿吨，较2010年同比增长11.55%，增速比上年回落3%；平板玻璃7.91亿重量箱，同比增长19.26%，增速上涨6%。

① 工信部原材料工业司，《建材工业2011年经济运行情况》。

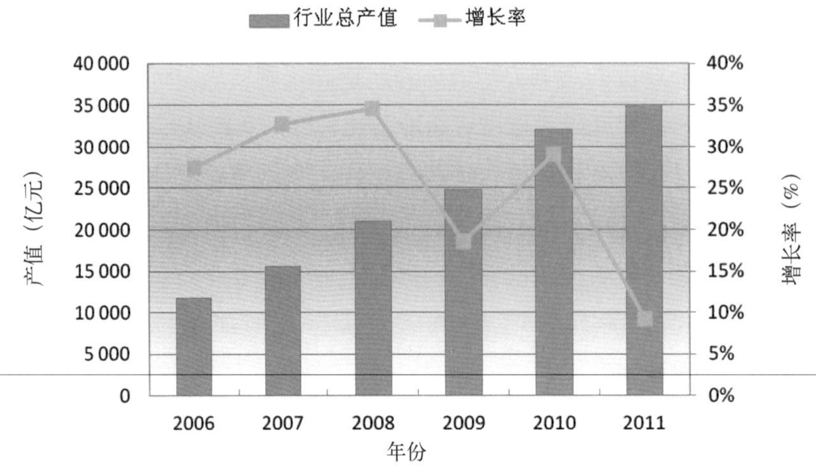

图2-16　2006-2011年中国建材行业总产值与年增长率

与此同时，主要产品产能过剩局面进一步加剧。2011年水泥总产能达到29亿吨，产能利用率72%；2011年平板玻璃新增生产能力1.33亿重量箱，总产能达到10.9亿吨重量箱，产能利用率83%。总体而言，水泥和平板玻璃产能规模均超过了《建材行业“十二五”发展规划》对“十二五”期末建材产品产量需求预测值。随着行业新增产能的陆续投入运行，主要产品产能过剩矛盾将进一步凸显。未来只能寄希望于“消化一批、转移一批、重组一批、淘汰一批”产能，以化解行业严重的产能过剩问题。

（二）先进工艺比重提高，行业技术水平提升

2011年，水泥行业中新型干法生产工艺生产熟料11.28亿吨，占全国水泥熟料产量的86.32%，比2010年上升5.79%。水泥单线生产规模进一步扩大。全国运营的水泥新型干法生产线达到1 398条，其中日产熟料4 000吨以上的生产线528条，比2009底增加200多条，生产能力比重提高5%。

平板玻璃行业中浮法玻璃产量约为7亿重量箱，占平板玻璃总产量的88.97%[①]，比2010年上升了1.64%。2011年，新增平板玻璃生产线以浮法玻璃生产线为主，全年运营的244条浮法玻璃生产线中，日熔化规模600吨以上的生产线129条，生产能力占浮法能力65%。

（三）产业集中度提高，淘汰落后工作取得实效

2011年，水泥企业之间跨所有制、跨地区的兼并重组延续“十一五”的活跃势头。全国60家年生产规模在500万吨以上的企业集团水泥熟料生产能力已占全国水泥熟料生产能力的65%以上，前23家生产规模在千万吨以上的集团占52%，比重较2010

① 中国建筑材料工业规划研究院，《2011年相关产业政策对行业的影响分析与2012年行业发展展望》。

年提高7%[①]。随着企业兼并重组进程加快，水泥产业集中度进一步提高。

水泥行业淘汰落后工作力度进一步加大。来自中国建筑材料联合会资料显示，2011年水泥窑停产或产能减少企业近700家，水泥窑停产或产能减少企业减少熟料生产能力约1.69亿吨，全年减少熟料产量近1.17亿吨；水泥磨停产或产能减少企业280多家，减少水泥生产能力近6 859万吨。

（四）低耗能产品发展遭遇技术瓶颈

由于缺少新技术、新产品的支持，行业整体技术创新和研发滞后，2011年建材行业低耗能产品发展不畅。建筑用石开采与加工业、防水材料制造业及玻璃纤维增强塑料制品制造业的工业增加值增速分别从金融危机前的40%、43.1%、23.2%下滑至2011年的20.7%、14.1%、11.1%，平均降幅在20%左右。低耗能产品的发展对于建材行业优化产业结构及节能降耗具有重要意义，因此，要解决低耗能产品发展面临的技术瓶颈问题，必须加大技术研发投入，促进低耗能产品的技术进步，拓展低耗能产品市场。

二、行业能耗状况

根据《中国能源统计年鉴2012》，2011年建材行业能源消费总量约为3.14亿吨标准煤，年增速达到9.7%，行业能耗约占全国工业能源消费总量的12.76%。

从“十一五”以来行业能耗增长情况看，行业能耗增速波动较大，如图2-17所示。2007年行业能耗增幅下滑到2%的最低水平，2008年攀升至10%。此后，能耗增速逐年下滑，2010年能耗增幅降至2.5%。但2011年，行业能耗再次提速，增幅达到9.7%。未来随着中国城镇化进程加速、居民住房需求提高以及大量基础建设项目上马，建材行业能源消费总量将有可能继续抬高。

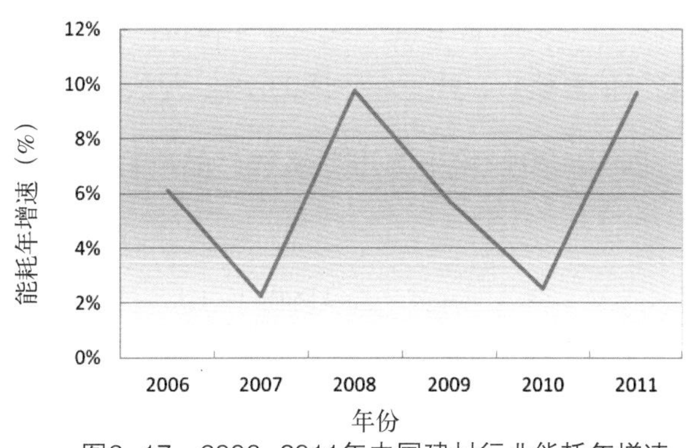

图2-17　2006-2011年中国建材行业能耗年增速

注：建材行业能耗数据来自历年《中国能源统计年鉴》。

① 根据国宏美亚2012年出版的《2011中国工业节能进展报告——“十一五”工业节能经验与成就》，2010年，前20家水泥企业产业集中度达到45%。

三、行业节能主要成效

2011年，建材行业单位工业增加值能耗为3.368吨标准煤/万元（2005年价，估算值），比上年下降7.69%，如图2-18所示。从“十一五”以来建材行业单位工业增加值能耗下降趋势看，行业能效提升较为平稳。虽然，2011年建材行业单位工业增加值能耗下降率超过《工业节能“十二五”规划》制定的年度分解目标，但从下降率绝对值来看，2011年行业单位工业增加值能耗下降指标低于“十一五”的平均水平。

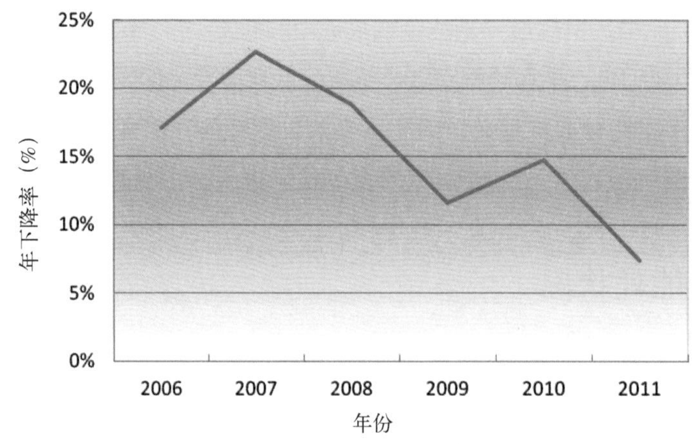

图2-18　2006-2011年中国建材行业单位工业增加值能耗年下降率

注：1. 2006-2009年建材行业单位工业增加值数据来自中国建材工业联合会，2010和2011年建材行业单位工业增加值数据按当年《国民经济与社会发展统计公报》公布的非金属矿物制品业工业增加值年增长率推算得到，仅供参考。
2. 建材行业能耗数据来自历年《中国能源统计年鉴》。

从主要产品单耗看，水泥熟料综合能耗和平板玻璃综合能耗持续下降。2011年水泥熟料综合能耗为116.25千克标准煤/吨，比上年下降0.98%；平板玻璃综合能耗为16.2千克标准煤/重量箱（估算值），比上年下降0.61%，见表2-6。

表2-6　2010-2011年中国主要建材产品单耗变化情况

产品综合能耗	单位	2010年	2011年	下降率（%）
水泥熟料	千克标准煤（吨）	118.04	116.25	0.98
平板玻璃	千克标准煤（重量箱）	16.3	16.2	0.61

（一）水泥

得益于行业先进技术工艺推广、淘汰落后工作如期完成和二次能源利用率提高等，水泥熟料综合能耗持续下降。据估算，2011年水泥熟料综合能耗为116.25千克标准煤/吨，比上年下降0.98%，下降幅度较上年放缓，如图2-19所示。

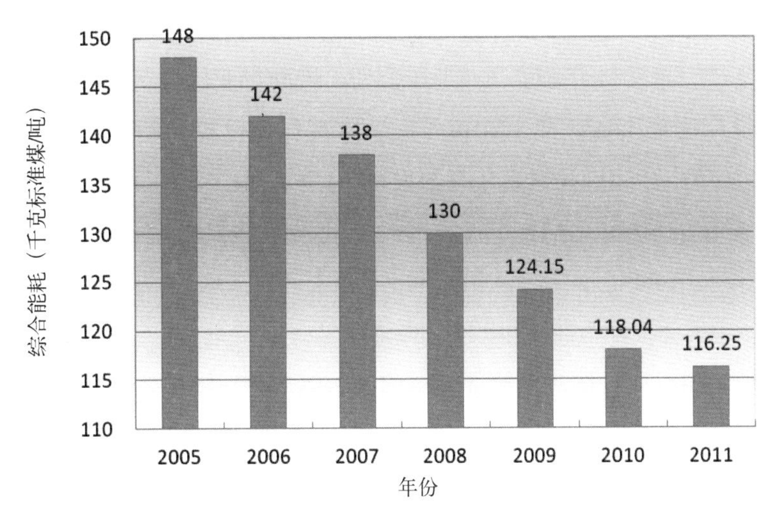

图2-19　2005-2011年中国水泥熟料综合能耗变化情况

注：1. 2005-2009年水泥熟料综合能耗数据来自中国建筑材料联合会。
　　2. 2010-2011年水泥熟料综合能耗数据是作者估算，仅供参考。估算依据是水泥生产结构的变化，如随着新型干法生产线的推广，落后生产工艺的淘汰和水泥熟料生产结构的优化，吨熟料综合能耗必然提高。来自中国水泥网的数据显示，2010年新型干法水泥熟料综合能耗为112千克标准煤/吨，立窑及其他水泥熟料综合能耗为143千克标准煤/吨；来自中国建筑材料联合会的数据显示，2010年新型干法生产线水泥熟料产量比重为80.51%，其他生产工艺产量比重为19.49%。根据两种生产类型的产品单耗和产量比重，推算2010年水泥熟料综合能耗为118.04千克标准煤/吨。同样2011年新型干法生产线水泥熟料产量比重和其他生产工艺产量比重分别为86.3%和13.7%，假设两种生产类型的产品单耗不变，仅生产结构发生变化，推算出2011年水泥熟料综合能耗为116.25千克标准煤/吨，见表2-7。

表2-7　2009-2011年中国水泥生产情况统计

项目	2009年	2010年	2011年
熟料产量（亿吨）	11.5	11.8	13.07
新型干法水泥熟料产量比例	72.26%	80.51%	86.30%
水泥熟料综合能耗（千克标准煤/吨）	124.15	118.04*	116.25*

注：标*数据即2010和2011年水泥熟料综合能耗数据是作者估算，仅供参考。其他数据来自中国建筑材料联合会。

2011年，水泥行业继续大力推广先进技术工艺，新型干法水泥生产线产量比重稳步提高，这是水泥熟料综合能耗下降的主因。截至2011年底，中国共建成投产的新型干法水泥生产线1 513条，新型干法水泥熟料产能14.91亿吨。目前在建、拟建的新型干法水泥生产线仍有210条，这些新型干法水泥生产线全部建成后，预计新增水泥熟料产能将达5.08亿吨，熟料总产能将达19.98亿吨，水泥总产能将达33.5亿吨。虽然新型干法生产线的普及能够带来行业能源利用效率的提高，但是19.98亿吨的水泥熟料生产能力已经远远超过“十二五”期末水泥生产需求预测值，未来水泥行业产能过剩矛盾将进一步凸显，行业节能工作困难加大。

水泥行业在二次能源利用方面一直走在前列。借助行业优势，水泥行业的纯低温余热发电技术推广速度迅猛。截至2011年底，水泥行业已投产新型干法水泥生产线1 513条，其中950条生产线已经建设了余热发电生产线，比2010年增加200多条，占新型干法生产线总数的60%以上。目前，水泥纯低温余热发电生产线总装机容量已达6 374兆瓦，年发电460亿千瓦时，相当于年节约标准煤1 125多万吨，减少二氧化碳排放3 342万吨[①]，实现较好节能减排效果和经济效益。

在淘汰落后产能方面，按照工信部公布的淘汰落后企业名单，2011年水泥行业有782家企业进入淘汰名单，淘汰目标为15 327.7万吨（直径3.0米及以下的水泥机械化立窑和直径3.0米以下球磨机，西部省份的边远地区除外）。根据工信部与国家能源局联合公告的《2011年全国各地区淘汰落后产能目标任务完成情况》，2011年水泥行业实际淘汰落后产能15 497万吨，超额完成当年的淘汰任务。

（二）平板玻璃

据估算，2011年平板玻璃综合能耗为16.2千克标准煤/重量箱，比上年降低0.61%。平板玻璃综合能耗下降主要得益于浮法生产线投产运行，近年来浮法玻璃产量比例逐年提高。2011年浮法玻璃产量占平板玻璃产量的88.97%，比2010年提高1.6%，见表2-8。

表2-8　2009—2011年中国平板玻璃生产情况

项目	2009年	2010年	2011年
浮法玻璃产量比例	84.31%	87.33%	88.97%
平板玻璃综合能耗（千克标准煤/重量箱）	16.5	16.3*	16.2*

注：1. 浮法玻璃产量比例数据来自中国建筑材料联合会。
2. 2009年平板玻璃综合能耗数据来自中国建筑材料联合会，2010和2011年平板玻璃综合能耗数据是作者估算。估算依据是浮法玻璃产量比重提高率与平板玻璃综合能耗下降率之间的关系。如2010年浮法玻璃产量比例提高3.02%，平板玻璃综合能耗下降了0.2千克标准煤/重量箱，2011年浮法玻璃产量比例提高了1.64%，推算出2011年平板玻璃综合能耗下降约0.1千克标准煤/重量箱。
3. *表示估算值。

2011年，平板玻璃行业有45家企业进入工信部淘汰名单，淘汰目标为2 940.7万重量箱。根据工信部和国家能源局的联合公告，2011年平板玻璃行业实际淘汰落后产能3 041万重量箱，超额完成当年的淘汰任务。

① 国家发展改革委产业协调司，《进入新世纪水泥产业翻开新篇章》，2012年8月29日。

“十一五”期末，行业已经建成近20台余热发电机组[①]，实现了较好的节能效益。由于玻璃生产工艺所限，玻璃窑余热发电技术投入和运行成本等比水泥余热发电技术要高，“十一五”期末浮法玻璃生产线配备余热发电机组比重不足10%，因此，玻璃行业余热综合利用潜力还需进一步挖掘。

四、行业主要节能政策措施

2011年，建材行业节能工作稳步推进，行业形成了淘汰落后产能、技术创新和推广、能效对标达标管理等几大节能抓手。

（一）加大产业结构调整力度，推动淘汰落后产能工作

建材行业将控制新增产能作为行业结构调整重点工作。“十二五”期间，将不再核准和支持任何单纯新建、扩建产能的水泥项目，所有新建和技改项目必须以等量和超量淘汰落后产能为前提。此外，加强土地、环保、金融等方面的监管，坚决杜绝违规项目开工。

淘汰落后产能是建材行业节能的重点工作之一，“十二五”建材行业淘汰落后产能目标为：淘汰直径3.0米及以下的水泥机械化立窑和直径3.0米以下球磨机（西部省份的边远地区除外）、平拉工艺平板玻璃生产线（含格法）等落后工艺设备，对综合能耗不达标的水泥熟料生产线、水泥粉磨站以及普通浮法玻璃生产线进行技术改造，经技术改造仍不能达标的，限期关停。“十二五”期间，中央财政继续采取专项转移支付方式对经济欠发达地区淘汰落后产能给予奖励，奖励范围见表2-9。

表2-9　2011-2013年建材行业淘汰落后产能奖励范围

行业	2011年	2012年	2013年
水泥	窑径2.2米及以上的机械化立窑生产线、窑径2.5米及以上的干法中空窑生产线、1000吨/日以下的干法旋窑	窑径2.8米及以上的机械化立窑生产线、窑径2.5米及以上的干法中空窑生产线、1000吨/日以下的干法旋窑	窑径3米及以上的机械化立窑生产线、窑径2.5米及以上的干法中空窑生产线、1000吨/日以下的干法旋窑
玻璃	30万重量箱及以上平拉（含格法）生产线	60万重量箱及以上平拉（含格法）生产线	60万重量箱及以上平拉（含格法）生产线

此外，工信部先后于2011年和2012年分别对当年的淘汰落后产能企业名单进行公告，并要求有关省（区、市）采取有效措施，彻底拆除列入淘汰名单内企业的落后产

① 工信部，《建材工业“十二五”规划》（附件2《平板玻璃工业“十二五”发展规划》），2011年11月29日。

能，并不得向其他地区和周边国家转移。2011年，淘汰工作涉及水泥企业782家，淘汰落后产能15 327.7万吨，平板玻璃企业45家，淘汰落后产能2 940.7万重量箱；2012年涉及水泥企业1 111家，淘汰落后产能27 675.5万吨，涉及平板玻璃企业50家，淘汰落后产能4 775万重量箱。如果列入名单中的企业能够按照要求完成淘汰落后产能任务，“十二五”水泥行业淘汰落后产能目标将提前实现。

（二）加强技术创新和技术改造

《工业节能“十二五”规划》明确了建材行业“技术创新和技术改造”任务，提出水泥行业要推广大型新型干法水泥生产线，普及纯低温余热发电技术，到2015年水泥纯低温余热发电比例提高到70%以上；平板玻璃行业要推进玻璃生产线余热发电，到2015年余热发电比例提高到30%以上。此外，要加快开发推广高效阻燃保温材料、低辐射节能玻璃等新型节能产品。推进墙体材料革新，加快新型墙体材料发展，到2015年新型墙体材料比重达到65%以上。

2011年，《节能绿色建筑材料开发与集成应用示范》和《水泥窑炉粉尘及氮氧化物减排关键材料及应用技术开发》两个国家科技支撑计划项目先后启动实施。前者通过研究绿色节能材料性能、制备关键技术及产业化生产技术、发展节能绿色建筑材料，实现建筑节能、环保、成本等综合性能最优化；后者通过研发行业关键技术、集成开发具有自主知识产权的水泥粉尘和氮氧化物减排技术与系统、示范应用2 500～5 000吨/日新型干法水泥生产线，使生产线整体技术指标达到国际先进水平。

在提高水泥散装率方面，2011年，全国水泥散装率达到51.7%，比2010年提高3.2%。为达到商务部在《关于“十二五”期间加快散装水泥发展的指导意见》中提出的“十二五”期末全国散装水泥年供应量达到13亿吨，水泥散装率达到58%的发展目标，未来几年水泥行业将在以下几个方面加强散装水泥工作：①全面提升城市水泥散装化水平；②加大农村地区散装水泥推广力度；③提高资源综合利用水平；④重视散装水泥物流体系建设；⑤加大散装水泥科技研发与成果转化；⑥加强散装水泥管理队伍建设，从管理、技术、渠道等方面全面加快发展散装水泥，全面提升散装水泥在城市的应用率，促进在农村地区的推广应用。

（三）积极开展能效水平对标达标

为深化重点用能行业能效水平对标达标活动，充分挖掘重点用能产品（工序）节能潜力，2012年8月，工信部发布了《关于发布2011年度钢铁等行业重点用能产品（工序）能效标杆指标及企业的通知》，确定了建材行业2011年度重点用能产品能效标杆指标及企业。在这批能效标杆指标中，提出了平板玻璃的能效标杆指标及企业。

（四）积极推广能源管理体系

2010年，国家认监委发布了《关于印发〈能源管理体系认证试点工作要求〉的通知》，中国能源管理体系认证试点工作正式启动。建材行业能源管理体系试点活动涉及水泥、陶瓷和玻璃3个领域。截至2011年9月底，已有26家建材企业通过能源管理体系认证，是首批实施认证试点的10个重点行业中获证企业最多的行业。

五、行业节能工作建议

2011年行业单位工业增加值能耗下降率达7%以上，水泥和平板玻璃等主要产品综合能耗持续下降；先进节能技术和工艺进一步推广和应用，新型干法生产水泥熟料产量比重超过86%，接近63%的新型干法水泥生产线拥有了纯低温余热发电装置，平板玻璃行业中浮法玻璃产量比重接近90%，重点行业二次能源综合利用水平逐步提高；此外，能效对标达标和能源管理体系等节能新机制在建材行业中得到进一步的推广和应用，企业能源管理能力提升。

但是，建材行业节能工作仍存在一些突出问题：一是过快的产能增长势头难以抑制，受全国固定资产投资增速拉动的影响，水泥、平板玻璃等产能过剩行业在局部地区投资增长仍然较快。目前已建、在建和拟建的新型干法水泥生产线的水泥熟料产能总计达19.98亿吨，加上现有生产能力，水泥总产能将达到33.5亿吨，远远超过未来几年水泥产品需求；二是技术创新能力不足，低耗能产品发展遭遇技术瓶颈，结构节能困难重重；三是在唯GDP增长论思想影响下，各地政府对新建项目的审批把控不严，仍有落后产能投入运营；四是节能监督机制有待完善，节能基础性工作还需加强。

“十二五”期间，建材行业面临着艰巨的节能减排任务。作为工业领域耗能大户，《工业节能“十二五”规划》为建材行业制定的行业节能目标为：到2015年，单位工业增加值能耗比2010年下降20%，高于钢铁、石化和有色金属行业。由于建材行业主要产品生产工艺已经接近或达到世界先进水平，在现有的技术条件下，节能潜力相对较小，加上2020年中国全面建成小康社会的发展要求，建材产品需求上升势头将有增无减。因此，建材行业要在保持较高增速的前提下，完成国家下达的节能目标，压力很大。

尽管如此，建材行业依然表现出实现节能减排目标的强烈决心，并以节能技术推广、淘汰落后产能、加强企业节能管理为手段，厉行节能工作。国家发展改革委、工信部等相关部门也相继出台了多项节能措施引导和支持建材行业节能工作：

① 加强固定资产投资项目节能评估和审核工作，从源头控制落后产能的投入运行。

② 进一步健全相关法律法规，建立节能监管体系，加大淘汰落后产能和能耗限额标准专项检查力度。

③ 优化产业结构，促进低耗能建材产品发展，解决困扰低耗能产品健康发展的技术、市场和标准等问题。

④ 加强行业和企业节能管理工作，提高企业能源统计、计量、审计能力，推广能效对标达标、能源管理体系、合同能源管理等节能新机制，促进能源利用状况报告、能源管理负责人等能源管理制度的落实。

第四节　有色金属行业

2011年，有色金属行业总体运行平稳，工业增加值、产品产量、利润、投资和进出口贸易均保持增长态势，依靠冶炼产能扩张的粗放型发展模式正在发生转变。与此同时，行业节能工作稳步推进，先进的节能工艺和技术得到进一步推广，结构节能、管理节能工作有序展开，行业整体能效水平呈现上升趋势。但是，受到宏观经济下行压力增大、积压项目接连开工和原矿品位下降等多重因素影响，2011年有色金属行业单位工业增加值能耗下降指标完成进度放缓，未来四年行业节能工作压力加大。随着节能工作的深入，在行业未出现大的技术创新的情况下，技术节能的潜力和贡献率将逐步降低。要完成“十二五”行业节能任务，结构节能和管理节能必须在行业节能工作中发挥更突出的作用。

一、行业发展概况

（一）工业增加值增幅高于上年，产品产量增幅放缓

2011年，有色金属行业完成工业增加值9 008亿元（2010年价），年增长率达14%，增幅较上年提高1.3%，行业整体发展状况持续向好。

全年10种有色金属[①]产量3 435.44万吨，同比增长9.5%，增幅比上年回落9%，如图2-20所示。中国10种有色金属产量仍占世界总产量的1/3以上。

① 10种有色金属包括铜、铝、铅、锌、镍、锡、锑、汞、镁、钛。

行业工业增加值增幅上涨，产品产量增速大幅下滑，说明行业在优化产品结构、提高产品附加值方面的努力初见成效。

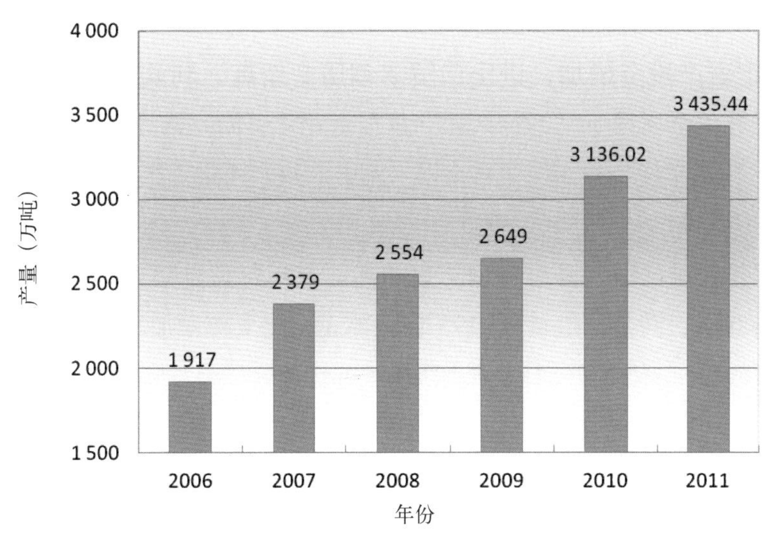

图2-20　2006-2011年中国10种有色金属产量

注：数据来自历年《中国统计年鉴》。

从铜、铝、铅、锌4种有色金属产量增幅来看，2011年铜产量增速最快，达到15%，铝、铅、锌产量增幅回落。铅产量经历了2010年40%的高速增长后，2011年几乎零增长，锌产量在2011年出现负增长，如图2-21所示。

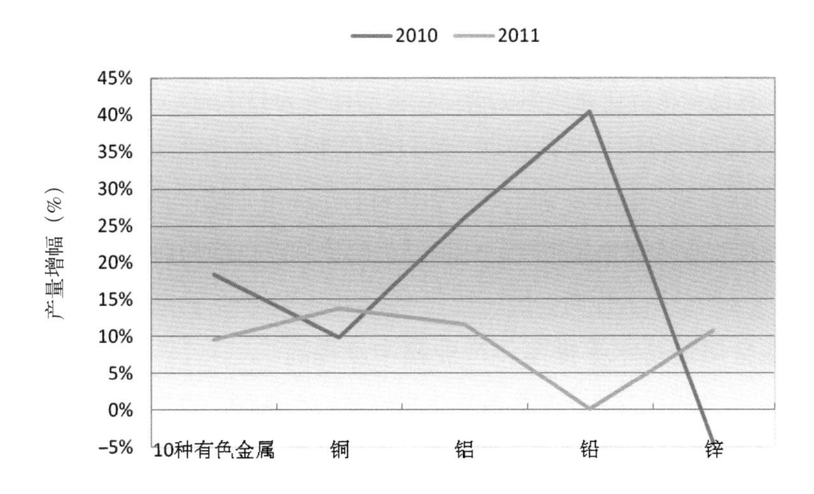

图2-21　2010-2011年中国10种有色金属及铜、铝、铅、锌年产量增幅

注：数据来自《中国统计年鉴2011》和《中国统计年鉴2012》。

从产能利用看，2011年有色金属子行业间差别较大。一是部分产品产能不足，满足不了市场需求；二是部分产品存在严重的产能过剩，如电解铝。

从企业规模看，部分行业大企业与小企业的开工率、利润额等相比，差别也较大。以电解铝行业为例，虽然电解铝行业整体呈现产能过剩，但大中型企业仍保持较高开工率，而一些中小型企业则面临关停或倒闭。

（二）固定资产投资增加，进出口贸易创历史新高，利润明显增长

2011年，有色金属行业（不包括独立黄金企业，下同）累计完成固定资产投资4 773.47亿元，比上年增长34.64%，占全国（不含农户）固定资产投资总额的1.58%，增幅比全国高10.84%。

有色金属行业进出口贸易总额创历史新高。全年贸易总额达1 606.77亿美元，比上年增长28.07%。其中，进口额1 175.15亿美元，比上年增加203.21亿美元，增长20.91%；出口额431.62亿美元，比上年增加148.96亿美元，增长52.7%。

在主要产品产销两旺的形势下，有色金属行业规模以上企业实现主营业务收入持续增长。全国8 017家规模以上有色金属企业实现主营业务收入3.9万亿元，同比增长35%，实现利润1 990亿元，同比增长53%。

从2011年各项经济指标看，有色金属行业投资和经营状况形势喜人。但受相关行业投资和经营状况恶化的不良影响，年末行业经济呈现增速放缓迹象，预计2012年有色金属行业经济效益增速将大幅回落。

（三）产业结构向西部转移的态势明显，产品结构进一步升级

为优化有色金属行业产业布局，促进产能向能源资源丰富的西部地区转移，有色金属行业扩大了西部地区的投资规模。2011年，西部地区固定资产投资额比上年增长42.9%，占全国有色金属行业完成固定资产投资的比重为43%。

得益于有色金属产品附加值的提高，2011年行业增加值增速实现大幅上涨，行业产品结构持续升级。铜、铝精深加工产品和新材料等高附加值产业发展迅速；半导体用8英寸硅抛光片实现了规模化生产，结束了全部依赖进口的局面；数控加工设备用硬质合金刀具产品质量显著提高，已经具有一定的国际市场竞争力。

（四）再生金属装备水平提高，产业集中度提高

2011年，有色金属行业再生金属装备水平提高。再生铜、再生铝、再生铅、再生锌技术创新接连取得突破，废杂铜精炼工艺技术和装备整体达到国际先进水平，再生铝工艺技术装备与发达国家的差距日益缩小。

2011年，再生有色金属行业有8个园区被确立为第二批“城市矿产”示范基地，加上2010年第一批的5个，共有13个以再生有色金属产业为主的园区被国家确立为“城市矿产”示范基地。目前，园区和骨干企业的工业总产值占再生有色金属产业总

产值的50%以上，再生金属行业产业集中度明显提高。

二、行业能耗状况

根据《中国能源统计年鉴2012》，2011年，有色金属行业总能耗为1.5亿吨标准煤，比上年增长10%，占全国工业能源消耗总量的6%。其中，电力消耗为3 568.2亿千瓦时，比上年增长9.35%，占全国电力消耗量的7.59%。铝行业依旧是行业耗电大户，铝冶炼企业消耗电力2 246.8亿千瓦时，比上年增长11.6%，占有色金属行业电力消耗的63%，占全国电力消耗的4.78%。

从各生产环节能耗比重看，采选环节占5%，冶炼环节占78%（其中铜2%、铝62%、铅锌8%），加工环节占11%，其他环节占6%，如图2-22所示。冶炼仍是高耗能环节。其中，铝冶炼占行业冶炼环节总能耗的80%，铝冶炼是有色金属行业节能工作的重中之重。随着有色金属行业产品往深加工方向持续发展，未来加工环节的能耗比重将有所提高。

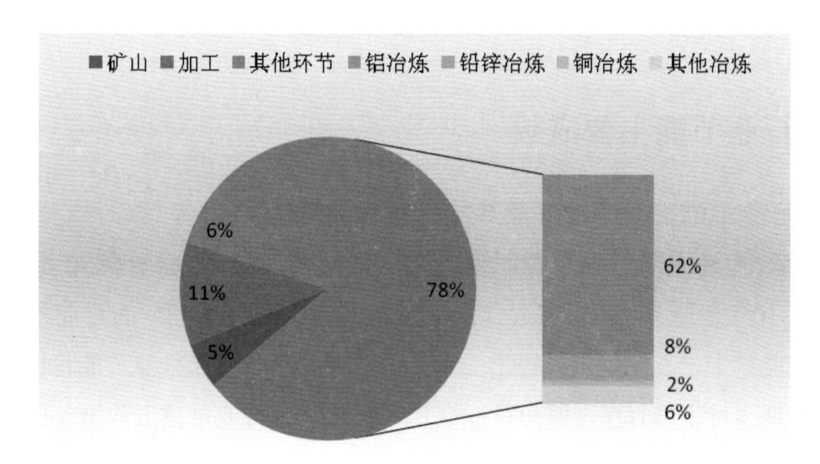

图2-22 2011年中国有色金属行业各环节的能耗比重

注：数据来自中国有色金属工业协会。

从2011年有色金属行业能源消费结构看，固体能源（以煤炭为主）占21.8%，液体能源（以油品为主）占2%，气体能源（以天然气为主）占2.2%，电力占74%，如图2-23所示。2011年行业能源消费结构与2010年相比变化不大。电力仍是行业主要能耗类型，占行业能耗总量的3/4强，节电对行业实现节能目标和降低能源成本意义重大。有色金属行业应高度重视电力供应、电价波动等对行业节能工作的影响，充分挖掘节电潜力。

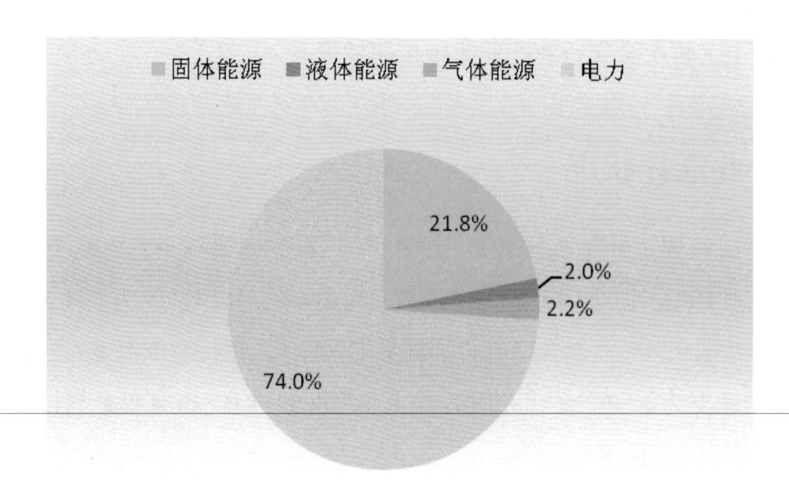

图2-23　2011年中国有色金属行业能源消费结构

近年来，有色金属行业在优化能源消费结构方面开展大量工作，如利用天然气等清洁能源代替传统水煤气，在中国西南等可再生资源丰富地区利用水力发电实现部分能源自给等。但能源消费结构优化往往受到技术条件、市场环境等因素影响，未来还需要进一步加大技术优化力度和政策支持力度。

三、行业节能主要成效

（一）行业单位工业增加值能耗指标转升为降

2011年，有色金属行业单位工业增加值能耗为2.885吨标准煤/万元（2005年价），比2010年下降3.4%[①]，接近《工业节能“十二五”规划》的行业年分解目标（《工业节能“十二五”规划》提出“十二五”期间有色金属行业节能目标为单位工业增加值能耗累计下降18%，照此目标推算，有色金属行业单位工业增加值能耗年均下降目标为3.89%），扭转了2010年行业单位工业增加值能耗指标的反弹势头。

从“十一五”以来的变化趋势看，2008和2009年行业能效水平大幅提升，2009年行业单位工业增加值能耗创下2.972吨标准煤/万元的历史新低，行业单位工业增加值能耗下降率达到“十一五”以来的新高点。2010年行业单位工业增加值能耗出现自2005年以来的首先上升，单位工业增加值能耗比2009年提高了6.98%。进入“十二五”后，2011年行业单位工业增加值能耗虽然重现下降趋势，但仍略高于2009年水平，见表2-10。

① 现有2010年有色金属行业单位工业增加值能耗按2005年价计，为与2010年进行比较，将2011年单位工业增加值能耗按2005年价计算。

表2-10　2005-2011年中国有色金属行业单位工业增加值能耗及年下降率

	2005年	2006年	2007年	2008年	2009年	2010年	2011年
单位工业增加值能耗（吨标准煤/万元）	3.717	3.678	3.683	3.395	2.792	2.987	2.885
年下降率（%）		1.05	－0.14	7.82	17.76	－6.98	3.41

注：数据来自中国有色金属工业协会。

（二）主要产品单耗持续下降

2011年，有色金属行业通过先进节能技术的研发、产业化示范及推广应用，带动行业技术水平进一步提高，主要产品单耗持续下降。但由于行业未出现大的技术变革，受生产条件等因素影响，部分产品单耗出现波动。

1. 铝行业

“十一五”期间通过较大规模的节能技术改造，氧化铝综合能耗年降幅高达10%。2011年，氧化铝行业继续推广低品位铝土矿高效节能生产氧化铝技术、拜耳法高浓度溶出浆液高效分离技术和串联法生产氧化铝技术等，氧化铝综合能耗降至565.7千克标准煤/吨，比2010年下降4.2%，降幅较上年下降2%，如图2-24所示。

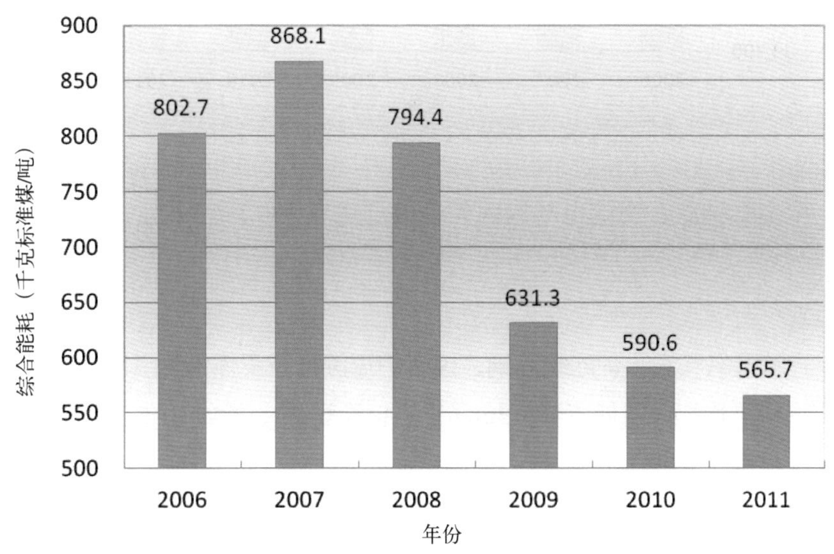

图2-24　2006-2011年中国氧化铝综合能耗

注：数据来自中国有色金属工业协会。

目前，国内氧化铝能效先进值达到世界先进水平。2011年氧化铝先进企业的产品单耗指标为400千克标准煤/吨，与国际先进值相当。

2011年，电解铝行业中大型预焙槽产能比重上升至98.4%，比上年提高1.4%，大型预焙槽已基本实现全行业覆盖。同时，更为高效节能的新型结构铝电解节能技术开始大规模推广①。

铝锭综合交流电耗在“十一五”期间实现了年均约183.2千瓦时/吨的显著下降后，2011年继续下降51.3千瓦时/吨至13913千瓦时/吨，如图2-25所示。从下降幅度看，2011年铝锭综合交流电耗下降幅度相比“十一五”的平均水平有所下滑，原因一方面是“十一五”期间大型预焙槽技术普及率实现了从52%～97%的跨越式发展，该技术推广空间已十分有限；另一方面，新型阴极结构铝电解节能技术还处于推广初期，节能效果的显现还有待时日。

图2-25　2006-2011年中国铝锭综合交流电耗

注：数据来自中国有色金属工业协会。

目前，中国铝锭综合交流电耗国内先进值已达13 500千瓦时/吨，与国际先进值相当。

2. 铜行业

2011年，随着氧气底吹炉连续炼铜、闪速炉短流程一步炼铜等节能技术的研发、示范与推广，铜冶炼综合能耗下降至368.6千克标准煤/吨，比2010年下降7.6%，降幅比2010年提高6.3%，如图2-26所示。目前中国铜冶炼单位产品能耗国内先进值达320千克标准煤/吨，处于国际先进水平。

3. 铅锌行业

2011年，中国铅锌行业节能技术研发和推广取得重要进展。中国铅冶炼骨干企业的技术装备已经达到世界先进水平，自主开发的氧气底吹—鼓风炉还原炼铅技术得到

① 根据《工业节能“十二五”规划》，新型结构电解槽包括新型阴极结构铝电解槽、新型导流结构铝电解槽、高阳极电流密度超大型铝电解槽。

一定应用，粗铅富氧熔炼-液态高铅渣直接还原技术开始大规模推广。

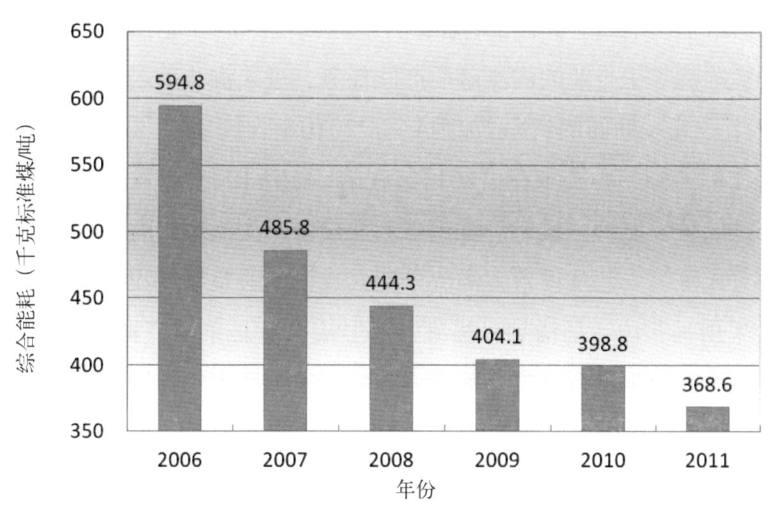

图2-26　2006-2011年中国铜冶炼综合能耗

注：数据来自中国有色金属工业协会。

随着行业节能技术的推广应用，2011年锌冶炼综合能耗比上年小幅下降。铅冶炼综合能耗则略有上升。在行业未出现大的技术变革的前提下，铅冶炼综合能耗在一定范围内的波动属于正常现象，如图2-27所示。

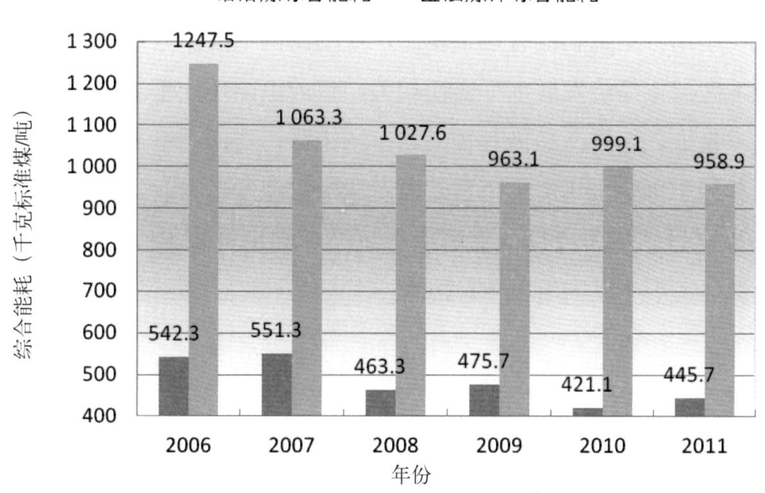

图2-27　2006-2011年中国铅锌冶炼综合能耗

注：数据来自中国有色金属工业协会。

从国内与国际的能效先进值比较来看，目前中国铅冶炼综合能耗的国内先进值为380千克标准煤/吨，与300千克标准煤/吨的国际先进值相比还有一定差距，中国铅冶炼行业还有较大的节能潜力。

（三）完成年度淘汰落后产能任务

“十二五”期间，国家继续增加电解铝行业的淘汰落后产能任务，还新增了铜冶炼、铅冶炼和锌冶炼等子行业的淘汰落后产能任务，进入淘汰落后产能名单的有色金属子行业由“十一五”期间的1个增加到4个。2010年，国家在《关于进一步加强淘汰落后产能工作的通知》中要求在“2011年底前，淘汰100千安及以下电解铝小预焙槽；淘汰密闭鼓风炉、电炉、反射炉炼铜工艺及设备；淘汰采用烧结锅、烧结盘、简易高炉等落后方式炼铅工艺及设备，淘汰未配套建设制酸及尾气吸收系统的烧结机炼铅工艺；淘汰采用马弗炉、马槽炉、横罐、小竖罐（单日单罐产量8吨以下）等进行焙烧、采用简易冷凝设施进行收尘等落后方式炼锌或生产氧化锌制品的生产工艺及设备”。该文件还细化了电解铝、铜、铅、锌等子行业的淘汰落后任务和实现途径。

来自工信部、国家能源局联合公告显示，2011年，铝、铜、铅、锌四大子行业分别淘汰落后产能60万吨、42.5万吨、66.1万吨和33.8万吨，均完成当年的淘汰落后产能任务，为行业结构优化升级和节能工作做出重要贡献。

（四）再生金属产量继续提高

2011年，中国再生铝、再生铜和再生锌总产量已经占到10种有色金属总量的1/4，再生铜产量相当于节省了整个山西中条山铜矿的储量（230万吨，全国六大铜基地之一）。

但是整体而言，中国再生有色金属行业发展水平与发达国家相比还存在很大差距，主要表现在中国再生金属占有色金属总产量的比例不高。这是因为再生金属利用水平与国家或地区整体经济发展水平密切相关。目前中国还处于工业化发展中期，有色金属产品需求量大，新增产品仍有较大的市场销路，新产品增速远高于再生金属产品增速，从而拉低了再生金属产量比重。而发达国家经过了工业化高速发展阶段，有色金属需求高峰已过，现阶段仅依靠再生金属循环利用可基本满足社会经济发展需求，因此发达国家再生金属利用率相对较高。

四、行业主要节能政策措施

（一）加强行业节能指导

国务院印发的《节能减排“十二五”规划》提出有色金属行业的节能目标任务为：降低主要产品单位能耗、淘汰落后产能以及推动能效水平提高。其中，“降低主要产品单位能耗”针对铝锭综合交流电耗和铜冶炼综合能耗两个重点产品提出了降幅21%左右的产品单耗下降目标；“淘汰落后产能”针对铜冶炼、电解铝、铅冶炼和锌冶炼4个子行业提出了具体淘汰任务；“推动能效水平提高”分三个层次提出有色金属行业“应重点推广的”、“应推进其广泛应用的”、“应加快其开发与推广应用”的先进节能工艺技术，同时提出要提高有色金属资源回收利用和能源管理信息化水平。

工信部制订的《工业节能“十二五”规划》将有色金属行业作为九大重点行业之一，提出有色金属行业节能目标、主要产品单位能耗下降目标和淘汰落后产能目标。此外，该规划还明确有色金属行业节能途径与措施，为行业“十二五”期间的节能工作指明了方向和路径。

中国有色金属工业协会编制了《有色金属行业“十二五”节能减排指导意见》，进一步细化了主要金属品种的单位能耗下降指标，明确了加快推进产业升级等十一项重点任务和完善节能减排工作管理体系等五项政策措施。此外，协会还编制了《有色金属行业节能减排重点技术汇总表》，提出了“十二五”期间各项重点节能技术的推广目标和预计达到的节能减排效果，对“十二五”行业技术节能工作意义重大。

（二）加强产业结构调整

有色金属行业结构调整的主要工作内容包括：①淘汰落后产能；②优化产品结构和企业组织结构；③加快发展再生资源加工园区和再生金属资源综合利用产业。

在淘汰落后产能方面，“十二五”期间行业淘汰落后产能的类型和范围扩大，任务加重，进入国家淘汰名单的子行业由1个增加到4个。此外，工信部于2010年底发布的《部分工业行业淘汰落后生产工艺装备和产品指导目录（2010年本）》，为有色金属行业淘汰落后生产工艺装备和产品提供了具体指导。

在产品结构优化和企业组织结构优化方面，《有色金属工业“十二五”发展规划》专门制定了行业结构调整目标，即产业布局及组织结构得到优化，产品品质和质量基本满足战略性新兴产业需求，产业集中度进一步提高，2015年前10家企业的冶炼产能占全国的比例为铜90%、电解铝90%、铅60%、锌60%。同时，该文件还布置了有色金属行业在调整优化产业布局、发展精深加工产品、推进企业重组、发展有色金属生产服务业4个方面的具体任务。

在加快再生有色金属产业发展方面，2011年1月，工信部、科技部和财政部联合印发了《再生有色金属产业发展推进计划》，该计划作为再生金属行业面向“十二五”时期的纲领性文件，对加快再生有色金属利用，进一步优化再生有色金属产能布局，实现产业升级，推动产业规范、健康和可持续发展具有重要意义。2011年8月，工信部发布了《再生铅行业准入条件》，规范和引导再生铅行业健康发展。同时，再生铜、再生铝行业的准入条件也即将发布。

（三）深化企业节能管理工作

有色金属企业通过强化能效对标工作、积极开展能源管理体系和能源管控中心建设等，继续深化企业节能管理工作。

为深入开展重点用能企业能效对标工作，中国有色金属工业协会通过"全国有色金属重点用能企业能效对标实施效果竞赛活动"调动企业开展能效对标的积极性，提高能效对标活动的实施效果，巩固能效对标活动的节能成效。

建立健全能源管理体系是有色金属行业企业加强节能管理的重要抓手之一，作为国家认监委首批能源管理体系试点示范行业之一，部分企业已经开展能源管理体系认证工作。

在企业能源管理中心建设方面，部分有色金属企业正积极开展能源管控中心建设，中国铝业等企业已成为国内两化融合促进节能减排试点企业，带动了有色金属企业节能信息化水平的提高。

（四）加快先进技术研发和推广步伐

为指导"十二五"有色金属行业科技发展工作，2011年，有色金属行业制定了《有色金属行业"十二五"科技发展规划》。该规划提出了行业由能源资源耗费型向节约型转变的发展目标，制定了"前瞻五个重大基础科学问题、开展十项前沿技术研究、建设十个资源综合利用基地、突破十项行业重大关键技术、建设十个产业技术示范工程、形成十个有色金属战略新型产业基地"等具体目标和实现路径。

在技术创新和推广方面，有色金属行业通过节能技术研究与集成创新，形成了一些具有自主知识产权的工艺技术。如2011年"镁冶炼及镁合金制备关键节能技术研究"课题通过科技部验收，为镁行业工艺提升和节能工作开展提供了技术支撑[①]。此外，国内自主研发的铝电解节能新技术、氧气底吹炼铜技术和液体高铅渣直接还原新工艺等关键节能技术，均达到国际先进水平，并在企业得到推广和应用。

（五）推动行业节能标准制定、修订工作

为推动有色金属行业能耗限额标准研究和推广工作，2011年有色金属行业修订了相关金属产品的能耗限额标准，编制了有色金属行业能效限额标准系列培训教材。中国有色金属工业协会组织有关单位先后制定、修订了铜、铝、铅、锌、镁等20多种产品和铜、铝加工材的单位产品能耗限额标准。其中稀土冶炼企业单位产品能源消耗限额、多晶硅单位产品能源消耗限额等14项能耗限额标准被国家发展改革委、国家标准委员会列入"百项能效限额标准推进工程"。

① 包括新型树罐还原技术、替代六氟化硫的新型保护气体应用技术、利用镁渣生产水泥新技术等五大技术。

五、行业节能工作建议

2011年，有色金属行业继续巩固和扩大技术节能成果，推动行业节能技术创新和先进高效技术的推广应用。行业在淘汰落后产能的同时，大力开发和发展有色金属精深加工产品和新材料等高附加值产业，深挖结构节能潜力。在管理节能方面，能效对标、能源管理体系和能源管控中心等节能管理新机制正逐步推广，管理节能在企业节能工作中的贡献愈加明显。

从节能成效看，2011年，有色金属行业单位工业增加值能耗下降3.4%，略低于“十二五”期间3.89%的年度分解目标；主要产品单耗持续下降，如铝锭综合交流电耗比上年下降0.36%，铜冶炼综合能耗下降7.6%，湿法炼锌冶炼综合能耗下降4%，但少数产品，如锌冶炼综合能耗比上年小幅上涨。在淘汰落后产能方面，2011年，铜铝铅锌四大子行业淘汰落后产能任务均得以完成，成为行业节能工作亮点。

总体来看，“十二五”开局之年的行业节能工作进展平稳。虽然从单位工业增加值能耗下降率这一综合指标看，其完成进度略滞后于按国家总要求分解后的年度目标，但作为一个技术水平相对较高、技术节能潜力已被深挖的行业，在2011年积压项目接连上马的情况下，取得这样的节能效果实属不易。2011年，有色金属产品附加值大幅提高，有色金属行业增加值年增速为14%，高出产品产量增速约4.5%，产品附加值提高除了推动行业发展质量效益提升外，也为节能工作开展创造了有利条件。

但是，从“十二五”行业节能和行业发展相关规划看，未来有色金属行业节能任务依然艰巨。2011年，行业部分节能指标完成进度滞后于年度分解目标，加大了未来四年行业节能工作难度，见表2-11。

表2-11 “十二五”主要有色金属单品能耗目标及2011年完成进度

节能指标	2015年规划目标		2011年节能指标完成情况	
	目标值	年度分解目标	节能指标	完成进度
单位工业增加值能耗下降率	−18%	−3.89%	−3.4%	进度滞后
铝锭综合交流电耗	13300千瓦时/吨	−0.95%	−0.36%	进度滞后
铜冶炼综合能耗	300千克标准煤/吨	−4.95%	−7.6%	进度超前
铅冶炼综合能耗	300千克标准煤/吨	−4.8%	+5.84%	进度滞后
电锌冶炼综合能耗	300千克标准煤/吨	−1.98%	−4.02%	进度超前

注：行业单位工业增加值能耗下降率、铝锭综合交流电耗、铜冶炼综合电耗指标来自《工业节能“十二五”规划》，铅冶炼和电锌综合能耗指标来自《有色金属工业“十二五”发展规划》。

随着中国经济下行压力增大，有色金属行业也将面临经济效益下降、企业利润下滑等冲击。行业运行风险加大势必影响行业节能各项投入，增加行业节能工作挑战和压力。有色金属行业还需加大节能工作力度。

（一）创新节能技术推广方式，提高行业节能技术总体水平

经过多年科技创新工作，中国有色金属行业技术水平不断提高，部分行业技术装备和工艺已达到国际先进水平，但是，先进节能技术推广问题一直困扰着行业节能工作。

“十一五”以来，国家密集发布《国家重点节能技术推广目录》。推荐了大量的节能技术，已基本覆盖了企业需求。建议在现有《国家重点节能技术推广目录》的基础上，精选部分能解决行业“关键共性”问题的技术，并对这些技术进行深入的优化、论证、宣传与推广普及并形成常态机制，以点带面，全面提升企业节能技术水平。

（二）密切关注原矿品位变化对行业节能工作带来的新挑战

中国有色金属矿产资源经过多年开采后，原矿和精矿品位出现下降趋势。如2008年，国内铜矿开采出矿品位为0.81%，比2000年下降0.2%；铜矿露天开采出矿品位为0.51%，比2000年小幅下滑；国内铅开采出矿品位比2000年下降0.25%；而锌露天开采出矿品位则比2000年下降1.6%。有色矿产资源品位下降，势必增加冶炼环节的单位产品能耗，增加节能工作难度。此外，由于矿品位下降，冶炼企业生产成本也会增加，为降低成本，冶炼企业会打压矿石原材料价格。但矿山开采企业应缴纳的矿产税收仍根据采矿量征收，导致一些矿山开采企业盈利状况恶化甚至亏损，不得不停止生产，从而导致下游冶炼企业原材料供应不足，实际生产负荷低于设计产能，进而导致单位产品能耗进一步上升。因此，矿品位下降是有色金属行业实现行业节能目标面临的重大挑战之一，需要引起相关节能部门重点关注。

（三）加强行业节能工作指导，提高企业节能管理能力

落实《有色金属行业“十二五”节能减排指导意见》要求，加强行业节能工作具体指导，加快落实国家对行业节能工作的各项要求。

积极推广企业能源管理体系、能效对标达标等节能新机制，支持企业能源管理岗位建设，加强企业节能人才培训，促进能源管理最佳实践和案例在企业中的宣传与推广。

第五节　电力行业

2011年，全国电力运行总体平稳。在用电需求快速增长的情况下，电力行业克服来水偏枯、电煤紧张等困难，有效应对了全国电力供需形势总体偏紧，部分地区、部

分时段供需矛盾突出的不利形势，保持了平稳较快发展势头，供应能力稳步增强。在保证电力供应的同时，电力行业通过结构调整优化、装备技术水平提高和节能管理能力提升等措施，取得“十二五”开局之年节能工作新进展。

一、行业发展概况

2011年，国民经济实现了“十二五”时期经济社会发展良好开局，全国电力需求旺盛，全社会用电量增长较快，发电设备装机容量不断增加，电力行业整体效益有所提升。但受主要燃料价格高位运行、铁路运力偏紧等因素影响，电煤市场偏紧，部分地区电力供应紧张。

（一）装机容量及其结构

1. 电力供应能力进一步增强，装机结构出现新特点

“十一五”以来，全国总发电装机容量不断增加，但受电力投资增速放缓，电力工程建设投资结构调整、火电机组“上大压小”等因素影响，发电装机容量同比增速呈逐年下降态势。

截至2011年底，全国基建新增发电设备容量9463万千瓦，新增发电设备容量已连续6年超过9000万千瓦。其中，水电1283万千瓦，火电6241万千瓦，核电、并网风电和太阳能发电新增合计1899万千瓦。截至2011年底，全国发电设备容量106253万千瓦，比上年增长9.95%，增幅较上年下降0.18%；其中，水电23298万千瓦（含抽水蓄能1838万千瓦），占全部装机容量的21.93%；火电76 834万千瓦（含煤电70667万千瓦、常规气电3415万千瓦），占全部装机容量的72.3%；并网太阳能发电发展较快，达到196万千瓦。电网220千伏及以上输电线路回路长度、公用变设备容量分别为47.49万千米、22.08亿千伏安，分别比上年增长7.9%和10.5%，全国电力供应和配置能力进一步增强，如图2-28所示。

2. 清洁能源装机比重略有上升，火电装机增长放缓

2011年，电力行业继续调整电源结构和布局，清洁能源装机比重有所上升，火电装机增长放缓。

截至2011年底，水电、核电、风电、太阳能等非化石能源发电装机继续发展，累计新增装机容量3 182万千瓦。非化石能源装机容量所占比重持续提高，由2010年的26.6%上升到2011年的27.7%；火电装机容量比重为72.3%，较2010年下降0.1%，如图2-29、图2-30所示。但总体来看，目前中国电力装机仍以火电为主，考虑到中国的能源资源禀赋、非化石能源发电技术及成本等因素，未来一段时间内，火电装机仍将占居主体地位。

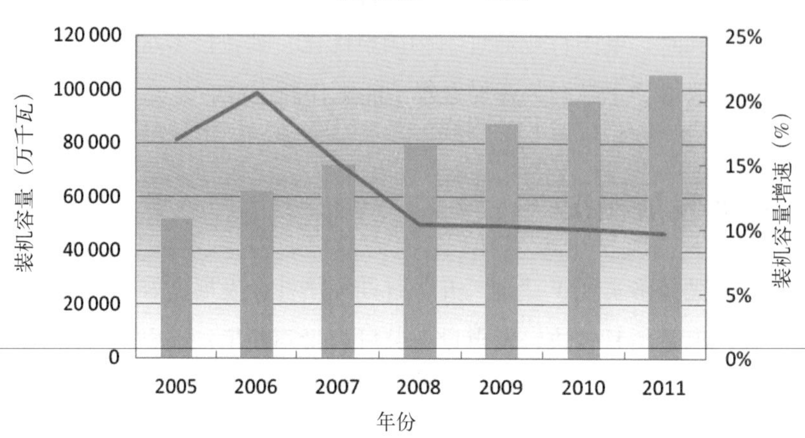

图2-28　2005-2011年中国装机容量及增速

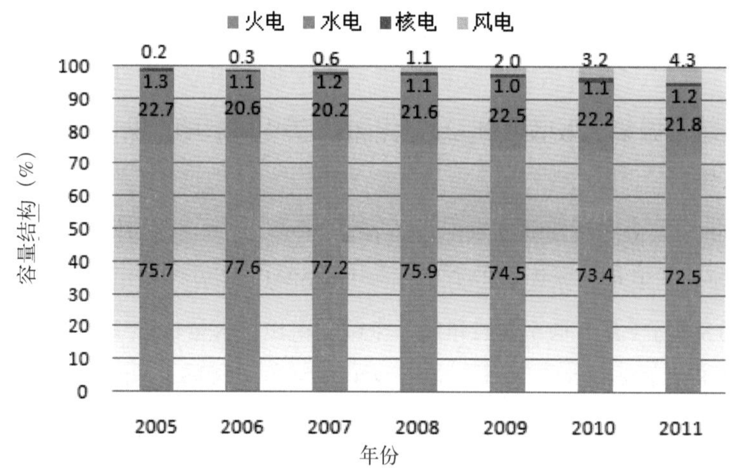

图2-29　2005-2011年中国装机容量结构

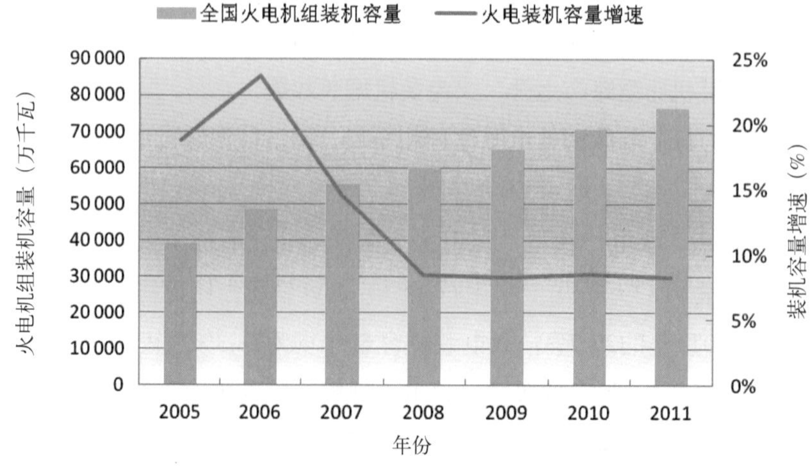

图2-30　2005-2011年中国火电机组装机容量及其增速

3. 地区装机发展不均，跨区跨省送电稳步增长

从各地区发电设备装机情况来看，西部、东北、中部、东部地区装机容量分别增长14.5%、7.8%、7.3%和6.4%，东部、中部装机增长分别低于用电量增长的3.2%和4.8%。装机的地区结构出现变化，在跨区资源配置能力不能完全配套的情况下，东部电力供需更加紧张。

2011年，全国跨省跨区送电量保持稳步增长，对保障缺电地区生产生活发挥了重要作用。全国完成跨区送电量1680亿千瓦时，比上年增长12.8%；跨省送电量6323亿千瓦时，增长9.7%。其中，西北送出电量426亿千瓦时，增长167%；东北送华北100亿千瓦时，增长13.9%。受跨区跨省输电能力限制，东北、蒙西以及西北地区仍有3000万千瓦左右的电力无法输送到华东、华中等电力紧张地区，造成“缺电”与“窝电”并存。

4. 电网及清洁能源投资所占比重继续提高，火电投资比重明显下降

2011年，全国电力工程建设完成投资7614亿元，比上年增长2.65%。其中，电源、电网工程建设分别完成投资3927亿元和3687亿元，分别比上年下降1.1%和增长6.9%，电网投资占电力投资的比重比上年提高3.3%。电源投资中，火电投资仅为2005年的47.8%，已经连续6年同比减少，2011年火电投资占电源投资的比重下降至28.9%。

受电源投资结构调整影响，火电新增生产能力呈逐年下降趋势；水电新增生产能力在2008、2009年出现一轮小高峰后，逐渐回归到金融危机前水平；而在政策的大力支持下，风电新增生产能力逐年增加，2011年风电新增装机容量首次超过水电。

（二）发电量和用电量

1. 发电量较快增长，清洁能源发电偏低

2011年，全国发电量保持较快增长态势。从“十一五”期间全国发电量增长趋势看，2008年，受金融危机影响，全国发电量增速随经济增速放缓出现大幅下滑；2009年，中央实施的应对国际金融危机、保持经济平稳较快发展的一揽子计划取得明显成效，用电需求逐渐恢复，发电量增速逐步回升；2010年，全国发电量同比增速已基本接近金融危机前水平。2011年下半年，受欧美债务危机冲击，中国经济增速呈现逐季放缓态势，受此影响，发电量增速同步回落。2011年，全国全口径发电量47130.30亿千瓦时，比上年增长11.68%，增幅较上年下降3%，如图2-31所示。

从电源结构来看，虽然近年来电源投资结构不断优化调整，但清洁能源发电量依旧偏低，全国电力供应主要来自火电。在电力需求相对旺盛而水电出力严重不足的背

景下，2011年，火电对全国电力供应的支持作用进一步增强。2011年，水电发电量6681亿千瓦时，比上年降低2.71%，占全部发电量的14.12%，比上年降低2.71%；火电发电量39 003亿千瓦时，比上年增长14.16%，占全国发电量的82.45%，比上年提高1.64%；核电、并网风电发电量分别为872亿千瓦时和741亿千瓦时，分别比上年增长16.67%和49.91%，占全国发电量的比重分别比上年提高0.08%和0.38%，如图2-32所示。然而值得注意的是，尽管2011年风电发电量仍保持40%以上的较快增长速度，但增速较往年明显放缓，这主要是因为行业发展缺乏科学规划和统筹安排，从而造成无序竞争和盲目发展，再加上风电上网难所致。这一问题已经引起相关部门高度重视，随着相关标准和法律法规的完善，相信风电行业将逐渐步入健康有序发展轨道。

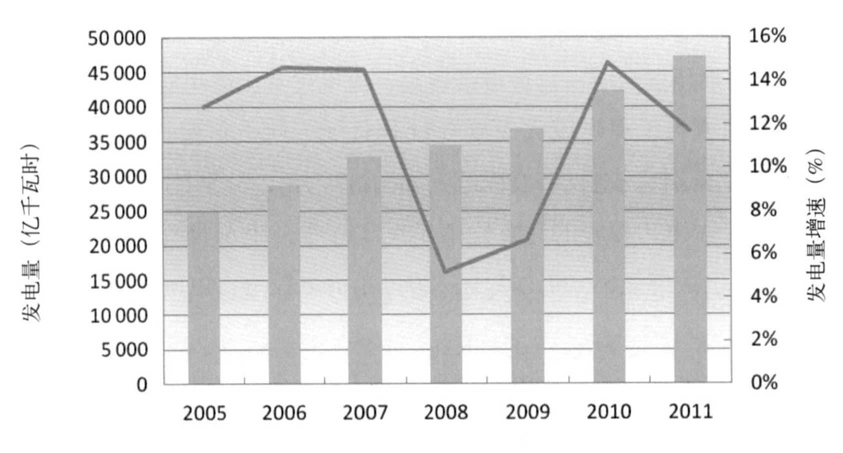

图2-31　2005-2011年中国发电量及增速

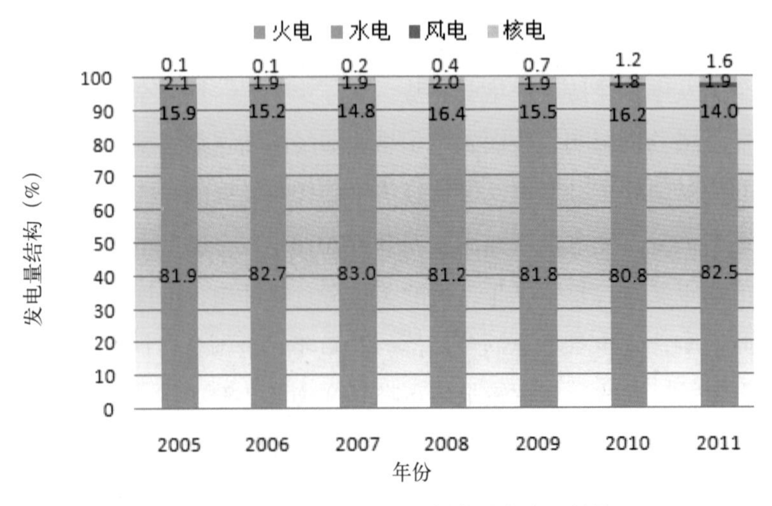

图2-32　2005-2011年中国发电量结构

2. 电力消费需求旺盛，地区用电增长差异大

2011年，国民经济平稳较快发展，全社会用电量平稳较快增长，但由于国内生产总值增速逐季下滑，全社会累计用电量增速较上年略有回落。2011年，全社会用电量47 026亿千瓦时，比上年增长11.97%，增幅与上年相比下降3.11%，但仍略高于2005年以来的平均水平约0.32%。

2011年，第一产业用电量1 013亿千瓦时，比上年增长3.73%；第二产业及工业用电量分别为35 228、34 717亿千瓦时，分别较上年增长12.20%、12.11%，占全社会用电量的比重分别为74.9%和73.8%，工业仍是拉动用电增长的决定因素。工业平稳较快增长带动全社会用电量持续增长，其中轻工业用电增速9.28%，低于重工业增速12.7%，且差距拉大；第三产业用电5 105亿千瓦时，比上年增长13.98%，其中的交运（交通运输、仓储和邮政业）、信息（信息传输、计算机服务和软件业）、商业（商业、住宿和餐饮业）和金融（金融、房地产、商务业）分别增长15.4%、17.6%、16.4%和14.3%，增长势头较好；城乡居民生活用电5 620亿千瓦时，增速放缓到10.33%，其中城镇居民用电仅增长8.2%，如图2-33所示。

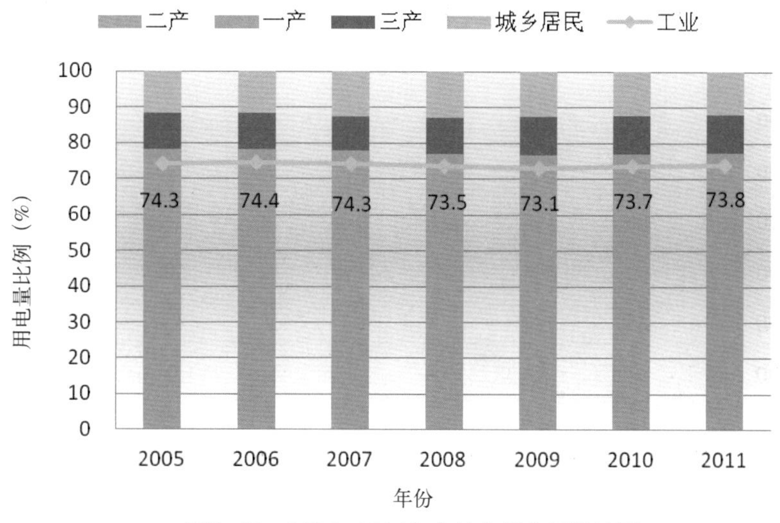

图2–33　2005–2011年全社会用电量结构图

东、中、西、东北地区用电分别增长9.6%、12.1%、17.2%和7.9%。中西部地区工业增加值较快的增长也使得中西部用电需求明显快于东部和东北地区，西部地区所有省份用电量增速均高于全国平均水平，东部用电大省对全国用电带动作用减弱。

3. 水电发电量同比明显减少，对跨区跨省送电及电力平衡影响较大

随着水电装机容量不断增加，水电发电量基本呈现出逐年递增态势，但是受气候条件影响，水电发电量增速呈现出周期波动特征。2011年，全国平均降水量比常年偏

少，特别是南方部分省市出现了历史罕见的汛期抗旱现象。受此影响，全国重点水电厂来水总体偏枯，水电发电量明显回落，全国累计水电发电量自2001年以来首次出现负增长，部分水电装机容量大省电力供应受到较大影响。2011年，全国水电累计发电量6681亿千瓦时，比上年下降2.7%。

水电发电量下降对跨区跨省输电及电力平衡影响较大。2011年三峡电厂累计送出电量比上年减少7.3%；华中送出电量下降15.1%，其中送华东、西北、华北、南方电量分别下降11.0%、16.3%、69.6%和12.1%。由于来水偏枯以及电煤问题，贵州输出电量下降11.5%，导致南方电网“西电东送”电量下降13.2%。

4. 发电设备利用小时持续回升

2011年，全国6000千瓦及以上电厂发电设备平均利用小时4730小时，比上年提高80小时，已连续两年回升。因水电出力持续欠佳，水电设备平均利用小时为3019小时，比上年下降385小时，是近30年来最低的一年；火电设备平均利用小时5305小时，比上年提高274小时，提升幅度是2004年以来最高水平，如图2-34所示。

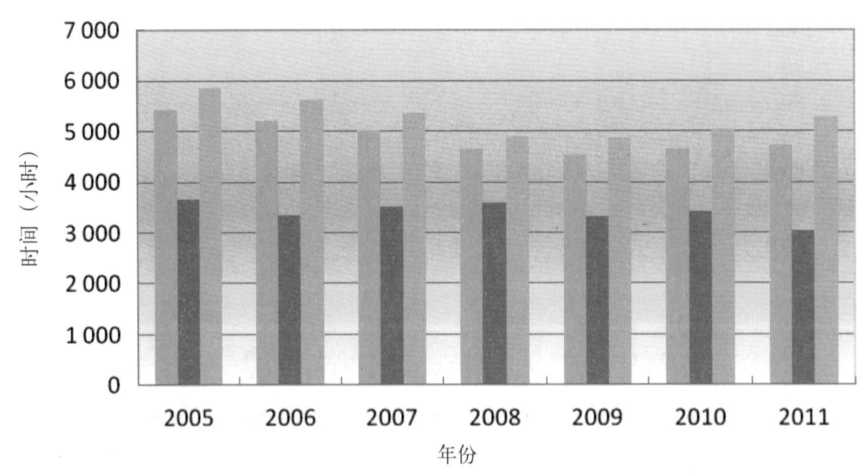

图2-34　2005-2011年中国6000千瓦及以上发电设备平均利用小时数

5. 电煤矛盾仍然突出，电煤市场偏紧

水电减发、火电快速增长极大地影响了电煤供需关系。2011年，全国重点发电企业累计供、耗煤分别增长15.78%和15.3%；日均供、耗煤分别为381万吨和374万吨；各月电厂耗煤持续较高。虽然全国电厂存煤总体处于较高水平，但电煤库存的地域分布不均，加上火电利用小时增加、市场电煤价格持续高位运行等因素，导致电煤市场偏紧，部分省份在局部时段煤炭供应紧张，影响了电力供应。

二、行业用能状况

2011年，全国6 000千瓦及以上电厂发电消耗原煤18.24亿吨，比2006年增加了6.41亿吨，年均增长率为9.06%；供热消耗原煤1.83亿吨，比2010年增加了8.90%。电厂发电、供热用煤合计20.07亿吨，约占全国煤炭消费总量的50%以上，见表2-12。

表2-12　2006-2011年6 000千瓦以上电厂发电、供热煤炭消耗情况

（单位：万吨、%）

项 目	2011年		2010年		2009年		2008年		2007年		2006年	
	数量（万吨）	增长率（%）	数量（万吨）	增长率（%）	数量（万吨）	增长率（%）	数量（万吨）	增长率（%）	数量（万吨）	增长率（%）	数量（万吨）	增长率（%）
发电消耗原煤	182 382	14.73	15 8971	13.8	139 900	5.89	131 903	2.40	128 812	8.94	118 241	17.18
发电消耗标煤	114 400	12.15	102 006	11.5	91 478.17	5.32	86 857.72	−0.73	87 494	10.37	76 199	14.16
供热消耗原煤	18 262	8.90	16 769	12.1	14 959	1.55	14 732.18	−1.19	14 909	13.32	13 157	12.01
供热消耗标煤	11 854	6.11	11 172	9.5	10 199.06	1.76	10 022.73	−4.69	10 516	14.63	9 174	20.73

三、行业节能主要成效

2011年，电力行业节能工作成效显著。供电煤耗、发电厂厂用电率、电网线损率持续下降。

（一）供电煤耗逐年下降

“十一五”以来，中国供电煤耗逐年下降，从2005年的370克/千瓦时下降到2010年的333克/千瓦时，再到2011年的329克/千瓦时，累计下降41克/千瓦时，发电效率比2005年提高了4%，达到了37.3%，如图2-35所示。从2005年开始，中国供电煤耗就已经好于美国同期水平。

（二）发电厂厂用电率有所下降

从整体上看，发电厂厂用电率从“十一五”中后期开始持续下降。2011年，发电厂厂用电率为5.39%，比2010年下降了0.04%，如图2-36所示。其中，水电发电厂厂用电率为0.36%，比2010年上升了0.03%；火电发电厂厂用电率为6.23%，比2010年下降了0.1%。

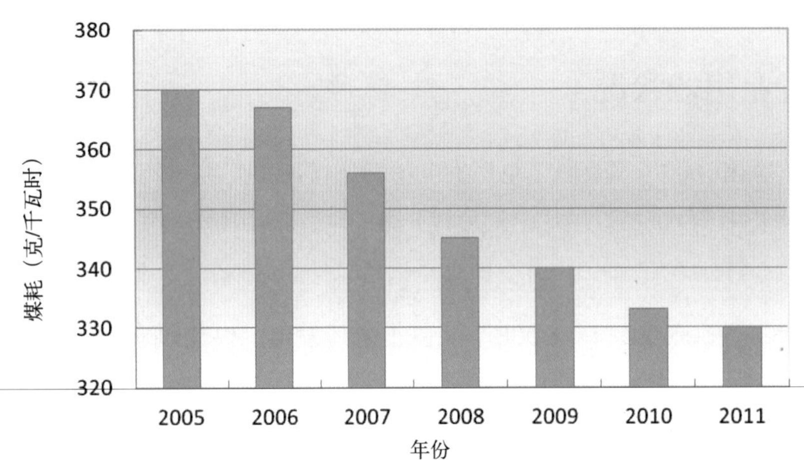

图2-35　2005-2011年中国火电机组平均供电煤耗变化

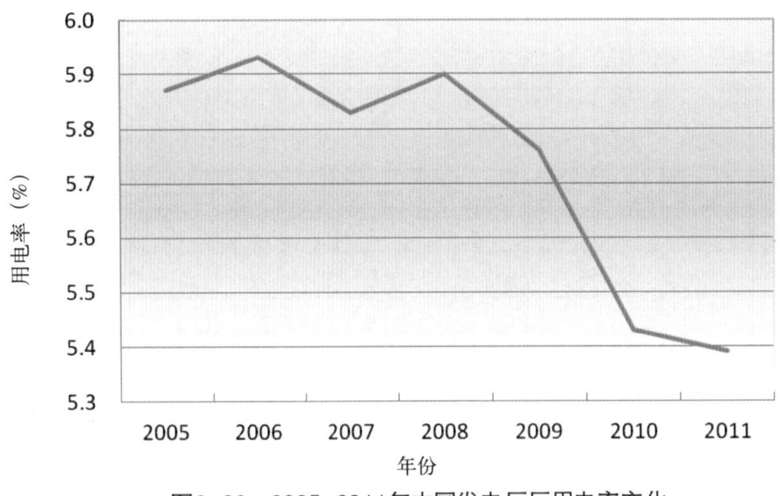

图2-36　2005-2011年中国发电厂厂用电率变化

（三）电网综合线损率持续下降

电网线路损失持续下降。2011年全国电网综合线损率为6.52%，比2010年下降0.01%，比2005年下降了0.9%，处于同等供电负荷密度条件国家的先进水平，如图2-37所示。

（四）淘汰落后产能持续发力

通过实行“上大压小”，“十一五”期间电力行业累积关停煤耗高、污染重的小火电机组7 682.5万千瓦，超额53.6%完成关停5 000万千瓦的淘汰任务。进入“十二五”之后，火电行业大规模“上大压小”的空间逐步缩小，但各地淘汰落后产能的速度并没有放缓，2011年全国电力行业淘汰落后产能784万千瓦[①]。

① 工信部、国家能源局，《2011年全国淘汰落后产能目标任务完成情况表》（2012年第62号公告），2012年12月17日。

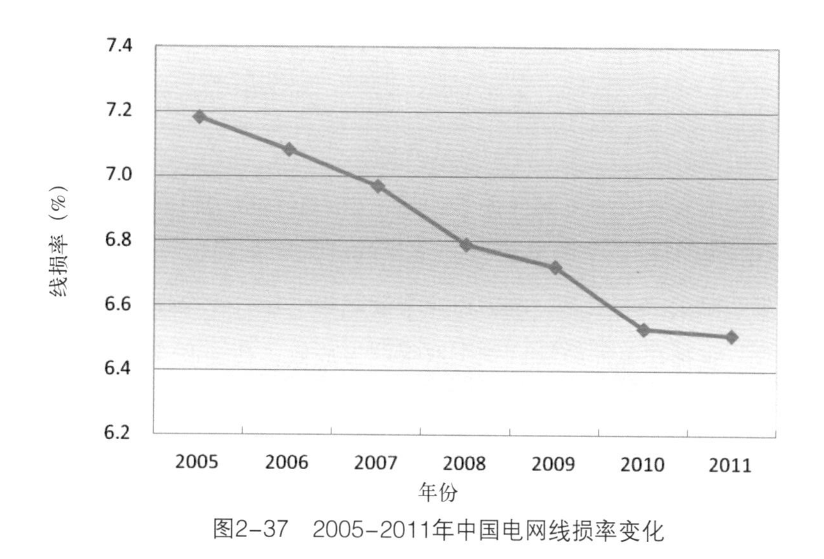

图2-37 2005-2011年中国电网线损率变化

（五）电网发展方式转变和自主创新能力取得重大突破

2011年，一批国家重点电源、电网建设项目按期投产，对电力工业的合理布局、优化配置和转型发展起到了重要作用。“电力天路”青藏联网工程提前一年建成投运，结束了西藏电网长期孤网运行的历史，标志着中国内地电网全面互联；1000千伏晋东南—南阳—荆门特高压交流试验示范工程扩建工程正式投产，单回线路输送能力达到500万千瓦，成为世界上运行电压最高、输电能力最强、技术水平最先进的交流输电工程；世界首个±660千伏电压等级的直流输电工程——宁东直流输电工程双极建成投运；亚洲首个柔性直流输电示范工程——上海南汇风电场柔性直流输电工程投入正式运行，这是中国第一条拥有完全自主知识产权、具有世界一流水平的柔性直流输电线路，标志着中国在智能电网高端装备方面取得重大突破；中国自主研发、设计和建设的国家风光储输示范工程建成投产，这是目前世界上第一个集风力发电、光伏发电、储能系统、智能输电于一体的新能源综合利用平台，可有效破解新能源并网的技术难题；国电江苏如东150兆瓦海上（潮间带）示范风电场一期工程并网发电，成为中国已建成的规模最大海上风电场，为国家海上风电规模化开发建设积累了经验。

四、行业主要节能政策措施

（一）加强行业节能指导

为了进一步推进电力行业节能减排工作，电力行业建立了节能减排组织领导机构和节能减排监管工作机制。其中，在节能减排组织领导机构建设方面，成立了从国家电力监管委员会（以下简称国家电监会）到地方电监办的各级节能减排和淘汰落后产能监管工作领导小组，以指导和规范电力监管机构开展电力行业节能减排监管工作，指导协调解决电力行业节能减排、淘汰落后产能工作的重大事项和重要问题，促进电力行业节能减排和淘汰落后产能工作的有效开展。

2011年11月，国家电监会下发《关于加强“十二五”电力行业节能减排监管工作的通知》，提出了电力行业节能减排监管工作的“六个加强”、“四个推动”的工作措施，进一步明确了“十二五”电力行业节能减排工作“十个明显成效”的目标。“十个明显成效”包括在电能余缺调剂上取得明显成效，在提高高效环保机组发电利用小时数上取得明显成效，在提高水电、风电、太阳能发电质量和非化石能源占比上取得明显成效、在提高发电机组装备水平和“上大压小”工作上取得明显成效，在提高信息准确性、及时性、完整性上取得明显成效，在确保节能减排政策落实上取得明显成效，在有效降低单位电量能耗上取得明显成效，在不断减少电力污染物排放上取得明显成效，在建立节能减排常态监管机制上取得明显成效，在提高粉煤灰和脱硫石膏等的综合利用上取得明显成效。

（二）继续推进节能发电调度工作

2011年8月，国务院发布《“十二五”节能减排综合性工作方案》，对电网企业、电力监管部门就节能发电调度提出要求。电网企业要按照节能、经济的原则，优先调度水电、风电、太阳能发电、核电以及余热余压、煤层气、填埋气、煤矸石和垃圾等发电上网，优先安排节能、环保、高效火电机组发电上网；电力监管部门要加强对节能发电调度工作的监督，建立切合实际、行之有效的节能发电调度经济补偿机制和办法，促进形成有利于节能发电调度的经济措施。2011年3月，国家电监会和国家能源局全面启动和布置了南方电网区域节能发电调度经济补偿办法的制定工作，极大促进了南方地区的节能发电调度工作。

（三）加强电力需求侧管理，推进节能服务

作为节能减排的重要途径，电力需求侧管理（DSM）自20世纪90年代初引入中国以来，得到了政府部门、电力企业、电力用户以及社会各界的重视。“十五”、“十一五”期间，国家陆续出台了《关于推进电力需求侧管理工作的指导意见》、《加强电力需求侧管理工作的指导意见》、《关于加强电力需求侧管理实施有序用电的紧急通知》、《电力需求侧管理办法》等文件，积极推进中国电力需求侧管理工作。2011年1月，工信部发布了《关于做好工业领域电力需求侧管理工作的指导意见》，以有序推进工业领域电力需求侧管理工作，优化工业用电结构，调整用电方式，提高工业电能利用效率；5月，工信部再次下发《关于做好当前工业领域电力需

求侧管理工作的紧急通知》，要求大力推进工业领域的电力需求侧管理工作。同年，国家发展改革委在全国开展电力需求侧管理城市综合试点，选定了广东佛山、河北唐山、江苏苏州3个城市作为第一批试点城市。

电网企业是电力需求侧管理的重要实施主体，同时对引导电力用户及其他相关方实施电力需求侧管理、开展相关工作起着显著作用。2011年11月，国家发展改革委发布《电网企业实施电力需求侧管理目标责任考核办法（试行）》，要求电网企业充分发挥自身优势广泛深入开展电力需求侧管理工作，建立健全电网企业电力需求侧管理目标责任评价和考核制度，将电力电量节约指标完成情况和电力需求侧管理工作开展情况纳入电网公司年度考核，确保实现《电力需求侧管理办法》规定的年度指标原则上不低于经营区域内上年售电量的0.3%、最大用电负荷的0.3%的电力电量节约指标。截至2011年底，过五成的网省电力公司成立了节能服务公司。

（四）强化火电燃煤机组能效对标

2008年，电力行业启动了电力行业火电厂能效对标活动。2008年11月，中国电力企业联合会发布《全国火电企业能效水平对标活动工作方案》和《全国火电行业60万千瓦级机组能效水平对标技术方案（试行）》（以下简称《工作方案》），指导火电行业能效水平对标活动的具体开展。《工作方案》指出，火电行业能效对标工作在全国200兆瓦、300兆瓦、600兆瓦及1 000兆瓦等级的发电供热机组范围开展，通过行业能效水平对标，全面降低火电企业发电煤耗、厂用电率和水耗等主要耗能指标，使机组保持最佳经济运行状态。

能效水平对标活动按照突出重点，分步推进的原则进行，2008年，结合全国600兆瓦等级火电大机组竞赛，首先发布该等级机组的主要能效指标标杆和标杆机组（电厂）；2009年起，逐步发布其他等级机组的主要能效指标标杆和标杆机组（电厂）。2008–2011年，公布了600兆瓦级机组能效水平对标结果，2009–2010年同时公布300兆瓦级机组能效水平对标结果。2011年11月，中国电力企业联合会印发《全国火电燃煤机组能效水平对标管理办法》，进一步规范全国火电机组能效水平对标工作。该管理办法进一步明确了全国电力行业火电燃煤机组企业能效水平对标工作的组织机构，对工作程序进行了说明，指出了对标范围、指标体系及标杆机组确定原则。其中，火电电燃机组能效指标暂列为供电煤耗、厂用电率、油耗、发电综合耗水率4个指标以及相应的过程指标。

电力行业能效对标活动一方面有利于摸清电力行业火电机组能效现状，为电力行业相关节能标准制定和节能管理工作打下良好基础；另一方面通过行业竞赛、公布对标结果等形式，树立行业能效标杆，传播节能最佳实践和案例，营造全行业追赶先进的氛围，最终带动全行业能效水平提高。

（五）完善相关节能经济政策

1. 规范电价秩序

为了充分发挥电价调整政策对转变经济发展方式、调整产业结构、促进节能减排的重要作用，2011年6月，国家发展改革委印发《关于整顿规范电价秩序的通知》（以下简称《通知》），进一步强化电价监管。《通知》再次重申严禁地方政府及其相关部门擅自制定调整电价管理政策、自行出台并实施优惠电价措施；严禁一切形式的优惠电价政策，对各级电网公司依据地方越权文件规定对企业实施优惠电价措施的要予以严肃处理。在2011年迎峰度夏、电力需求明显增加、工业用电量与工业增加值增速存在同向变动的趋势下，通过制止自行出台优惠电价政策，一方面可以避免电网利用垄断地位调低上网电价，影响电厂发电积极性；另一方面，对促进工业企业淘汰落后产能、节约用电具有显著作用。

2. 积极推进可再生能源发电

为促进可再生能源发展，“十一五”以来，国家电监会配合国家发展改革委共同制定并发布可再生能源电价附加补贴和配额交易方案，积极落实可再生能源全额收购和电价政策，协调解决可再生能源上网中存在的其他问题。

2011年7月，国家发展改革委发布《关于完善太阳能光伏发电上网电价政策的通知》，规范太阳能光伏发电价格管理。该通知制定了全国统一的太阳能光伏发电标杆上网价格，即2011年7月1日以前核准建设、2011年12月31日前建成投产、发展改革委尚未核定价格的太阳能光伏发电项目，上网电价统一核定为每千瓦时1.15元；2011年7月1日及以后核准的太阳能光伏发电项目，以及2011年7月1日之前核准但截至2011年12月31日仍未建成投产的太阳能光伏发电项目，除西藏仍执行每千瓦时1.15元的上网电价外，其余省（区、市）上网电价均按每千瓦时1元执行；通过特许权招标确定业主的太阳能光伏发电项目，其上网电价按中标价格执行，中标价格不得高于太阳能光伏发电标杆电价；对享受中央财政资金补贴的太阳能光伏发电项目，其上网电价按当地脱硫燃煤机组标杆上网电价执行。同年11月，财政部、国家发展改革委、国家能源局联合发布《可再生能源发展基金征收使用管理暂行办法》，对可再生能源发展基金的资金筹集、使用管理和监督检查进行了规定。

3. 继续推进发电权交易，促进清洁能源发电

2011年，发电权交易工作取得深入发展。东北、华东、华中电网均按电力监管机

构出台的交易规则组织跨省发电权交易，西北和华北开展了跨区发电权交易，促进了更大范围资源优化配置。2011年，全国发电权交易电量超过1075亿千瓦时，据测算，节约835万吨标准煤，减排CO_2约2 190万吨[①]。

发电权交易作为中国电力市场第一种非电量交易品种，经过几年的发展，显示了其蓬勃的生命力。但作为新兴交易品种，在实际工作中还存在各种问题，如将发电权交易误解为“倒卖指标”，将发电权与电量市场混淆，将发电权交易局限在一定地理区域内等，也有部分电网企业仍希望通过组织交易获利。发电权交易启动了中国电力市场衍生金融交易，方兴未艾，发展潜力很大，在今后的工作中，可以从以下几个方面努力：一是拓宽发电权交易的开展范围，加大开展力度，进一步完善电力交易机制；二是尝试推行水火发电权交易机制；三是将发电权交易作为其他电量交易的避险手段。

4. 试行阶梯电价，促进居民节能

为了逐步减少电价交叉补贴，理顺电价关系，引导居民合理、节约用电，2011年11月，国家发展改革委印发《关于居民生活用电试行阶梯电价的指导意见的通知》，提出以省（自治区、直辖市）为单位执行阶梯电价。2012年7月1日起，全国全面实施阶梯电价。考虑到居民用电受到季节性及地域性因素影响，广西等省市已开始实行季节性阶梯电价。

居民阶梯电价制度是利用价格杠杆促进节能减排的又一次实践。由于历史原因，中国长期实行工业电价补贴居民电价的交叉补贴制度。从中国居民电力消费结构看，5%的高收入家庭消费了约24%的电量，这就意味着低电价政策的福利更多地由高收入群体享受，这既不利于社会公平，无形中也助长了电力资源的浪费。通过划分一、二、三档电量，较大幅提高第三档电量电价水平，在促进社会公平的同时，也可以培养全民节约资源、保护环境的意识，逐步养成节能的习惯。

五、行业节能工作建议

1. 保证煤炭供应，保障电厂生产效率

煤炭是中国电力工业的食粮，保障电力供应的关键是要确保火电生产的电煤供应。因此，一是适度提高煤炭产量，确保煤炭总量充足；二是加强煤炭价格监督，有效抑制煤价不合理上涨；三是适时启动煤电联动，理顺煤电价格机制，完善煤炭价

① 国家电监会，《电力监管年度报告（2011）》，2012年6月。

格、上网电价和销售电价联动政策；四是建立健全电煤供销预警、调节、应急机制，支持火电企业多存煤，保持电厂合理存煤水平；五是统筹安排好现有铁路运力，组织好重点地区电煤运输，加快核准建设“北煤南运”铁路输煤通道。通过以上措施，保证火电生产的电煤供应，保障电厂正常开工率，从而为电力行业节能工作创造有利条件。

2. 在优化能源结构的同时，高度关注新能源发展对电力供需平衡的影响

近年来，中国的风电、太阳能等新能源发电迅速发展，特别是风电装机连年翻番，2011年底已达到4 623万千瓦，全年风电新增装机占全部新增装机的比重接近20%。新能源发电大规模发展在为电力结构调整和节能减排做出贡献的同时，也对电力供需平衡造成较大影响。风电、太阳能等新能源能量密度低、发电利用小时数少，难以与稳定的用电需求相匹配，同时风电有较强的随机性、间歇性和不可控性，太阳能发电也具有类似特征，为保证系统安全和电力稳定供应，风电、太阳能等新能源发电一般不纳入月度及年度电力平衡，不能替代常规电源。因此，在电力规划、电源项目安排等工作中，必须高度关注新能源发电对电源建设规模及电力供需平衡的影响，在积极发展新能源发电的同时，认真研究制定并积极实施满足电力可靠供应要求的电源电网规划方案和建设安排。

3. 深化电力需求侧管理，引导科学合理用电

中国在有序用电方面出台了一系列措施，在缓解电力供需紧张局势方面发挥了重要作用。但有序用电毕竟是一项权宜之计，需要在能效管理和需求侧响应等方面加强探索。建议行业按照“十二五”规划建议的要求，落实节约优先战略，将电力需求侧管理真正纳入地区能源和电力发展规划，出台并实施如差别电价、惩罚性电价以及峰谷电价等措施，形成产业结构调整和节能工作的倒逼机制，促使用户通过广泛应用节电技术或产业技术升级来节能节电，促进产业结构调整和发展方式转变。

4. 加强淘汰落后产能、节能技术改造等各项工作，提高行业节能管理水平

按照“十二五”规划及部门节能政策要求，电力行业需要加大“上大压小”工作力度，继续实施热电联产等节能重点工程。在节能管理工作方面，电力行业还需要充分落实节能减排组织领导机制和节能减排监管工作机制，加强电力行业节能监管工作，完善节能发电调度、发电权交易、能效对标等节能新机制，全面提高行业节能管理水平。

第三章

政策措施篇

提要：选择《工业节能“十二五”规划》、万家企业节能低碳行动、企业能源管理体系建设以及第三方节能量审核作为“十二五”开局之年的工业节能热点，是因为这四项议题集中反映出“十二五”工业节能新思路和新动态。《工业节能“十二五”规划》是中国首部工业领域的节能专项规划，它的出台标志着工业领域开始节能顶层设计，规划对于“十二五”乃至更长时期的工业节能工作具有重要指导作用；万家企业节能低碳行动的出台标志着节能管理覆盖面从重点行业、重点企业扩大到更多的行业和企业，企业节能工作开始技术进步和管理制度建设并重，无论从参与企业数量、规模还是节能目标、任务要求上讲，万家企业节能低碳行动都称得上是“十二五”期间的一场节能重大行动；企业能源管理体系建设探索解决能源管理标准化不易、节能管理效果认定难、企业节能持续性差等关键问题，随着国家对万家企业节能工作要求的明确和能源管理体系国际标准的出台，企业能源管理体系建设成为企业节能工作热点，也有可能成为企业生存必需；节能量审核是中国节能工作健康发展的必然选择，“十二五”初期评选出的第一批26家第三方节能量审核机构是中国节能量审核工作走向规范化和专业化的起步，未来节能量审核将在能源管理体系认证和评价、合同能源管理、节能量交易、节能自愿协议等节能机制中发挥基础支撑作用。

第一节 工业节能“十二五”规划

“十一五”中国工业节能取得显著成效，为“十二五”工业节能工作奠定了良好基础。然而，工业能源消耗增速过高，行业间和企业间发展不平衡，技术装备总体水平不高，节能市场化机制不健全和工业节能基础薄弱等问题依然困扰着目前的工业节能工作。从国内外形势和工业发展现状来看，“十二五”工业节能任务更重、压力更大、要求更高。因此，工业领域迫切需要统一思想，明确目标和任务，以保证工业节能目标的顺利实现。2012年7月，工信部发布了《工业节能“十二五”规划》（以下简称《规划》）。《规划》提出了未来五年工业节能的目标和主要任务，部署了工业节能各项工作，对于相关行业理清工作思路，实现“十二五”节能目标具有重要的指导意义。

一、主要内容

《规划》分为五个部分。首先分析“十二五”工业节能工作的形势与任务，继而提出“十二五”工业节能目标，之后分解九大重点行业节能途径与措施，并提出九项重点节能工程，最后围绕着工业节能重点工作，提出相关保障措施。

（一）节能目标

工业能源利用效率提升是工业节能主线。因此，“十二五”工业节能目标依旧以能效指标为主。

《规划》中工业节能目标分为总体目标、行业目标、主要产品单位能耗下降目标以及淘汰落后产能目标4项，见表3-1。

总体目标和行业目标以单位工业增加值能耗下降率作为指标。工业增加值能耗常用来反映一个国家、地区的工业或行业的总体能源效率水平[①]。工业增加值能耗越低，能源宏观效率越高。工业增加值能耗的高低与一个国家或地区的经济发展阶段、经济结构、技术水平、能源价格、资源禀赋等多种因素相关。

产品单位能耗下降目标以产品单位能耗下降率为指标。产品单位能耗常被定义为能源实物效率，如吨钢综合能耗、吨钢可比能耗、吨水泥综合能耗等。这是比较常见的一类技术指标，该类指标不含价值量，比较适合用于在具有相同生产结构的企业间

① 魏一鸣、廖华，《中国能源报告（2010）：能源效率研究》，科学出版社，北京，2010年8月。

进行比较，反映微观经济组织（如企业）的技术装备水平和管理水平[①]。目前，中国推行的能效对标达标活动即以产品单位能耗为基础。该指标与微观经济组织的生产结构、原材料品质、技术水平、管理水平以及能源消费结构等相关。

表3-1　工业节能指标与指标影响因素分析

目标类型	指标	指标主要影响因素
总体目标/行业目标	全国/行业单位工业增加值能耗下降率	发展阶段 经济结构 技术水平 能源价格 资源禀赋等
主要产品单位能耗下降目标	主要产品单位能耗下降率	生产结构 原材料品质 技术装备 管理水平 能源消费结构等
淘汰落后产能目标	淘汰落后产能量	落后产能界定标准 每年的淘汰任务 淘汰工作的执行力度等

《规划》中四项工业节能目标中比较特殊的是淘汰落后产能目标。“十一五”期间，国家首次提出淘汰落后产能目标，如水泥行业淘汰目标为25 000万吨。中国的淘汰落后产能工作与落后产能界定标准（即淘汰什么）、淘汰任务（即淘汰多少）、淘汰工作执行力度（即实际淘汰了什么和淘汰了多少）等相关。

1. 总体目标

《规划》提出，到2015年，规模以上工业增加值能耗比2010年下降21%左右，实现节能量6.7亿吨标准煤。这意味着全国规模以上工业增加值能耗由2010年的1.44吨标准煤/万元下降到2015年的1.14吨标准煤/万元（2010年价），年均下降4.61%。

2. 主要行业目标

《规划》中提到的九大行业是指钢铁、有色金属、石化、化工、建材、机械、轻工、纺织、电子信息，2010年九大行业终端能耗之和占到工业终端能耗的85%，是工业节能的重点领域。到2015年，上述九大行业单位工业增加值能耗分别比2010年下降18%、18%、18%、20%、20%、22%、20%、20%、18%，年均应下降3.89%、3.89%、3.89%、4.36%、4.36%、4.85%、4.36%、4.36%、3.89%。

从九大行业节能目标看，仅机械行业节能目标略高于工业节能总目标（高出

① 魏一鸣、廖华，《中国能源报告（2010）：能源效率研究》，科学出版社，北京，2010年8月。

1%），其他8个重点行业节能目标低于总目标约1%～3%，如图3-1所示。据此推断，如果“十二五”期间不进行工业结构调整，那么工业节能总目标必然无法完成。因此，结构调整必须要在“十二五”工业节能工作中发挥重要作用。工业领域结构调整的方向是降低钢铁、有色金属、石化等高耗能、低附加值行业的经济比重，提高机械、电子信息等相对低能耗、高附加值行业的经济比重。

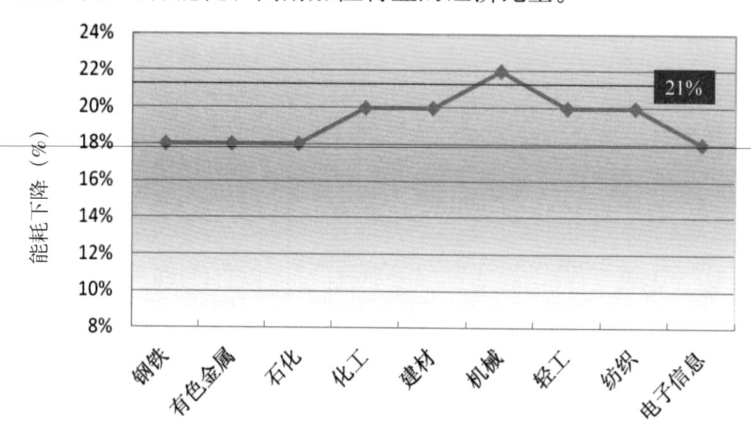

图3-1 “十二五”九大行业单位工业增加值能耗累计下降目标

3. 主要产品单位能耗下降目标

《规划》中提到的20种主要产品是指钢铁、铜冶炼、电解铝、水泥熟料、平板玻璃、乙烯、合成氨、烧碱、电石、造纸、日用玻璃、发酵产品、日用陶瓷、印染布、纱（线）、布、黏胶纤维、铸件、多晶硅（高温氢化）、多晶硅（低温氢化），分属上述九大行业。

《规划》根据每个行业主要产品的节能潜力，制定了不同的节能目标，如图3-2所示。总体来看，上述20种产品中有13种产品的单位能耗下降目标在0～10%之间，只有4种产品的单位能耗下降目标在15%～20%之间，见表3-2。

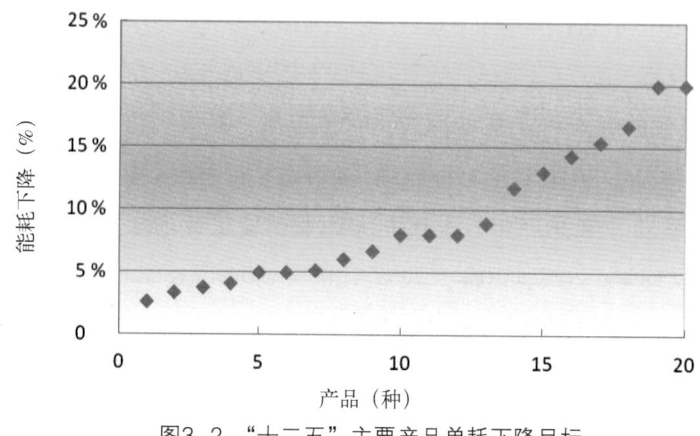

图3-2 “十二五”主要产品单耗下降目标

表3-2 “十二五”主要产品单耗下降目标分类

产品单位能耗累计下降目标	产品能耗指标
0～5%（含）	吨钢综合能耗、吨水泥熟料综合能耗、乙烯综合能耗、合成氨生产综合能耗、电石生产综合能耗、粘胶纤维综合能耗（长丝）
5%～10%（含）	铝锭综合交流电耗、烧碱生产综合能耗（离子膜法30%）、发酵产品综合能耗、日用陶瓷综合能耗、万米印染布综合能耗、吨纱（线）混合数综合能耗、万米布混合数综合能耗
10%～15%（含）	铜冶炼综合能耗、平板玻璃综合能耗、日用玻璃综合能耗
15%～20%（含）	造纸综合能耗、铸件综合能耗、多晶硅工艺能耗（高温氢化）、多晶硅工艺能耗（低温氢化）

产品节能潜力不同导致产品单位能耗下降目标不同。钢铁、有色金属、石化等高耗能行业产品的节能潜力已经在“十一五”期间得到挖掘，如联合钢铁企业的吨钢综合能耗、铜冶炼综合能耗以及铝锭综合交流电耗等已经达到世界先进水平，因此其产品单位能耗下降率目标值相对较低；而机械、电子信息等行业未进入“十一五”工业节能重点领域，节能潜力相对较大，节能目标也相应较高。

4. 淘汰落后产能目标

《规划》提出，要加快淘汰炼铁、炼钢、焦炭、铁合金、电石、电解铝、铜冶炼、铅冶炼、锌冶炼、水泥（熟料及磨机）、平板玻璃、造纸、酒精、味精、柠檬酸、制革、印染、化纤、铅酸蓄电池等工业行业落后产能，促进产业结构调整和技术进步。2011年11月，由淘汰落后产能工作部际协调小组审定并由工信部向各省、自治区、直辖市人民政府下达了“十二五”期间工业领域上述19个重点行业的淘汰落后产能目标任务。具体任务为：淘汰炼铁落后产能4 800万吨，炼钢4 800万吨，焦炭4 200万吨，电石380万吨，铁合金740万吨，电解铝90万吨，铜冶炼80万吨，铅（含再生铅）冶炼130万吨，锌（含再生锌）冶炼65万吨，水泥（含熟料及磨机）3.7亿吨，平板玻璃9 000万重量箱，造纸1500万吨，酒精100万吨，味精18.2万吨，柠檬酸4.75万吨，制革1100万标张，印染55.8亿米，化纤59万吨，铅蓄电池746万千伏安时[①]。

（二）九大重点行业节能路线图

《规划》制定了九大行业节能路线图。路线图围绕着行业节能重点工作，提出行业主要产品或工序的能效目标、技术推广任务和应对措施等。从节能应对措施上看，产业结构调整、节能技术推广是主要手段，见表3-3。

① 其中2011年工业领域的淘汰落后产能任务涉及18个工业行业，不包括铅蓄电池行业。

表3-3 “十二五”工业行业主要节能应对措施

工业行业	产品（产能）增量控制	提高产品附加值	淘汰落后产能	原料结构与企业生产布局	产品生产过程（工序）优化	提高二次能源利用率
钢铁	√		√		√	√
有色金属	√	√	√	√	√	√
石化		√		√	√	√
化工	√	√	√	√	√	√
建材		√	√		√	√

1. 钢铁行业——以工序优化和二次能源回收为重点

钢铁行业节能工作将以工序优化和二次能源回收为重点，以提高主要工序能效和二次能源综合利用率为目标，见表3-4。

表3-4 “十二五”钢铁行业主要工序能耗、能源综合利用及技术推广目标

（一）钢铁行业主要工序能耗目标

- 焦化：能耗达到国家单位产品能耗限额标准先进值的企业数量占比达60%
- 烧结：能耗达到国家单位产品能耗限额标准先进值的企业数量占比达15%
- 高炉：能耗达到国家单位产品能耗限额标准先进值的企业数量占比达15%
- 电炉：能耗达到国家单位产品能耗限额标准先进值的企业数量占比达65%

（二）钢铁行业二次能源综合利用目标

大中型钢铁企业余热余压利用率达到50%以上，利用副产二次能源的自发电比例达到全部用电量的50%以上

（三）节能技术推广目标

转炉负能炼钢、脱湿鼓风、烧结余热发电、煤调湿等技术的应用比例分别达到65%、20%、40%和50%

“十二五”期间钢铁行业将大力发展绿色钢材产品，有效控制钢铁产量增长，大力开展淘汰落后产能工作，不断提高淘汰标准，争取实现淘汰炼铁落后产能4800万吨，炼钢4800万吨，铁合金740万吨的任务目标；此外，分步骤推广先进适用的节能技术，加大重大节能技术创新和示范力度；继续加大废钢回收和综合利用，提高二次能源综合利用水平，见表3-5。

2. 有色金属行业——以发展高附加值产业和产品生产过程节能为重点

有色金属行业将以电解铝、氧化铝、铜、铅、锌、镁等产品生产过程节能为重点，提高重点产品生产过程的节能技术推广率，见表3-6和3-7。

表3-5 “十二五”钢铁行业主要节能措施

（一）产品增量控制

大力发展绿色钢材产品，有效控制钢铁产量增长

（二）淘汰落后产能

淘汰90平方米以下烧结机、400立方米及以下高炉、30吨及以下转炉和电炉、炭化室高度小于4.3米（捣固焦炉3.8米）常规机焦炉、6300千伏安及以下铁合金矿热电炉、3000千伏安以下铁合金半封闭直流电炉和精炼电炉

（三）节能技术推广

- 全面推广焦炉高温高压干熄焦、转炉煤气干法除尘、高炉煤气干法除尘、煤调湿、连铸坯热装热送、转炉负能炼钢等技术
- 重点推广烧结球团低温废气余热利用、钢材在线热处理等技术
- 示范推广上升管余热回收利用、脱湿鼓风、利用焦炉消纳废弃塑料和废轮胎等技术
- 研发推广高温钢渣铁渣显热回收利用技术、直接还原铁生产工艺等；加快电机系统节电技术、节能变压器的应用

（四）循环经济与资源综合利用

加大废钢回收和综合利用，降低铁钢比

加大能源高效回收、转换和利用的技术改造力度，提高二次能源综合利用水平

表3-6 “十二五”有色金属行业节能技术推广目标

节能技术推广目标

新型结构铝电解槽（包括新型阴极结构铝电解槽、新型导流结构铝电解槽、高阳级电流密度超大型铝电解槽）普及率达到80%以上

氧气底吹（顶吹）先进工艺占铅冶炼总产能的比重达到80%

表3-7 “十二五”有色金属行业主要节能措施

（一）产业升级

大力发展铜、铝深加工产品和新材料等高附加值产业，加快发展再生资源加工园区和再生金属资源综合利用产业

（二）产品增量控制

严格控制电解铝新增产能，引导电解铝生产向能源资源丰富的西部地区转移

（三）淘汰落后产能

- 电解铝：淘汰100千安及以下电解铝预焙槽
- 铜冶炼：密闭鼓风炉、电炉、反射炉炼铜工艺及设备
- 铅锌冶炼：烧结锅、烧结盘、简易高炉、烧结-鼓风炉、未配套制酸及尾气吸收系统的烧结机等炼铅工艺及设备

（续表）

（四）节能技术推广

- 全面推广有色金属冶炼烟气余热发电、铜材料短流程生产、金属矿山高效选矿等技术和高效节能采矿、选矿设备
- 重点推广新型结构铝电解槽、低温高效铝电解、电解铝液合金化成形加工技术、氧气底吹熔炼液态高铅渣直接还原炼铅新工艺
- 研发推广闪速炼铅工艺等

3. 石化行业——以提高石化产品附加值为重点

石化行业将以提高石化产品附加值为重点，发展高端或专用石化产品，加强再生树脂的研发和废塑料的回收利用，增加节能环保型的新产品和新牌号等，有针对性地开展生产过程节能改造，见表3-8。

表3-8 “十二五”石化行业主要节能措施

（一）重点产品的节能措施

- 乙烯：优化原料结构，进行企业节能改造、实现生产系统能源优化利用
- 芳烃：优化操作流程和降低加热炉消耗，提高装置能源利用效率和经济效益
- 合成材料及单体：对主要产品生产装置开展针对性的节能技术改造，研发和生产节能环保型新产品、新牌号

（二）节能技术推广

- 全面推广大型乙烯裂解炉等技术
- 重点推广裂解炉空气预热、优化换热流程、优化中段回流取热比、中低温余热利用、渗透汽化膜分离、气分装置深度热联合、高效加热炉、高效换热器等技术和装备
- 示范推广透平压缩机组优化控制技术、燃轮机和裂解炉集成技术等
- 研发推广乙烯裂解炉温度与负荷先进控制技术、C_2加氢反应过程优化运行技术等

4. 化工行业——以合成氨、烧碱、纯碱、电石和传统煤化工等行业为重点

化工行业将以合成氨、烧碱、纯碱和传统煤化工等行业为重点，合理控制其新增产能，淘汰落后生产工艺与设备，大力发展高端和专用化学品，促进资源性产品向原料产地集中，组织实施现代煤化工示范工程，推广先进适用的节能技术和装备等，见表3-9和表3-10。

表3-9 “十二五”化工行业主要节能措施

（一）产品升级

大力发展功能膜材料、先进储能材料、生物降解材料、环保及节能型涂料等高端化学品和电子级含氟精细化学品、新型催化材料、高性能环保型水处理剂等专用化学品

（二）产能增量控制

合理控制合成氨、烧碱、纯碱和传统煤化工等行业新增产能

（三）淘汰落后产能

- 合成氨：淘汰能耗高污染重的小型合成氨装置
- 烧碱：淘汰汞法烧碱、石墨阳极隔膜法烧碱、未采用节能措施（扩张阳极、改性隔膜等）的普通金属阳极隔膜法烧碱生产装置
- 电石：淘汰不符合准入条件的电石炉
- 硫酸：淘汰10万吨以下的硫铁矿制酸和硫磺制酸装置（边远地区除外）

（四）节能技术推广

- 全面推广先进煤气化、先进整流、液体烧碱蒸发、蒸氨废液闪法回收蒸汽等技术以及新型膜极距离子膜电解槽、滑式高压氯气压缩机、新型电石炉等装备
- 重点推广氯化氢合成余热副产中高压蒸汽、真空蒸馏、干法加灰、黄磷烟气回收利用、电石炉尾气综合利用等技术
- 研发推广氧阴极低槽电压离子膜电解、节能型干铵炉、无机化工生产过程中低温余热回收利用等

表3–10 “十二五”化工主要产品节能途径与措施

产品	途径与措施
合成氨	优化原料结构，实现制氨原料的多元化，支持氮肥企业进行节能改造，加快大型粉煤制合成氨等成套技术装备国产化进程
烧碱	推动离子膜法烧碱用膜国产化，支持采用新型膜极距离子膜电解槽进行烧碱装置节能改造
纯碱	加大产品结构调整，提高重质纯碱和干燥氯化铵的产能比例，鼓励大中型企业采用热电结合、蒸汽多级利用措施，提高热能的利用效率
电石	推动电石行业兼并重组，鼓励企业向资源和能源产地集中，促进产业布局结构合理化发展，加快内燃炉改造，提高技术装备水平
黄磷	加强尾气回收利用，推广深度净化、生产高技术高附加值碳一化学品、干法除尘替代湿法除尘技术，加强熔融磷渣热能及渣综合利用研究和示范工程建设

5. 建材行业——以水泥、平板玻璃和新型墙体材料为重点

建材行业节能工作将以水泥、平板玻璃和新型墙体材料为重点，大力发展节能型建材产品以及高性能防火保温材料和轻质隔热墙体材料，淘汰能耗高及落后的工艺与设备，推广节能技术和先进生产工艺与设备，见表3-11和表3-12。

表3-11 "十二五"建材行业节能技术推广目标

节能技术推广目标
水泥窑纯低温余热发电比例提高到65%以上；新型墙体材料产量比重达到65%以上

表3-12 "十二五"建材行业主要节能措施

（一）产品升级

大力发展预拌混凝土、预拌砂浆、混凝土制品等水泥基材料制品和中空玻璃、夹层玻璃等节能型建材产品以及高性能防火保温材料、烧结空心制品和粉煤灰蒸压加气混凝土等轻质隔热墙体材料，不能达标的，限期关停

（二）淘汰落后产能

- 水泥：淘汰直径3.0米及以下的水泥机械化立窑和直径3.0米以下球磨机（西部省份的边远地区除外）
- 平板玻璃：淘汰平拉工艺平板玻璃生产线（含格法）等落后工艺设备
- 对综合能耗不达标的水泥熟料生产线和水泥粉磨站以及普通浮法玻璃生产线进行技术改造，对技术改造仍不能达标的，限期关停

（三）节能技术推广

- 推广玻璃窑余热综合利用、全氧燃烧、配合料高温预分解等技术，以及陶瓷干法制粉、一次烧成等工艺
- 重点推广水泥纯低温余热发电、立磨、辊压机、变频调速及可燃废弃物利用等技术和设备
- 示范推广高固气比水泥悬浮煅烧工艺以及烧结

6. 机械、轻工、纺织与电子信息产业

"十二五"时期，机械、轻工、纺织与电子信息行业主要节能措施见表3-13。

表3-13 "十二五"机械、轻工、纺织与电子信息行业主要节能措施

（一）机械行业——以生产过程节能节材和提高终端用能产品能效为重点

加强绿色设计，选用新材料，推广绿色制造工艺，大力推进铸造、锻压、热处理、轴承等生产过程的节能，提高材料利用率；不断提高内燃机、电机、风机、水泵、变压器、汽车等产品能效水平，加快淘汰落后生产设备，推广先进技术和设备

（二）轻工行业——以造纸、陶瓷、日用玻璃、发酵、塑料加工和制盐行业为重点

发展节能型产品，淘汰落后生产线和生产设备，加强造纸、日用玻璃、制盐行业余热回收利用，鼓励造纸、发酵等领域发展热电联产，推广先进节能技术和设备

（三）纺织行业——重点推进棉纺织、服装、印染和化纤等领域企业节能技术改造

重点推进棉纺织、服装、印染和化纤等领域企业节能技术改造，淘汰高耗能、高耗水的印染、化纤落后生产工艺设备；推进企业向园区聚集，优化工艺路线，加强纺织、浆料和印染企业间在能源和资源综合利用方面的衔接，推进产业链协调发展；推进生态设计，提高纺织行业的能效水平

（四）电子信息行业——以电子元器件、材料生产过程和典型电子整机产品为重点

大力推进重点产品生产工艺改进，降低生产过程能耗，加强绿色设计，推进能效标识，降低整机产品使用能耗和待机功耗；推进通信技术在传统高耗能行业节能改造中的应用

（三）九大重点节能工程

《规划》中提到的九大重点节能工程是指：工业锅炉窑炉节能改造、内燃机系统节能、电机系统节能改造、余热余压回收利用、热电联产、工业副产煤气回收利用、企业能源管控中心建设、两化融合促进节能减排、节能产业培育。其中工业锅炉窑炉节能改造、内燃机系统节能、电机系统节能改造属于传统的节能技术改造工程；余热余压回收利用、热电联产、工业副产煤气回收利用属于能源/资源综合利用工程；企业能源管控中心建设及两化融合促进节能减排工程属于工业信息化应用和改造；节能产业培育则属于国家战略性新兴产业的范畴。

“十二五”期间，上述九大重点节能工程投资需求达到5 900亿元，预计将实现节能量23 500万吨标准煤，见表3-14，占整个工业节能量目标的1/3。

表3–14 “十二五”重点节能工程投资需求与预计节能量

序号	工程名称	投资需求（亿元）	节能量（万吨标准煤）
1	工业锅炉窑炉节能改造工程	900	4 500
2	内燃机系统节能工程	600	3 000
3	电机系统节能改造工程	700	3 500
4	余热余压回收利用工程	600	3 000
5	热电联产工程	700	3 500
6	工业副产煤气回收利用工程	600	3 000
7	企业能源管控中心建设工程	400	2 000
8	两化融合促进节能减排工程	900	1 000
9	节能产业培育工程	500	
合计		5900	23 500

1. 工业锅炉窑炉节能改造工程

工业锅炉窑炉是工业耗能大户，经过“十一五”较大规模的节能改造，工业锅炉（窑炉）改造取得一定成效，但仍存在自控水平低、平均负荷低、装备陈旧落后等问题，因此，“十二五”期间仍须加大工业锅炉窑炉节能改造力度，改造重点从燃煤工业锅炉窑炉扩展为所有类型的工业锅炉窑炉。

（1）工业锅炉节能技术改造

重点推进"中小型"工业燃煤锅炉节能技术改造。具体措施包括：①淘汰结构落后、效率低和环境污染严重的旧式铸铁锅炉；②开展技术改造，包括采用在线监测、等离子点火、粉煤燃烧和燃煤催化燃烧等技术；③进行能量系统优化，包括采用洁净煤、优质生物型煤替代原煤，在天然气资源丰富地区进行煤改气，在煤、气资源贫乏的地区推进太阳能集热替代小型燃煤锅炉。

（2）工业窑炉节能技术改造

窑炉节能技术改造有三项重点措施，一是提高窑炉密闭性和炉体保温性，包括减少开孔与炉门数量、使用新型保温材料等；二是加大对现有窑炉系统或部分的技术改造，包括对燃煤加热炉采用低热值煤气蓄热式技术改造、对燃油窑炉进行燃气改造、重点实施石灰窑综合节能技术改造和轻工烧成窑炉低温快烧技术改造；三是推广应用节能型窑炉，如推广节能型玻璃熔窑。

按照《规划》，2015年工业锅炉、窑炉运行效率分别比2010年提高5%和2%，需要投入资金900亿元，预计形成节能量4 500万吨标准煤，资金投入规模和节能量均居九大重点节能工程前列。

2. 内燃机系统节能工程

这是内燃机系统节能工程首次被写入国家级节能规划。"十二五"内燃机系统节能工程将以产业升级和提升产品技术水平为核心。主要措施包括：①应用推广节能技术，提高内燃机综合效率，降低内燃机燃油消耗；②开展燃用替代燃料内燃机的研究和推广应用，着力解决替代燃料应用中关键部件的适应性和可靠性问题；③采用先进的内燃机制造工艺及材料，优化整机与配套机械的匹配技术等。

到2015年，内燃机产品燃油消耗率比2010年降低10%，投放市场的节能型内燃机产品占市场保有量的20%，"十二五"总投资达到600亿元，预计将实现节能量3 000万吨标准煤。

3. 电机系统节能技术改造

电机系统改造一直是工业节能改造重点。"十二五"电机系统节能改造将继续以钢铁、有色金属、石化、化工、轻工等为重点领域，加快既有电机系统变频调速改造、优化电机系统控制和运行方式。具体措施包括：①重点改造高耗电的中小型电机及风机、泵类系统；②严禁落后低效电机的生产、销售和使用；③采用先进电机调速技术改善电机系统调节方式，淘汰机械节流调节方式，重点对大中型变工况电机系统进行调速改造；④优化电机系统控制，合理配置能量，实现系统经济运行；⑤以先进的电力电子技术传动方式改造传统机械传动方式，优化系统运行。

为加快电机系统节能技术改造步伐，《规划》提出要鼓励节能服务公司采用合同能源管理、设备融资租赁等市场化机制推动电机系统节能改造。

2015年电机系统节电率要比2010年提高2%～3%，需要投入资金700亿元，预计将实现节能量3 500万吨标准煤。

4. 余热余压回收利用工程

作为能源综合利用的重要措施之一，余热余压回收利用在“十一五”和“十二五”都得到充分重视。相较于“十一五”，“十二五”的余热余压回收利用工程被提出更高要求，一是要实现余压回收利用技术在钢铁、有色金属、化工、建材、轻工等重点行业的“全面推广”；二是推进“低品质热源”的利用，形成能源的梯级综合利用。

“十二五”期间，余热余压回收利用工程需要投资600亿元，预计实现节能量3 000万吨标准煤。

5. 热电联产工程

“十二五”期间，工业领域将继续在钢铁、有色金属、化工、轻工等行业发展热电联产，目的是实现能源梯级利用和能源利用效率的提高。针对热电联产的规模和应用范围，采取不同的支持措施。一方面针对工业企业，结合城市基础建设支持有条件的工业企业提高装备水平，发展非采暖期季节性用户；另一方面针对工业园区，支持工业园区按照相关产业政策为园区集中供电、供热和供冷。

到2015年，钢铁、有色金属、化工、轻工等行业热电联产的平均热效率大幅提高，需要投入资金700亿元，预计实现节能量3 500万吨标准煤。

6. 工业副产煤气回收利用工程

工业副产煤气回收利用工程也是首次出现在国家级规划中。“十二五”期间，工业领域将继续加大焦炉煤气、高炉煤气、转炉煤气、炼化煤气等工业副产煤气的回收力度，促进工业可燃气体的资源综合利用。主要措施包括：①优化工业副产煤气回收工艺，提高副产煤气回收率，减少煤气放散损失，提高煤气净化质量，推广煤气高温高压发电和燃气-蒸汽联合循环发电技术；②发展以工业副产煤气为原料的综合利用技术，研发推广焦炉煤气作为冶炼还原和化工原料，采用转炉煤气、高炉煤气等混合煤气作为替代燃料。

该工程资金投入将达到600亿元，预计实现节能量3 000万吨标准煤。

7. 企业能源管控中心建设工程

“十一五”末期，在国家财政支持下，部分钢铁企业开展了能源管控中心建设试点，并取得了一定的实践经验。“十二五”期间，能源管控中心建设范围将进一步扩大，并更加注重项目建设的监督管理和节能效果后评估。

“十二五”能源管控中心建设范围将扩大到有色金属、化工、建材、造纸等重点行业的重点用能企业，具体包括：①电解铝、铜冶炼、铅锌冶炼、镁冶炼大中型企业；②年能耗30万吨标标准煤以上的石油化工、煤化工、盐化工等大中型企业；③年产100万吨水泥企业和大型玻璃企业；④大中型造纸企业。

到2015年，有色金属、化工、建材大中型企业能源管理接近世界先进水平，企业能源管控中心节能贡献率达到5%以上。“十二五”资金总需求达到400亿元，预计实现节能量2 000万吨标准煤。

8. 两化融合促进节能减排工程

两化融合的途径是加快电子信息和绿色通信技术在工业节能降耗中的应用，目标是信息化和工业化的深度融合。主要措施包括鼓励信息化企业开发数字能源解决方案，重点推广绿色数据中心等。

到2015年，数据中心PUE（数据中心消耗的所有能源与IT负载消耗的能源之比）值下降8%，需要投入资金900亿元，预计实现节能量1 000万吨标准煤。

9. 节能产业培育工程

根据《规划》，“十二五”节能产业培育重点是节能装备制造业和节能服务业，目的是提高整个工业的节能技术水平，特别是自主化水平和节能服务水平。

（1）节能装备制造业

节能装备制造业以关键共性技术研发、推广和产业化发展为目标，具体措施包括：①加大节能技术包括共性节能技术、信息化技术与节能技术融合产生的新型关键共性技术的研发和推广应用；②加快节能装备核心部件的国产化，培养节能装备制造企业；③培育新型工业化产业示范基地，形成高效锅炉制造、高效电机及其控制系统以及余热余压利用装备3大节能装备产业化基地。

（2）节能服务产业

培育节能服务业包括对节能服务公司的培养和节能服务业务的培育。发展节能服务公司有两种方式，一是培育专门的节能服务公司，以创新服务机制、提升服务能力为重点；二是鼓励重点用能企业依托自身优势组建专业化节能服务公司，为行业提供节能服务。在节能服务对象上，鼓励节能服务公司开展合同能源管理、节能设备租赁和节能项目融资担保等业务，为中小企业提供“一条龙”服务。同时为促进节能服务业快速发展，支持专业化节能服务信息化平台建设。

“十二五”期间，节能装备产业规模年均增长15%以上，建立比较完善的节能服务产业体系，培育1000家具有较强实力的节能服务公司，累计投入资金500亿元。

（四）保障措施

为保证节能目标的顺利实现和节能任务的进一步落实，《规划》提出了五方面的保障措施。

一是健全法规标准体系。针对目前工业节能相关法规、标准建设已经明显落后于工业节能工作的现状，加紧制（修）订《工业节能管理办法》、《工业节电管理办法》等，设立能源管理岗位和能源管理负责人，规范企业能源计量统计和监测，加快节能标准的制（修）订等。

二是加大政策支持力度。节能政策工具主要包括财税政策、能源资源价格政策、投融资政策等。财税政策包括专项资金、关税、税收等，专项资金补贴的方向和领域包括：①利用节能减排专项资金补贴支持9大重点节能工程建设；②利用国家科技技术专项，重点支持行业节能关键共性技术及重大装备的研发，推动产业化应用；在价格政策方面，以“惩罚措施”为主，如加大差别电价、惩罚性电价的实施范围和力度，将收缴的电费用于支持当地节能技术改造和淘汰落后产能工作；在投融资政策方面，要“有所鼓励有所限制”，一方面开展节能金融产品创新示范，为节能项目提供融资等金融服务，研究建立工业节能产业发展基金等，另一方面严控高耗能行业信贷投入。

三是加大产业结构调整力度。产业结构调整的方向是“优化存量和控制增量”。“优化存量”要以落实淘汰落后产能任务为要务，加快传统产业技术创新，发展低能耗高附加值产业；“控制增量”要以强制性单位产品（工序）能耗限额标准和工业固定资产投资项目节能评估和审查为政策手段，严格新建项目节能准入。

四是推进节能技术进步。《规划》提出加强工业节能技术研发和产业化示范、加快工业节能技术推广应用，开展“节能服务进万家”活动，加强节能技术的国际交流合作等。

五是加强工业节能管理。要制定工业能效提升计划实施方案，加强工业节能监察执法能力建设，建立工业节能监测预警体系，同时加强重点用能企业节能管理，增强企业节能内生动力等。

二、要点评述

作为中国首部国家级工业节能规划，《规划》指明“十二五”工业节能工作的努力方向和着力点，对于“十二五”工业节能工作具有重要的指导意义。

（一）严格项目准入，对部分产品新增产能进行控制

《规划》提出以“工业固定资产投资项目节能评估和审查”为抓手，严格控制高耗能、低水平项目重复建设和产能过剩行业盲目发展。此外，特别强调对几种重点产品产能或增量的控制，如“有效控制钢铁产量增长”“严格控制电解铝新增产能”“合理控制合成氨、烧碱、纯碱、电石和传统煤化工等行业新增产能”等。

（二）将结构节能摆在突出位置，产业结构调整必须贡献相当的节能量，才能保证工业节能目标的实现

《规划》并没有区分技术节能、结构节能对“十二五”期间工业节能目标的贡献率。但是，从现实情况看，部分既有节能技术的提升空间已十分有限，技术进步难度和成本持续加大，“十二五”节能工作对产业结构调整的依赖度较“十一五”有所提高。因此，“十二五”产业结构调整必须做出相当的节能贡献才能保证工业节能目标的实现。工业领域的结构调整包括行业之间调整、产品结构调整等，结构调整的方向是“优化存量与控制增量”。其中，淘汰落后产能、严格新建项目准入以及提高产业附加值是“十二五”工业领域结构调整政策的主要落脚点。

（三）技术节能工作逐步深化，节能技术进步将贯穿技术研发、产业化到推广应用的全过程

《规划》中提到，九大重点节能工程累计将实现2.35亿吨标准煤的节能量，约占整个工业节能量的1/3强，节能技术进步继续发挥重要作用。

有别于“十一五”以节能技改为主的技术措施，“十二五”期间的节能技术进步将贯穿技术研发、产业化、推广和应用的全过程，并强调技术创新和产业化的重要性。此举将进一步降低技术改造成本，鼓励更多节能装备制造业企业占领未来技术的制高点。

此外，为降低技术推广风险，《规划》强调要建立技术遴选、评定和推广机制，根据技术成熟度和普及率等，分层次、有侧重地制定行业技术推广路径。如“全面推广”的技术非常成熟且具有较高的普及率，推广目标是“十二五”期间在行业内基本普及；“重点推广”的技术同样成熟，但普及率不高，“十二五”期末将会实现较高的普及率；“示范推广”的技术还未成熟，需要在示范推广中逐步改进和完善；而“研发推广”的技术需要在“十二五”继续攻克研发难题。这种差别化的推广路径，能够帮助企业识别现有技术，帮助节能主管部门有选择地推广先进适用的高效技术、制定技术推广政策等。

（四）工业节能工作在关注重点的同时，逐步向“全面覆盖”的范围迈进

“十二五”工业节能工作依然选择重点行业、重点企业、重点产品和重点节能工

程作为节能突破口，如制定9大行业节能路线图、分解20种主要产品单位能耗下降目标以及实施9大重点节能工程等。除继续抓好重点外，“全面覆盖”的原则也在《规划》中有所体现。《规划》提出工业节能目标为整个工业能效水平提升，节能工作应根据不同行业、企业的类型和特点，有针对性地开展，如针对重点用能单位落实目标责任制，建立重点用能企业节能绩效评价制度，落实能源管理负责人制度等，对于中小企业则利用“节能服务进万家”活动，组织节能服务公司和工业节能减排大学联盟为中小企业提供咨询服务等。

三、问题与建议

作为一个“自上而下”的国家级规划，《规划》的实施面临一系列的挑战。2011年工业节能总体表现也验证了工业节能工作的艰巨性，加上当前经济增速放缓，未来工业节能工作推进难度将会增加。为了落实《规划》的目标和任务，工业领域需要继续细化各项工作，加强对《规划》完成情况的跟踪和评估，同时做好相关部门和行业的协调工作，充分发挥《规划》对工业节能工作的指导作用。

（一）《规划》实施面临的挑战

1. 节能目标的实现存在一定难度

《规划》提出了较高的工业节能目标。但是，从行业目标看，九大重点行业中，只有机械行业的节能目标略高于工业总体目标，其他八大行业的节能目标均低于工业总体目标，特别是钢铁、有色金属、石化等高耗能行业，其行业节能目标比工业总体目标低了3%。工业领域必须进行大规模的产业结构调整，才有可能完成工业节能目标，产业结构调整肩负的使命很重。从2011年高耗能行业的节能表现来看，中国的重工业化趋势在短时期难以逆转，产业结构调整恐怕难以肩负如此重的节能责任。

此外，2011年中国工业节能总体目标未能实现，加大了未来4年工业节能工作负担。虽然由于经济增速放缓，2012年部分行业能耗增速下降很快，但是由于部分企业已经出现经营困难，使得有些行业甚至出现经济负增长。这对于部分行业节能工作来说意味着雪上加霜。

2. 节能任务的落实可能会遇到阻力

虽然钢铁、有色金属、建材等高耗能行业的节能目标低于工业总体目标，但相关行业依然觉得自身的节能任务过重，实现行业节能规划目标的难度很大。《规划》出台之前，相关行业自行提出的行业节能目标均低于《规划》目标，如钢铁行业自行提出的"十二五"节能目标为9%[1]，石油和化工行业为15%[2]。虽然存在"十一五"部分行业和企业的节能潜力已经被充分挖掘这一客观事实，但行业普遍反映的节能目标过高这一现象，也从侧面体现了部分企业对于"十二五"节能目标的实现并不乐观。如果节能主体受到这一情绪的影响，那节能任务的落实将存在很大的困难，甚至会遭遇比"十一五"更大的阻力。

3. 节能重点工程的实施效果难以验证

《规划》提出九大重点节能工程的节能目标是2.35亿吨标准煤，占到工业节能目标的1/3强。九大重点节能工程对于工业领域的技术节能工作起统领作用。但是，目前工业领域节能技术潜力有多大，节能技术应用现状如何，余热余压利用、热电联产、工业副产煤气等二次能源利用总量和分布如何？由于缺乏调查和研究，目前工业部门对这些问题还无法准确作答。如果不能充分掌握现状，九大重点节能工程的推进工作较为困难，其实施效果也将面临无法验证的难题。

4. 如何保证充足的节能资金投入成为难题

节能需要投入，《规划》提到九大重点节能工程需要投入资金5 900亿元，平均每年需要投入资金超过1 100亿元。如此庞大的资金投入，显然不能全部依靠国家财政投入，2011年国家财政对各个部门的节能减排投入和可再生能源投入资金总额还不足1 000亿元。针对限制类和淘汰类产业的差别电价和惩罚性电价虽然也可以为工业节能工作做出一定贡献，但其资金规模毕竟有限，随着经济增速放缓和落后产能的退出，这一资金筹措渠道也将收窄。目前能够撬动社会投入的节能融资机制还没有建立，要满足工业节能资金需求还须大量工作。

（二）《规划》实施建议

1. 做好《规划》实施的跟踪和评估工作、建立预警机制

工业节能主管部门组织力量，对《规划》实施效果进行跟踪和评估。包括跟踪工业节能总体目标完成进度、行业总体目标完成情况、主要产品单耗指标下降率指标完成情况，调研九大重点节能工程的实施进展等。

根据调研和跟踪结果，对年度或分阶段的工业节能工作总体情况进行评估。在目前经济增速放缓的大背景下，应建立工业节能工作预警响应机制。

2. 发挥行业协会作用，推动行业节能工作

充分发挥行业协会的桥梁作用，支持行业协会节能管理工作。在能效对标达标、

---

① 根据笔者对中国钢铁工业协会专家的访谈，中国钢铁工业协会研究认为"十二五"期间行业单位工业增加值能耗累计下降率在9%左右。

② 中国石油和化学工业联合会，《石油和化学工业"十二五"发展指南》，2011年5月。

能源管理体系建设、能源管理负责人培训等工作中，通过行业协会，开展企业节能管理评奖评选、能效评比等活动，将国家政策法规标准要求和激励政策等及时传递给企业。围绕着企业节能工作，借助行业协会力量，促进节能技术和节能管理最佳实践和案例等在企业中的传播。

3. 开展节能重点工程调研和评估工作

组织多方力量，开展九大重点节能工程现状调研工作，一方面摸清工业节能技术潜力、应用前景等，提炼行业关键共性技术；另一方面对节能技术做出评价，区分基础技术、适用技术和前沿性技术等。重点节能工程的调研和评估是一项基础性工作，只有全面掌握节能技术应用现状、节能潜力、实施效果等关键信息，节能规划制定、节能技术推广等才更贴近实际。

4. 多渠道筹措资金，创新融资机制

除现有的资金筹措渠道外，《规划》提出要引导开展节能金融产品创新示范，为节能项目提供融资等金融服务，研究建立工业节能产业发展基金等。研究上述节能融资举措与国家现有节能财政、金融政策的耦合，如在国家财政政策综合试点示范工作中，对还处于快速工业化阶段的城市，引入工业节能产业发展基金试点等。

5. 研究建立工业节能工作的部门协调机制

工业节能涉及部门较多，相关部门之间职责交叉重叠的现象时有发生。建立工业节能工作的部门协调机制，能够避免节能工作出现职责不分的情况，使节能政策的制定更有针对性和实效性。以工业企业脱硫脱硝为例，企业为完成环保指标，必须上马脱硫脱硝设备，这些设备的运行必将提高企业能耗。如果企业以洗煤等相对清洁的能源品种为生产原料或燃料，可以避免脱硫脱硝设备的大量上马。但是，洗煤生产受到上游煤炭加工企业的控制，如果上游煤炭企业缺乏洗煤生产意愿和需求，就需要相关部门形成联动机制，出台扶持政策引导和鼓励上游洗煤生产和下游消费。

第二节　万家企业节能低碳行动

万家企业节能低碳行动的提法最早出现在《国民经济与社会发展“十二五”规划纲要》，此后出台的《“十二五”节能减排综合性工作方案》将其作为“十二五”中国节能工作的重要组成部分。2011年12月，经过近一年的酝酿，国家出台了《万家企业节能低碳行动实施方案》，这标志着万家企业节能低碳行动正式启动。随后，相关部门相继公布了万家企业名单和节能目标，制定了《万家企业节能目标责任考核实施方案》，完成了万家企业节能低碳行动的政策主体构架。

由于相关政策出台较晚，2011和2012年万家企业节能目标考核结果将会推迟到2013年公布，目前还无法全面得知万家企业节能低碳行动的实施效果，仅有部分省份公布了2011年地区万家企业节能目标完成情况。从目前政策推进情况看，万家企业节能低碳行动在全国范围内形成广泛影响，企业对节能工作的关注度也在同步提高。如果万家企业节能低碳行动得以顺利实施，不仅能为国家节能目标的实现做出突出贡献，而且也将对中国更为长远的节能长效机制建立、能效持续提升等工作打下更为坚实的基础。

一、主要内容

（一）万家企业节能低碳行动相关政策

围绕着万家企业节能低碳行动，2011年末至2012年9月，国家相关部门发布了以下政策文件。

2011年12月，国家发展改革委等12个部门联合发布《关于印发万家企业节能低碳行动实施方案的通知》，制定《万家企业节能低碳行动实施方案》（以下简称《实施方案》），提出万家企业范围、主要目标和工作要求，明确相关部门工作职责和保障措施，并分解全国31个省份的万家企业节能量目标。

根据《实施方案》，31个省份将节能量目标进一步分解到地区符合条件的企业。2012年5月，国家发展改革委发布第10号公告，公布了进入万家企业节能低碳行动的企业名单及节能量目标。

为强化万家企业节能责任，国家发展改革委于2012年7月发布了《关于印发万家企业节能目标责任考核实施方案的通知》，制定了《万家企业节能目标责任考核实施方案》（以下简称《考核实施方案》）以及《万家企业节能目标责任评价考核指标及评分标准》等。国家发展改革委要求各地区按照《考核实施方案》要求，组织对万家企业节能目标考核，并将2011年和2012年度万家企业节能考核工作情况纳入对2012年度省级人民政府节能目标责任的考核。2013年，国家将根据2012年万家企业节能考核结果对企业、地区和相关部门进行奖惩。

《实施方案》、《考核实施方案》等文件构成了万家企业节能低碳行动的政策主体。政策主体的构建围绕着万家企业节能目标，遵循确定任务目标→分解目标→落实目标→目标考核的基本脉络，如图3-3所示。

为组织实施好万家企业节能工作，相关部门正在加紧制定、修订相关节能法规、标准和配套政策，积极推动地区和企业节能实践活动等。

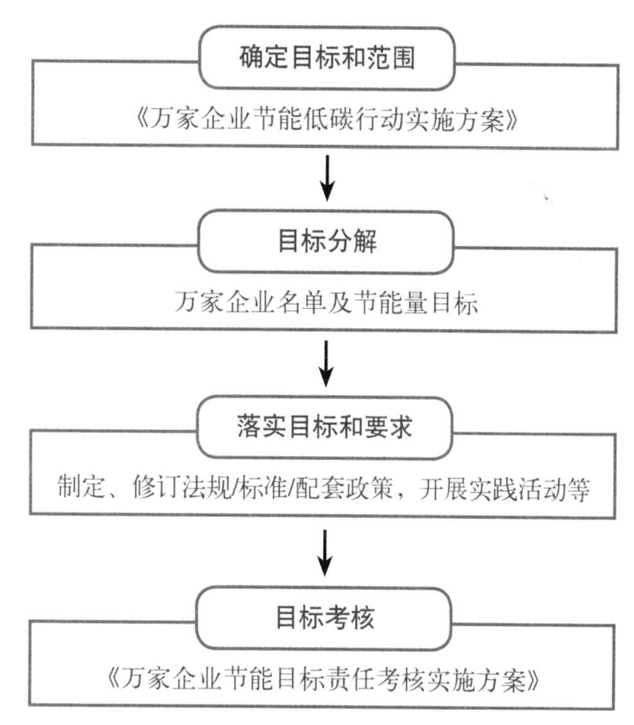

图3–3 万家企业节能低碳行动相关政策

（二）万家企业节能低碳行动的主要内容

1. 万家企业类型与分布

根据《实施方案》，万家企业是指年综合能源消费量1万吨标准煤以上以及有关部门指定的年综合能源消费量5 000吨标准煤以上的重点用能单位，范围涵盖了工业企业、交通运输企业以及商用（民用）单位等，具体包括：

①2010年综合能源消费量1万吨标准煤及以上的工业企业。

②2010年综合能源消费量1万吨标准煤及以上的客运、货运企业和沿海、内河港口企业；或拥有600辆及以上车辆的客运、货运企业，货物吞吐量5千万吨以上的沿海、内河港口企业。

③2010年综合能源消费量5千吨标准煤及以上的宾馆、饭店、商贸企业、学校，或营业面积8万平方米及以上的宾馆饭店、5万平方米及以上的商贸企业、在校生人数1万人及以上的学校。

根据国家制定的万家企业范围，地区“十二五”节能目标以及企业具体情况等，确定进入万家企业名单的企业共有16 078家。

从全国分布上看，31个省份的万家企业数量相差较大，如浙江、江苏、山东、河南4个省份的万家企业数量在1 000家以上，而海南、西藏两个省份的万家企业数量不足50家。

按照行业类型，万家企业可划分为工业企业、交通运输企业、宾馆饭店企业、商贸企业和学校五种类型。其中，工业企业有14 641家、交通运输企业546家、宾馆饭店企业103家、商贸企业234家、学校554家。从数量上看，万家企业以工业企业为主，工业企业占到万家企业总数的91%。

2. 万家企业节能目标及目标分解

万家企业以节能量作为节能指标。根据《实施方案》，万家企业节能低碳行动的目标是实现节能量2.5亿吨标准煤，约占国家节能目标的1/3。企业主要产品（工作量）单位能耗达到国内同行业先进水平，部分企业达到国际先进水平。如“十二五”期间万家企业名单不出现大的调整，平均每家企业每年需要实现节能量约3 000吨标准煤，才能完成2.5亿吨的万家企业节能总目标。

万家企业节能目标的分解按照“层层落实”原则，分为两个步骤。第1步，中央将万家企业节能目标分解到全国31个省份；第2步，31个省份将节能目标分解到地区符合范围的工业企业、交通运输企业、宾馆饭店企业、商贸企业和学校。

第1步：节能目标的地区分解

总体上看，31个省份的万家企业节能目标差别较大，如山东省的节能目标为2 580万吨标准煤，而西藏节能目标仅为3万吨标准煤。按照节能目标的高低，可以把31个省份分为五级阶梯，第一阶梯的节能目标在2 000万吨标准煤以上，包括山东、江苏和河北3个省份；第二阶梯节能目标在1 000万～2 000万吨标准煤，包括河南等7个省份；第三阶梯是500万～1 000万吨标准煤，包括安徽等6个省份；第四阶梯是100万～500万吨标准煤，包括福建等12个省份；第五阶梯在100万吨标准煤以下，包括青海等3个省份，如图3-4所示。这种梯形结构反映了中国各个地区在经济发展规模、水平、速度以及能源耗费总量、结构、速度等方面的巨大差异，一般来说经济总量较大、能耗总量较高且处于工业化中期的省份，节能目标较高；反之，其节能目标值较低。

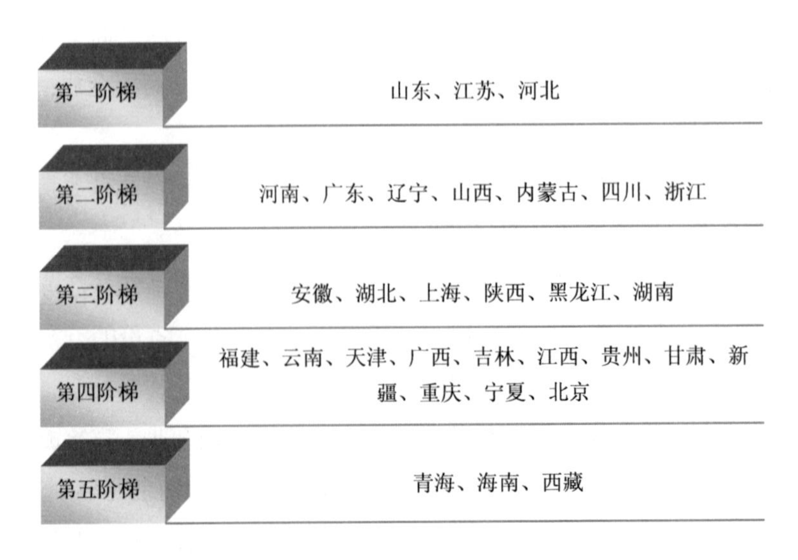

图3-4 “十二五”各地区节能目标梯形结构

第2步：节能目标的企业分解

31个省份在接受万家企业节能任务后，根据本省企业具体情况，包括企业综合能源消费量、企业能源利用效率现状、企业所在行业能效领先水平等[①]，将节能目标分解落实到本地区符合范围的工业企业[②]、交通运输企业[③]、宾馆饭店企业、商贸企业以及学校。

5种类型企业的节能目标之和为2.55亿吨，略高于《实施方案》公布的万家企业节能低碳行动节能目标。每种类型的节能量比重如图3-5所示。其中工业企业节能目标为2.5亿吨，占万家企业节能总目标的98.4%，因此，工业企业节能工作关系着万家企业节能低碳行动的成败。

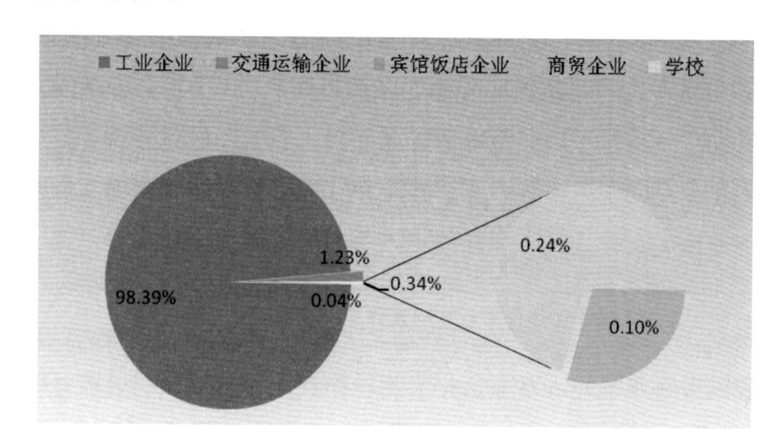

图3–5　万家企业中五大类型企业的节能任务比重

3. 万家企业目标责任考核

根据《考核实施方案》，万家企业目标责任考核的对象是进入万家企业节能低碳行动企业名单内的用能单位；考核内容包括节能目标完成情况和节能措施落实情况；考核办法采用量化评价，满分为100分，节能目标完成情况和节能措施落实情况两个大项分别占到总分的40%和60%。其中，节能目标完成情况为否决性指标，即未完成节能目标，则被视为考核结果为未完成等级。此外，《考核实施方案》也考虑了一些加分情况[④]。

为细化考核内容，国家发展改革委发布了《工业企业节能目标责任评价考核指标及评分标准》，制定了工业、道路、港航、商贸、宾馆饭店、学校6种类型的指标体系。每种指标体系分为三级指标，见表3-15。6种指标体系的最大区别在于节能管理和节能技术进步等子项内容的不同，如工业企业要求淘汰落后产能和落后用能设备、

① 国家发展改革委，《关于印发万家企业节能低碳行动实施方案的通知》（发改环资〔2011〕2873号）（附件三：《万家企业（单位）情况汇总表》），2011年12月7日。

② 包括电力、冶金、石油石化、化工、建材、煤炭、纺织、轻工、烟草、医药、机械、电子、其他。

③ 包括公路客运、公路货运、公路客货运兼营、水运、港口。

④ 如果企业节能目标完成超过进度要求或落实节能措施时开展了创新性工作，都将给予适当加分。

生产工艺，道路运输企业则要求淘汰落后装备、运力；在指标权重上，节能目标完成的分值最高，达到40分，其次是节能管理，分值约为26分。值得注意的是，企业节能量进度目标按照“十二五”节能量总目标平均到每年，即每年必须完成企业“十二五”目标的20%。企业节能量则根据《企业节能量计算方法GB/T13234−2009》的相关规定计算，工业企业、道路运输和水运企业、港口企业、宾馆饭店、商贸企业、学校的节能量原则上分别按照单位产品综合能耗、单位运输周转量能耗、单位货物吞吐量能耗、单位建筑面积能耗、万元营业额能耗、在校生人均能耗进行计算。

表3-15 万家企业节能目标责任指标体系

考核指标	数量	考核内容
一级指标	2项	节能目标和节能措施落实情况
二级指标	6项	“十二五”节能量进度、组织领导、节能目标责任制、节能管理、节能技术进步、执行节能法律法规和标准
三级指标	至少26项	包括完成节能量进度目标、建立节能工作领导小组、设立专门能源管理岗位、企业能源管理负责人具备能源管理师资格等

注：摘自《工业企业节能目标责任评价考核指标及评分标准》。

按照《考核实施方案》，万家企业节能目标责任考核按照“层层上报”的原则，分为4个步骤。考核起点是万家企业进行自查，由企业编写自查报告，并根据属地管理原则，将自查报告提交地方节能主管部门；第2步由地方节能主管部门审核企业自查报告，并组织对企业的现场评价考核；第3步由省级节能主管部门完成对本地区万家企业考核；第4步由省级节能主管部门将万家企业、中央企业节能目标完成情况汇总表及地区未完成节能企业汇总表报国家发展改革委。考核从每年1月份企业开始自查算起到4月30日完成情况上报，共历经约4个月的时间。

考核结果分为4个等级，95分及以上为超额完成，60分以下为未完成，见表3-16。

表3-16 万家企业考核结果的4个等级及分值

≥95分	80（含80）~95	60（含60）~80	<60
超额完成	完成	基本完成	未完成

万家企业节能目标责任考核结果必须公示，公示分为省级层面公示和国家层面公示，其中省级节能主管部门的公示时间在每年4月底，国家发展改革委的公示时间视具体情况而定。

根据考核结果，国家将对企业、地区和相关部门实施奖惩措施。奖励主要针对节能工作成绩突出的企业（单位）、各地区和有关部门，以表彰奖励为主；惩罚针对未完成节能目标企业（即考核结果分值小于60分的企业），惩罚措施主要包括通报批评、媒体曝光，不得参加年度评奖、授予荣誉称号，不给予国家免检以及暂缓审批新建高耗能项目能评，按照有关规定对企业信用评级、信贷准入和退出管理以及贷款投放进行限制等[①]。

4. 万家企业工作要求及相关部门职责

《实施方案》对万家企业提出的十项工作要求，包括加强节能工作组织领导、强化节能目标责任制、建立能源管理体系、加强能源计量统计工作、开展能源审计和编制节能规划、加大节能技术改造力度、加快淘汰落后用能设备和生产工艺、开展能效达标对标工作、建立健全节能激励约束机制和开展节能宣传与培训。这十项工作要求大部分属于提高企业节能组织和管理能力的内容，同时也是万家企业进行节能目标责任考核的重要指标。

同时，《实施方案》也对相关部门提出职责要求。作为一场跨部门的联合行动，万家企业节能低碳行动参与部门众多，囊括了国家发展改革委、各地区节能主管部门、十几个相关部委、各地节能监察机构、节能中心和相关行业协会等。国家发展改革委负责万家企业节能行动的指导协调，地区节能主管部门负责组织指导和推进本地区万家企业节能工作，相关部委根据职责范围指导、督促或支持万家企业节能低碳行动，节能监察机构负责开展专项监察并依法查处违法企业用能行为，节能中心等服务机构主要配合节能主管部门工作，有关行业协会则主要进行企业咨询和服务等工作，见表3-17。

表3-17　万家企业节能低碳行动相关部门职责

相关部门		主要职责
国家发展改革委		全面指导协调
各省、自治区、直辖市节能主管部门		组织、指导和统筹推进地区工作
有关部委	工业和信息化、教育、交通运输、住房和城乡建设、商务、能源主管部门	行业指导和监督
	发展改革委、财政部门	资金支持和引导
	质检部门	对能源计量器具及高耗能特种设备的配备、使用监督检查和节能监管
	统计部门	做好统计工作
	国资委	抓好中央企业的目标责任考核工作
	银监会	把控信贷投放
各地节能监察机构		节能监察
节能中心等服务机构		配合节能主管部门完成相关工作
有关行业协会		企业节能咨询和服务

① 对国有独资、国有控股企业的考核结果，由各级国有资产监管机构根据有关规定落实奖惩措施。

二、要点评述

（一）万家企业节能低碳行动与千家企业节能行动比较分析

“十一五”和“十二五”期间，国家分别开展了两项以企业为主体的节能重大行动，即千家企业节能行动和万家企业节能低碳行动。千家企业节能行动开启了对重点用能企业进行强制性节能目标责任考核的先河，创新了多项节能措施和节能机制，为“十一五”国家节能目标的实现做出突出贡献。承接千家企业节能行动，万家企业节能低碳行动在节能目标分解和考核，落实节能措施等方面与前者一脉相承，同时具备一些新的特点。

1. 企业覆盖面更广、任务量更大

万家企业节能低碳行动和千家企业节能行动相比，增加了“低碳”的提法，企业数量从千家变成万家，企业年综合能耗从18万吨标准煤降低到1万吨标准煤以上及有关部门制定的年综合能耗5 000吨标准煤以上的重点用能单位；涉及领域从工业拓展到交通运输、宾馆饭店、商贸、学校等商用或民用领域；企业类型从中央、国有和集体企业扩展到民营企业。

从目标上看，万家企业节能目标是实现节能量2.55亿吨标准煤，占到“十二五”国家节能目标的1/3，是千家企业节能目标的2.5倍左右。

2. 参与部门更多，更强调属地管理和各司其职

万家企业节能低碳行动参与部门更多，除国家发展改革委、地区节能主管部门、财政部、统计部门和质检部门外，还包括工业和信息化、教育、交通运输等部委以及节能监察、节能中心、有关行业协会等机构。

与千家企业节能行动相比，万家企业节能低碳行动更强调属地管理，地区节能主管部门被赋予更大的职权。不仅地区节能主管部门要全面负责本地区万家企业节能工作，中央企业也要接受所在地区节能主管部门和有关部门的监管。此外，省级节能主管部门还将推进万家企业节能管理能力提升工作，包括督促万家企业建立健全能源管理体系、落实能源审计和能源利用状况报告制度等。

此外，工业和信息化、教育、交通运输等有关部委也被要求在各自职权范围内指导和督促行业节能工作；节能监察部门被赋予了对万家企业节能管理落实情况、固定资产投资项目节能评估与审查情况、能耗限额标准执行情况、淘汰落后设备情况等的专项监察权和依法查处权；节能中心等服务机构以及有关行业协会也被要求配合节能

主管部门开展企业节能咨询和服务工作。

3. 工作重心向提高企业节能管理水平倾斜

千家企业节能行动和万家企业节能低碳行动都对企业提出节能要求，二者相比，万家企业节能低碳行动对企业的要求更多，更为具体，并把侧重点放在提高企业节能管理水平上。如明确要求万家企业建立能源管理体系、开展能效对标达标工作、建立健全节能激励约束机制，企业能源负责人获得能源管理师资格并参与能源管理师培训等。这些节能管理举措同时是企业进行节能目标责任考核的重要指标，特别是企业能源管理体系的建立，占有较高分值。

在节能新机制推广方面，能源管理体系、能效对标达标等节能新机制在政策层面上被提到前所未有的高度。万家企业被明确要求建立健全能源管理体系，《实施方案》希望省级节能主管部门在企业能源管理体系建设工作中起到督促作用；而能效对标达标工作的开展，则更突出行业协会的指导作用以及企业学习行业先进单位的节能经验和做法等。随着万家企业节能低碳行动的全面开展，可以预见，能源管理体系和能效对标达标等节能机制将会在“十二五”得到更为广泛的推广。

4. 万家企业节能目标考核制度更加完善

首先，节能目标的分解更具有科学性。如综合考虑地区节能目标任务、企业综合能源消费量、能源利用效率现状等来制定地区万家企业节能目标。

其次，根据企业类型细化节能量计算方法和考核指标体系。企业节能量计算分为工业企业、道路运输和水运企业、港口企业、宾馆饭店、商贸企业、学校6种类型，分别按照单位产品综合能耗、单位运输周转量能耗、单位货物吞吐量能耗、单位建筑面积能耗、万元营业额能耗、在校生人均能耗进行计算；考核指标体系也分为上述6种类型，并细化为三级指标，比千家企业节能目标考核指标体系多了一级指标，三级指标至少包含26个子项。

再次，在考核结果公示上，采取“双公告”形式。省级节能主管部门和国家节能主管部门都要向社会公告本地区或全国范围内万家企业节能考核情况。

最后，在奖惩措施上，万家企业节能低碳行动增加了媒体和金融机构作用。如对未完成企业的媒体曝光和信贷方面的限制；对于未完成目标的国家独资、国有控股企业则可能摒弃以往“一票否决”的做法，由各级国有资产监管机构根据有关规定落实奖惩措施。

5. 提出节能量交易制度研究

万家企业节能低碳行动明确提出要研究建立万家企业节能量交易制度。按照这一思路，未来可能会出现不同地区万家企业之间或同一地区万家企业之间的节能量交易试点。但是，目前业内人士对企业节能量交易体系建设、交易平台建立等议题还存在颇多争议。

（二）对万家企业节能低碳行动的总体评价

1. 顺应形势，把握机遇

“十一五”期间，国家首次将单位GDP能耗下降20%左右作为约束性指标，掀起一场全国范围内的节能减排运动。工业能耗大户作为这场运动的排头兵和主力军，悉数加入了千家企业节能行动。在千家企业节能行动的带动下，这些能耗大户履行节能责任，践行节能措施，取得了显著的节能成就。

“十二五”期间，中国节能减排的压力更大，任务更重，节能工作需要在企业中进一步深入和加强，在这种背景下，万家企业节能低碳行动应运而生。万家企业节能低碳行动作为千家企业节能行动的继承和发展，是一场规模更大、范围更广、参与部门更多的联合行动。它的提出一方面顺应了中国节能减排目标要求，另一方面能够帮助更多的企业，特别是中小型企业以节能工作为抓手，把握产业结构调整机遇期，进行企业转型升级。

2. 服务现在，着眼未来

从节能目标上看，万家企业能耗之和占到2010年全国总能耗的60%以上，节能目标占到“十二五”国家节能目标的1/3，因此，万家企业节能低碳行动关乎“十二五”节能工作的成败。

从内容上看，万家企业节能低碳行动不仅着眼于“十二五”节能工作，更着力为中国未来的节能工作打下良好的基础。首先，万家企业涉及领域除工业耗能大户外，还包括交通运输企业、商用和民用单位，这些企业和单位虽然目前能耗低，但将是中国未来用能增长的主力；其次，万家企业节能低碳行动不仅注重企业能效提高，更注重企业节能管理能力的培育，希望借助能源管理体系、能效对标达标活动、能源管理师试点等节能措施，增强企业节能意识，提高企业节能管理水平，使得节能和提高能效逐步成为企业的自主行动。这种关注范围的扩大和工作侧重点的转移，说明万家企业节能低碳行动考虑得更为长远，更多地借助企业自身力量，形成节能长效机制。

3. 强制性和中国特色

与大多数发达国家普遍采取自愿性的企业节能行动不同，中国的万家企业节能行动带有明显的强制性，体现在节能目标“自上而下”制定，节能目标分解经过“层层落实”，考核工作由政府组织实施，考核结果必须“层层上报”等方面。

节能目标的地区分解体现了中国区域发展不平衡的特点，各个省（自治区、直辖市）万家企业节能目标差别较大。一般来说经济总量大、能耗相对高、发展处于工业化中期的省份承担了更多的节能责任，如山东、河南等省份。在节能目标的企业分解上，由于中国大部分地区处于工业化发展中期，工业在经济发展中处于重要地位，也是经济增长的主要力量，因此，万家企业名单依旧以工业企业为主。总体上看，万家企业节能目标的实现主要依赖于能耗高、处于工业化中期省份的工业企业的贡献。

但是，由于万家企业节能低碳行动的政府主导色彩浓厚，部分企业反映出的节能目标过高、任务完成困难等诉求难以获得有效沟通。在目前经济下行压力增大、部分企业出现经营困难的情况下，仅依靠“强制性”手段，企业节能工作落实难度加大。

三、实施部署与阶段成果评述

从2011年底，国家、地方和相关企业围绕着万家企业节能目标和工作要求开展了一系列活动。

国家发展改革委等相关部门制定、修订配套措施，如出台《关于进一步加强万家企业能源利用状况报告工作的通知》和《关于加强万家企业能源管理体系建设工作的通知》；工信部发布主要行业能效对标指标，研究建立企业能源绩效评价制度等，相关部委还组织了针对万家企业节能低碳行动的培训工作等。

地方政府积极开展地方万家企业节能任务的分解和落实工作，与企业签订节能目标责任书，并对考核结果为超额完成的企业给予一定的资金奖励，部分地方正在研究制定能源管理体系的推广措施等。

万家企业围绕着企业节能目标的实现，积极开展节能实践活动，加强企业节能管理，接受节能相关培训等。

目前，一些地方政府已经开展了2011年万家企业节能目标责任考核工作，但仅有部分地区公布了2011年万家企业节能目标责任考核结果，见表3-18。山西省和广东省公布了2011年考核结果，两个地区均超额完成考核目标，其中，山西省超额完成了40%以上，广东省超额完成10%左右。由于两个省份的企业数量不到万家企业总数的10%，节能量也仅占节能目标的16%左右，因此，这两个地区的完成情况并不能代表

2011年全国万家企业节能目标的完成情况。

表3-18 中国部分地区2011年万家企业节能目标责任考核结果

省份	实际考核企业数量（家）	实现节能量（万吨标准煤）	考核目标完成情况
山西	595	490.33	完成节能量总目标的141.59%
广东	944	341.34	完成节能量总目标的109.7%

注：1. 由于部分企业存在关停或缺乏2010年能耗基数等，实际考核企业数量与列入国家万家企业节能低碳行动的企业数量会不一致。
2. 2011年广东省参加考核的944家企业中，65家企业为超额完成等级，占6.89%；466家企业为完成等级，占49.36%；348家企业为基本完成等级，占36.86%；65家企业为未完成等级，占6.89%。

四、问题与建议

由于大部分地区未公布2011年万家企业节能考核结果，因此，目前还无法判断万家企业节能工作总体进展情况。但从前期专家走访和部分企业调研情况看，万家企业节能工作推进难度较大。

从企业节能意愿上看，目前企业存在"被动"接受节能目标的现象。部分企业认为自身节能目标不符合实际，在与地方政府协商不顺的情况下，可能会产生消极抵触情绪。

从节能难易程度上看，工业企业能耗大户依然是节能主力，而这些能耗大户的节能潜力已经在"十一五"得到一定释放，未来需要投入更多的人力、物力和财力拓展节能空间。

从企业节能能力上看，《实施方案》对万家企业提出的十项工作要求目前在企业中的普及率并不高，如大部分企业未设立专门的能源管理岗位、能源计量和统计能力有待提高等。以这样的节能工作基础，要实现《实施方案》对万家企业的工作要求将非常困难。

从企业节能考核上看，由于企业能源计量、统计等基础工作不够扎实，能效指标核算、节能量测量与验证方法上的不统一，企业节能考核工作开展困难。此外，部分地方的万家企业数量超过1 000家，这对于地方政府的节能管理能力是极大的考验，如果地方节能管理机构不健全、人员能力不足，地方政府对企业的节能考核工作将难以有效展开。

在困难面前，政府与企业必须充分沟通，细化万家企业节能工作，适时调整工作步伐，为实现万家企业节能工作的平稳有序推进而共同努力。

1. 健全节能法规、标准体系和配套政策

《实施方案》要求健全节能法规和标准体系，如修订重点用能单位节能管理办法等部门规章，制定、修订高耗能行业单位产品能耗限额等国家和地方节能标准等；研究能源管理体系、能效对标达标等节能管理措施在企业的推广方式，制定相应配套措施；加大节能财税金融政策支持，特别是绿色信贷模式等。

在法规、标准制定、修订和政策配套方面，一是要与目前已经实施或将要实施的节能政策措施进行良好衔接，防止出现政策的互相冲突；二是要保持审慎原则，防止标准、政策等的一哄而上；三是要建立交流与宣贯渠道，使法规、标准和政策的制定、修订部门能够与企业保持良性互动。

2. 完善万家企业节能工作程序和规则

首先，建立企业、政府和第三方机构的协商和沟通机制，将企业诉求、政府要求、节能服务等议题放在同一平台上充分讨论。在协商机制下，完善企业节能目标落实和考核工作；其次，根据企业实际情况，帮助企业明确节能任务和实现途径，制定企业节能工作实施方案等，有步骤、有侧重地开展企业节能工作，培养企业节能能力；最后，统一企业节能量计算步骤和方法、细化节能目标责任考核工作程序和制度建设等，增强考核工作的专业性和规范性。

3. 赋予节能监察机构执法权

《实施方案》多次提到节能监察工作的重要性。对万家企业的专项监察包括：①节能管理制度落实情况；②固定资产投资项目节能评估与审查情况；③能耗限额标准执行情况；④淘汰落后设备情况；⑤节能规划落实情况等。

为保证节能监察工作的顺利开展，目前迫切需要承认节能监察的法律地位，特别是赋予节能监察机构执法权，只有节能监察机构拥有依法查处权，才能对企业的违法行为具有威慑力；其次，在实施过程中要逐步明确节能监察基本条件及要求，建立和完善覆盖全国的省、市、县三级节能监察体系；最后要开展能力建设，提高执法能力，如增加人员编制、配备监测和检测设备、加强人员培训等。通过法律地位提高和执法能力提升等，使节能监察逐步摆脱“走过场”的无奈，增强节能监察工作的权威性和公信力。

4. 提高地方政府节能管理能力

万家企业节能工作的实施很大程度上依赖于地方政府的指导、组织和协调。因此，地方政府一方面要扩充节能管理队伍，开展能力建设，增强节能管理能力；另一

方面要继续细化节能管理工作内容，如制定万家企业自查报告，研究企业现场评价方案，制定推广能源管理体系实施方案等。

5. 加强企业能源计量、统计等基础工作

鼓励企业开展能源计量、统计等基础工作，配备计量设备和能源计量、统计等人员。加大节能资金在企业节能基础工作中的投入，鼓励申请节能技术改造项目国家财政奖励的企业拿出部分资金完善企业能源计量工作；引导有条件的地区将能源审计等工作的开展作为企业申请节能技术改造资金的前置条件之一。

第三节　企业能源管理体系建设

从“十一五”到“十二五”，能源管理体系经历了从理论研究、认证试点到实践活动逐步展开的发展过程。目前，中国已完成了能源管理体系国际标准的转化工作；国家认监委组织了13个行业的能源管理体系认证试点工作，正在研制中国能源管理体系认证制度；国家已经将企业能源管理体系纳入万家企业节能低碳行动。能源管理体系建设成为企业加强节能管理的重要抓手，企业能源管理体系建设成为地方政府节能工作的重要内容。

一、主要内容

管理节能、技术节能和结构节能是节能工作的3种主要手段。与技术节能的投入相比，管理节能投入相对较低；与淘汰落后产能等结构节能措施相比，管理节能手段更为温和，在实施过程中对地区经济、社会稳定的影响相对较小。从根本上讲，任何节能行为都离不开管理手段的支持，管理节能在节能工作中发挥着至关重要的作用。

鉴于管理节能的重要性和管理手段的多样性，人们一直在追求一种标准化的能源管理方式，这就诞生了一种系统管理能源的理念，即能源管理体系（Energy Management System）。能源管理体系是一套用于规范组织能源管理，旨在降低组织能源消耗、提高能源利用效率的管理标准。对于企业来说，能源管理体系关注企业能源管理的全过程，包括能源购入、输送和使用等。企业在明确能源方针和管理职责的基础上，通过策划、实施、检查和改进（PDCA），系统规范地优化能源管理、持续提高能源管理绩效。

具体来说，能源管理体系能够为企业能源管理提供一个基本框架，帮助企业利用PDCA方法运行各项管理措施，如制定企业能源方针，树立持续改进理念；做出管理承诺，并确定管理者代表负责协调各项工作；进行能源管理策划，实施能源评审，确定能源基准，制定能源目标和指标，制定能源管理实施方案等；实施运行控制，监测、测量和分析；记录控制；开展管理评审等，如图3-6所示。

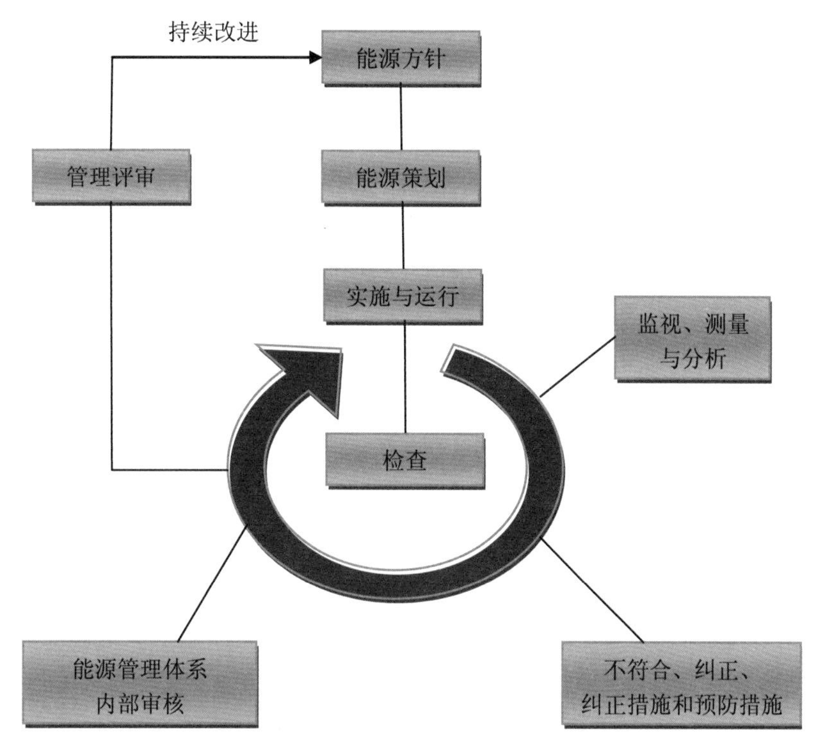

图3–6　能源管理体系运行模式

能源管理体系并不是为企业重新创造出一套新的管理制度和方法，而是基于企业管理现状，整合现有资源并借鉴先进经验，逐步形成标准化的能源管理方法。能源管理体系能够实现：①标准化和系统化的能源管理；②量化的节能效果；③持续化的能效改进。

理论上说，所有的用能企业都可以建立并运行能源管理体系。对于企业来说，建立能源管理体系能够帮助企业满足法律、法规和政策等要求，更好的实现节能目标；有条件的企业可以选择开展能源管理体系认证，通过能源管理体系认证将有利于减少信贷和保险机构的风险、吸引投资、产品销售和市场开拓等。

企业能源管理体系建设相关方包括企业、相关政府部门（又分为节能主管部门、国家认监委等）、认证机构和咨询机构，如图3-7所示。在企业能源管理体系建设中，相关政府部门要建立能源管理体系宣传推广机制，影响并带动企业参与热情，培育咨询机构帮助企业实施能源管理体系等；在认证阶段，国家认监委要建立能源管理体系认证制度并规范认证机构行为，认证机构提供企业能源管理体系认证服务等。

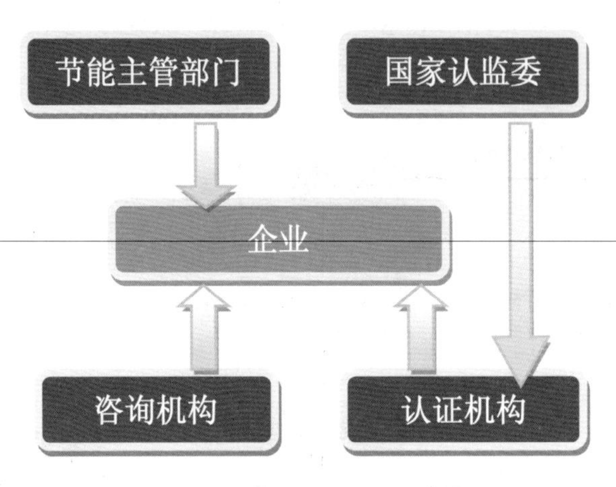

图3-7 能源管理体系建设相关方

二、政策标准动态

2002年起，中国开始了能源管理体系标准的研制工作，能源管理体系国家标准（GB/T23331–2009）于2009年4月发布，2009年10月实施。为了促进能源管理体系标准的推广和应用，国家认监委自2009年11月起组织开展了10个重点耗能行业的能源管理体系认证试点工作（2012年扩展到13个行业）。在地方层面，山东省率先制定了《能源管理体系要求》（DB37/T1013–2008）〔后修改为《工业企业能源管理体系要求》（DB37/T 1013–2009）〕，并组织了相关试点活动。

与此同时，中国积极参与能源管理体系国际标准的制定工作。2011年6月，经过近3年的酝酿，国际标准化组织（ISO）发布了能源管理体系国际标准ISO50001：2011《能源管理体系要求及使用指南》，该标准的制定预计将影响世界60%的能源消费需求。围绕着ISO50001，ISO/TC2[①]正在积极制定能源管理体系实施指南、能源管理体系审核要求、组织能源绩效测量与验证、能源审计等8项相关的国际标准，能源管理体系成为ISO国际标准化工作的热点。

能源管理体系国际标准发布之后，世界上很多国家开始引入国际标准或开展本国标准与国际标准的兼容工作。美国、欧盟、韩国、南非、日本等国家和地区纷纷加大

① ISO 50001能源管理体系由ISO国际标准化组织的ISO/TC 242能源管理委员会制定。ISO/TC 242的秘书处由美国(ANSI)、中国(SAC)、巴西(ABNT)、英国(BSI)的ISO成员合作伙伴组成。

了能源管理体系的推广力度，特别是美国提出了“卓越能效计划”（Superior Energy Performance），ISO50001的推广是该计划的重要组成部分。目前，中国已经完成了能源管理体系国际标准的转化工作，《能源管理体系要求》（GB/T23331−2012）标准已经发布，并将于2013年10月实施。

在企业能源管理体系推广方面，根据《万家企业节能低碳行动实施方案》，万家企业“要按照《能源管理体系要求》（GB/T23331），建立健全能源管理体系”，省级节能主管部门要“督促万家企业建立健全能源管理体系”；在随后发布的万家企业节能目标责任考核指标中，能源管理体系建设情况也占据了一定分值，这在客观上激励了企业能源管理体系建设工作。

三、实施现状

为鼓励有条件的企业率先开展能源管理体系建设工作，2009年，在能源管理体系国家标准GB/T 23331−2009发布后，国家认监委启动了为期两年的能源管理体系认证试点工作。

试点对象选择了钢铁、有色金属、煤炭、电力、化工、建材、造纸、轻工、纺织、机械制造等重点行业。认证机构由国家认监委组织评选，2009年10月，国家认监委下发《关于开展能源管理体系认证试点工作的通知》，发布了认证机构审核的相关政策文件，评选出参与试点工作的31家认证机构，并向它们颁发了有效期为两年的能源管理体系认证专项《认证机构批准书》。此外，为了培养专业的审核员队伍，国家认监委还组织了上千名审核员能源管理知识培训工作。

为了配合能源管理体系认证试点工作的开展，2010年3月，中国认证认可协会发布了《能源管理体系审核员试点注册方案》，启动能源管理体系审核员试点注册工作；同时，在国家认监委的委托下，中国认证认可协会组织了7期能源管理体系认证培训，来自32家审核机构的审核员参加了能源管理体系认证培训，极大提高了能源管理体系审核员实施能源管理体系认证的能力。

为确保能源管理体系认证试点的实施效果，国家认监委发布了《能源管理体系认证试点工作要求》，明确要求认证机构应当编制能源管理体系认证行业实施规则，并将其作为认证工作的主要依据之一。

此外，《能源管理体系认证试点工作要求》对认证程序也有以下规定：

- 能源管理体系认证必须在能源管理体系建立并运行6个月后进行；

- 认证机构必须对企业进行两次现场审核；
- 认证期间必须对企业进行监督审核，监督审核一年不少于4次。

能源管理体系认证不仅开展能源管理体系符合性评价，同时开展能源管理体系绩效评价，能源绩效和能耗指标如企业本年度单位产值或单位产品综合能耗和能耗的核算等都必须在证书上反映。此外，每年4次的监督审核都要核算能源管理体系的绩效和能耗指标，每两次审核的结果要在证书上进行标示。

截至2012年9月底，共计119家企业获得了能源管理体系认证[①]。这些企业主要分布在国内工业比较发达的地区，以“十一五”期间的千家企业为主。

从试点情况上看，其结果喜忧参半。一方面，能源管理体系认证试点工作客观上推动了能源管理体系在企业中的宣传与推广，并为国家推出能源管理体系认证制度奠定了实践基础。另一方面，能源管理体系认证制度有待完善，企业能源管理体系建设的积极性有待提高。

在万家企业能源管理体系建设方面，为贯彻落实《万家企业节能低碳行动实施方案》有关要求，国家发展改革委和国家认监委联合印发了《关于加强万家企业能源管理体系建设工作的通知》，部分地区已经出台或正在研究制定企业能源管理体系建设实施方案，以推动万家企业能源管理体系建设。

四、问题与建议

随着万家企业能源管理体系建设要求的提出，研究建立能源管理体系推广机制具有重要意义。但是，从能源管理体系认证试点情况和部分地区企业能源管理体系建设情况来看，能源管理体系推广难度较大。

首先，企业对能源管理体系认知度不高。能源管理体系建设处于起步阶段，很多企业对能源管理体系的作用抱以怀疑态度，企业对能源管理体系的认识有待提高。

其次，企业能源管理体系建设配套政策不完善。以能源管理体系认证试点为例，由于政策和资金的支持有限，能源管理体系推广主要借助认证机构力量，认证机构为完成认证任务，必须动用多种工作渠道、花费大量精力寻求有意愿的企业，这势必会影响部分机构开展能源管理体系认证工作的积极性。

再次，能源管理体系的实施效果难以验证。由于管理节能本身受到很多不确定因素影响，缺少系统的能源绩效评估方法，导致能源管理体系的实施效果很难评估。

① 根据相关能源管理体系认证试点机构提供的《能源管理体系认证试点总结》综合整理。

最后，部分有能源管理体系建设意愿的企业很难获得专业的咨询或认证服务。由于很多第三方咨询机构、认证机构涉足能源管理体系的时间较短，其人才队伍有待加强，专业能力有待提高，部分咨询机构、认证机构的业务能力尚不能满足企业能源管理体系建设或认证工作需求。

为克服目前企业能源管理体系推广中的困难，能源管理体系建设相关方必须共同作出努力。

1. 建立以政府为主导的能源管理体系推广机制的配套政策

从国际经验上看，政府在能源管理体系推广中一直扮演着重要角色。如爱尔兰、丹麦和瑞典等将能源管理体系与国内节能自愿协议相结合，企业如要加入节能协议，则需建立能源管理体系[①]。中国目前的能源管理体系推广工作也由政府主导。此外，由于政府在各行业较强的渗透力，能源管理体系推广还带有一定的强制性色彩。“十二五”期间，能源管理体系作为万家企业节能低碳行动中的重要组成部分，所有的万家企业均要求建立健全能源管理体系。中国的地方政府在万家企业能源管理体系推广中承当主要角色，国家要求地方政府在企业能源管理体系建设中发挥督促作用。

但是，目前这种以政府为主导的推广机制缺乏配套政策支持。为促使能源管理体系推广工作富有成效，国家必须出台相应的激励措施激发企业建立能源管理体系的意愿，如在项目投资等方面的政策倾斜，企业可以获得一定奖励资金或荣誉，在实施财政奖励的节能项目时优先考虑，优先获得节能技术咨询等方面的服务。此外，对于开展能源管理体系认证的企业，可以考虑补贴企业认证费用等。

2. 加强能源管理体系建设的培训和咨询工作

为解决能源管理体系能力建设不足等问题，政府要加强能源管理体系建设的培训和咨询工作，如出台政策扶持相关咨询机构发展，提高咨询机构的服务能力；组织企业能源管理负责人和咨询机构培训工作，召开研讨会、交流会，传播能源管理体系最佳实践和案例等。

3. 建立健全能源绩效评价制度

一般来说，管理节能绩效很难量化，因此，管理节能效果容易被忽视。能源管理体系的实施不仅将实现能源管理的标准化，更应该实现能源管理绩效的量化。量化的能源绩效可以解决企业对能源管理体系认识不足的问题，帮助企业实现节能目标。此外，能源管理绩效的量化有利于企业加强能源计量、统计和监测等，逐步完善能源利

---

① Amélie Goldberg, Julia Reinaud, Robert P. Taylor，《工业领域能源管理体系的推广机制和激励政策——一些可供中国参考的国际经验》，2011年7月（第二稿）。

用状况报告制度，开展能源审计和编制节能规划等节能基础工作，帮助企业系统地提高自身的能源管理能力。

在明确企业能源绩效的基础上，可以尝试建立企业能源绩效评价制度。企业能源绩效评价制度可以应用到企业内部或区域（国家）层面。企业内部的能源绩效评价制度将节能任务完成情况与企业干部职工的工作绩效结合，有利于形成内部的激励约束机制；区域性或国家性的能源绩效评价制度则有利于激发企业争优创先的积极性，企业可以凭借优异的绩效申请国家或地方节能奖励，影响并带动整个国家或地区的能效提升。

4. 加强能源管理体系认证的国际协调互认工作

标准的产生在很大程度上是为了满足国际贸易需要。为了消除贸易壁垒，降低交易成本，开展不同国家标准之间的协调互认工作尤为重要。对于中国来说，要抓住本国能源管理体系制定起步早，国际标准制定工作参与程度高等优势，积极推动能源管理体系的国际协调互认工作，为中国企业的对外经贸活动创造更为有利的外部环境。

第四节　第三方节能量审核

第三方节能量审核是中国节能工作发展到一定阶段的必然产物，也是推动节能工作健康发展的必然选择。第三方节能量审核起始于“十一五”时期的节能技术改造财政奖励政策，对国家财政奖励资金的合理发放发挥了一定作用。进入“十二五”，随着中国节能工作的深入发展，合同能源管理、节能量交易等市场化机制也已经或即将引入第三方节能量审核。伴随着国家对节能工作的日益重视，可以预见，第三方节能量审核将会在中国的节能工作中发挥愈来愈重要的作用。

一、主要内容

（一）第三方节能量审核工作

节能工作催生节能量审核需求。节能量审核包括内部审核和外部审核，其中由第三方机构开展的外部审核称为第三方审核。与内部审核相比，第三方审核更具客观性。

第三方节能量审核既可以受政府委托也可以受企业委托。目前中国的第三方节能量审核基本上都是受政府委托，但凡申请国家财政奖励资金的节能项目都必须经过国家级第三方机构的审核，审核费用来自国家财政部门。

从审核范围上看，可分为区域层面、企业层面和项目层面的节能量审核。目前中国的节能量审核主要针对国家财政奖励资金的节能项目（以节能技术改造为主）。这些节能项目的节能量审核由政府（一般由地方政府）组织实施。审核重点包括项目节能量、项目的真实性和符合性，如图3-8所示。

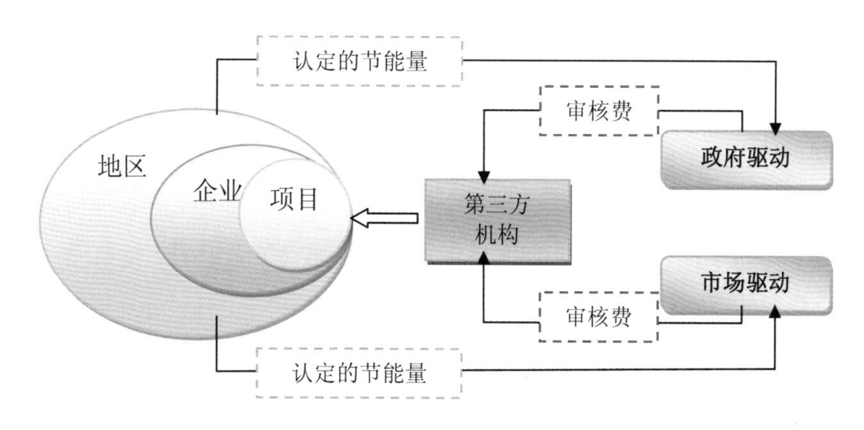

图3-8　第三方节能量审核工作机制

（二）第三方节能量审核工作的调整和规范化

从2007年起，中央财政安排引导资金，采取“以奖代补”的方式，对实施节能技术改造的重点耗能企业给予财政奖励。奖励金额与企业实际节能量挂钩，节能量可信度成为资金是否真实、准确、有效发放的关键。按照财政部和国家发展改革委发布的《节能技术改造财政奖励资金管理暂行办法》，节能量核定采取“企业报告，第三方审核，政府确认的方式”，节能量“由政府委托的第三方机构进行审核”。国家发展改革委随后下发文件对第三方审核机构提出了具体要求。此后，国家相关部门下发了《关于报送节能量审核备选机构的通知》及《关于印发〈节能项目节能测量指南〉的通知》，对节能量审核机构及节能技改项目节能量审核方法、审核程序提出了要求。以上述政策文件为基础，2008年起，国家启动了节能量审核工作。国家改革委和财政部以直接委托的方式，评选出20家第三方机构（主要由省级节能中心构成）和部分财政投资评审中心作为审核机构，这些审核机构联合组成节能量审核组，采取跨省异地审核的方式进行节能量审核。至此，中国节能量审核工作迈出实质性一步。

从实施效果看，“十一五”期间的节能量审核是一项有益尝试，它规范了节能技术改造财政奖励资金项目管理，保证了财政奖励资金安全有效的使用。但是，由各省节能中心和财政投资评审中心联合组成的节能量审核机构独立性不强，无法实现真正的独立审核。为此，国家在"十二五"初期开始了节能量审核的调整工作。

2011年，国家发展改革委及国家财政部发布了《节能技术改造财政奖励资金管理办法》（以下简称《管理办法》），原《节能技术改造财政奖励管理暂行办法》废止。

《管理办法》对财政奖励节能技改项目节能量审核提出以下要求：

- 确定了财政奖励节能技术改造项目强制性审核的基本原则；
- 要求组织、评选国家级第三方节能量审核机构，并对第三方机构独立性提出要求；
- 节能量审核基本内容应当包括项目的节能量、真实性和符合性。

《管理办法》还确立了节能量审核的基本模式，即第三方机构接受省级财政部门、节能主管部门委托，对节能技术改造项目、合同能源管理项目等独立开展现场审核工作，并对现场审核过程和出具的审核报告承担全部责任。此外，为组织落实每年财政奖励的节能技改项目申报工作，自2008年以来，国家每年发布《关于组织申报节能技术改造财政奖励备选项目的通知》，对入选项目范围和条件、申报要求等做出进一步规定。

在国家财政奖励合同能源管理项目的节能量审核方面，2010年，国家陆续出台了《合同能源管理项目财政奖励资金管理暂行办法》（以下简称《暂行办法》）和《关于财政奖励合同能源管理项目有关事项的补充通知》等，提出省级节能主管部门会同财政部门组织对申报项目和合同进行审核，并确认项目年节能量。此外，各地区也出台了财政奖励节能技术改造项目或合同能源管理项目的配套政策，并组织地方项目申报等。各地区政策措施存在差别，特别是在合同能源管理项目的奖励标准、节能量认定方法等方面差异较大。

由于目前财政奖励项目的节能量审核不仅要关注项目节能量，还要关注项目是否符合奖励条件，因此，节能量审核需要借助大量政策文件和标准支持。在项目符合性上，目前重要的参考文件包括：国家和各地方组织每年项目申报时的项目符合性要求、《产业结构调整指标目录（2011）》、《国家重点节能技术推广目录》（第一批到第五批）、28项高耗能产品能耗限额标准[①]、《节能项目节能量审核指南》；在节能量计算方面包括《节能量测量和验证技术通则》、《企业节能量计算方法》、《企业能源审计技术通则》、《节能监测技术通则》等。

此外，在现场审核操作上，国家节能中心在2011年制定了《节能技术改造财政奖励项目现场核查工作方案》和《财政奖励合同能源管理项目评审和现场核查工作指南》，这些都是第三方审核机构开展现场审核的重要依据。

① 截至2011年6月，国家共发布了28项高耗能产品能耗限额标准，目前正在研制更多产品能耗限额标准。

（三）第三方节能量审核机构

为落实《管理办法》对规范节能量审核机构的要求。2011年6月，财政部办公厅、国家发展改革委办公厅联合下发了《关于组织推荐第三方节能量审核机构的通知》，规定了第三方节能量审核机构条件，确定了节能量审核机构“择优选择”的原则。

① 具有独立法人资格的企事业单位，企业注册资金不少于300万元，事业单位开办资金不少于100万元。

② 具有开展节能量审核工作所需的设施及办公条件，能够独立开展节能量审核工作。

③ 近3年有过节能量审核、能源审计及节能评估项目业绩。

④ 具有开展节能量审核工作所需的专业人员。其中，从事节能量审核、能源审计及节能评估工作3年以上，具有高级专业技术职称的专业技术人员不少于3人；具有相关工作经验1年以上，具有中级以上专业技术职称的专业技术人员不少于10人。

⑤ 具有健全的组织机构，完善的财务会计制度和节能量审核管理体系。

⑥ 在相关节能量审核、能源审计及节能评估工作中无不良记录。

2011年全国共有100多家机构申请成为节能量审核机构。经过评审，财政部和国家发展改革委从中选择26家机构作为第三方节能量审核机构，机构名单由财政部、国家发展改革委向社会公告，这就是《第三方节能量审核机构目录（第一批）》，见表3-19。

表3–19　第一批第三方审核机构名单

序号	审核机构	序号	审核机构
1	立信大华会计师事务所	14	上海市节能服务中心
2	中准会计师事务所	15	江苏省节能技术服务中心
3	中国质量认证中心	16	华电电力科学研究院
4	方圆标志认证集团	17	天健会计师事务所
5	中国船级社质量认证公司	18	江西省电力科学研究院
6	中环联合（北京）认证中心有限公司	19	国网电力科学研究院
7	北京鉴衡认证中心	20	湖南节能评价技术研究中心
8	北京华通三可节能评估有限公司	21	广东省节能中心
9	中钢集团金信咨询有限责任公司	22	广州赛宝认证中心服务有限公司
10	中节能咨询有限公司	23	重庆市节能技术服务中心
11	天津市节能技术服务中心	24	青海省节能技术中心
12	山西省节能中心	25	宁夏回族自治区财政投资评审中心
13	立信会计师事务所	26	新疆电力建设调试所

按照机构性质，这26家机构分为六种类型，其中省级节能中心有8家、认证机构6家、会计师事务所4家、科研机构4家、咨询公司2家、其它机构2家；从辐射范围上看，这26家机构中有方圆标志认证集团等全国性机构，也有地方节能中心等区域性机构；从专业领域上看，又可分为综合性机构和专业性机构。

总体上看，第三方节能量审核机构具有以下特征：

- 在机构评选和管理上，节能量审核机构由财政部、国家发展改革委组织评审、备案，并接受财政部、国家发展改革委的审查和动态管理；
- 在业务开展上，进入国家公布名单的第三方节能量审核机构，接受省级财政部门、节能主管部门委托，对节能技术改造项目、合同能源管理项目等进行审核；
- 在任务职责上，节能量审核机构开展独立的现场审核工作，出具包括项目节能量、真实性等相关情况的审核报告，并对审核报告担负全部责任；
- 在审核费用上，一般由省级财政部门安排一定经费，用于支付第三方机构审核费用。

二、工作模式分析

国家财政奖励资金项目的节能量审核分为两种类型，一种是针对国家财政奖励的节能技术改造项目，另一种是针对国家财政奖励的合同能源管理项目。两者的财政资金奖励政策存在一定差异，见表3-20。

表3-20　财政奖励节能技术改造项目和合同能源管理项目的区别

	节能技术改造项目	合同能源管理项目	差异分析
奖励对象	企业	节能服务公司	国家支持节能技改项目和合同能源管理项目的初衷不同：前者是支持规模较大的企业开展节能技术改造，提高企业节能积极性；后者是为了发展壮大节能服务产业，提高节能服务公司开展中小企业节能业务的积极性
项目范围	燃煤（窑炉）锅炉改造、余热余压利用、能量系统优化、节约和替代石油（仅包括节约石油改造项目）、电机系统改造5种类型中的部分项目	燃煤锅炉改造、余热余压利用、能量系统优化、电机系统改造、绿色照明改造与建筑节能改造六类型中的部分项目	节能技改项目仅涉及工业领域，合同能源管理项目不仅涉及工业，还包括商用和民用等领域

（续表）

	节能技术改造项目	合同能源管理项目	差异分析
节能量（节能能力）	项目年节能量在5000吨以上	项目年节能能力（节能量）在100吨～10000吨标准煤之间，工业项目年节能量在500吨标准煤以上	节能技改资金支持的是规模较大的节能技术改造项目，合同能源管理资金支持项目的规模较广
节能指标	项目年节能量	项目年节能能力、节能量或节能率	合同能源管理节能指标更为灵活
地方配套	以中央财政为主	地方必须配套，且标准不低于60元/吨标准煤，可以对奖励范围、标准等提出细则	财政奖励合同能源管理项目对地方提出更多要求，同时也赋予地方更多灵活性

注：根据国家发改委发布的《节能技术改造财政奖励资金管理办法》和《合同能源管理项目财政奖励资金管理暂行办法》、《关于财政奖励合同能源管理项目有关事项的补充通知》综合整理。

这种差异造成了节能技术改造项目和合同能源管理项目在节能量审核内容、方法和流程上存在一定差别。

（一）节能技术改造项目的节能量审核模式

《管理办法》明确要求节能技改项目的节能效果必须由第三方机构认定，参与审核的第三方机构须在财政部和国家发展改革委公布的名单内。

对于节能技改项目来说，第三方节能量审核分为两个阶段，一是项目初审，二是项目清算审核（终审），两次审核均需进行现场核查。初审针对节能技改项目申报阶段，此时节能技改项目可以是未开工或部分开工；清算审核针对初审合格且已经完工的节能技术改造项目。

国家发展改革委和财政部每年还会组织项目抽查工作，抽查对象可以是初审合格项目，也可以是过去几年待清算项目。从原则上讲，一个节能技术改造项目的初审和终审工作必须由不同的第三方机构负责，项目抽查也存在这一规定。从事项目抽查工作的第三方机构还要经过有关部门的评选，如2012年从事现场核查的第三方机构是从26家国家级节能量审核机构中选出的10家。

节能技改项目的节能量审核内容包括项目真实性、符合性以及节能量的准确性，见表3-21。其中对项目真实性的判断是节能量审核的首要内容，无论是项目初审、终审还是项目抽查都需要第三方机构对项目真实性做出判断，主要方式是现场核实、文件审查、相关人员访谈等；项目符合性判断是节能量审核中相对复杂的环节，内容较多且很多前置否决项不容易判断，如项目完工时间节点要求等；节能量准确性是审核的核心部分，无论是项目初审、清算审核还是项目抽查都需要第三方机构现场测算节能量，节能量计算一般依据相关节能量计算标准，在必要情况下，可以与《国家重点节能技术推广目录》中典型项目的年节能量进行比对。

表3-21　财政奖励节能技术改造项目节能量审核要点

审核要点	具体内容
真实性	①项目是否真实存在 ②相关材料是否真实、有效和齐全等
符合性	①项目符合选项范围 ②项目实施后年实现节能量5000吨标准煤（含）以上 ③项目依附或改造主体所在企业在万家企业名单内 ④符合国家产业政策，不属于扩大产能为主或节能产品（设备）制造、节能技术研发、管理节能等项目 ⑤不属于新能源开发利用，利用优质能源，利用外购或外供余热、余能、余气项目 ⑥项目承担企业具备完善的能源计量、统计和管理体系 ⑦项目改造主体、完工时间等符合每年申报要求 ⑧项目没有获得其他财政奖励 ⑨其他要求
准确性	①现场测算节能量 ②保留证据材料

（二）合同能源管理项目节能量审核模式

《暂行办法》中并没有要求每个合同能源管理项目必须接受第三方节能量审核[①]，但目前各个地方基本要求合同能源管理项目需进行第三方节能量审核。合同能源管理项目的节能量审核内容基本与节能技术改造项目相同，但合同能源管理项目只在项目节能技术改造完成并稳定运行后进行第三方节能量审核，其合规性评价的条款与节能技术改造项目有所不同。

与节能技改项目审核一样，合同能源管理项目现场核查也包括项目真实性、符合性以及节能量的准确性，见表3-22。在具体内容上，合同能源管理项目审核拥有自己的特点。

① 《合同能源管理项目财政奖励资金管理暂行办法》并没有明确要求第三方节能量审核机构审核国家财政奖励的合同能源管理项目，但在国家节能中心制定的《财政奖励合同能源管理项目评审和现场核查工作指南》中明确现场核查工作需要第三方机构到现场进行审核并现场核算节能量。

表3-22 财政奖励合同能源管理项目节能量审核要点

审核要点	具体内容
真实性	① 项目是否真实存在 ② 项目合同原件应与申报材料合同一致 ③ 项目已经完工且改造内容与合同约定一致 ④ 确认项目符合节能效益分享型合同能源管理模式
符合性	① 项目合同签订时间符合要求，与申报材料一致等 ② 节能服务公司对项目投资比例达到70%（含）以上 ③ 现场查看用能计量装备是否齐备 ④ 项目符合选项范围
准确性	① 现场测算节能量 ② 保留证据材料

（三）两种节能量审核模式比较分析

节能技术改造项目和合同能源管理项目审核模式的异同见表3-23。

表3-23 财政奖励节能技术改造项目和合同能源管理项目审核模式的异同

	节能技术改造项目	合同能源管理项目	差异分析
是否需要第三方审核	是	按各地方要求，目前一般要求进行第三方审核	节能技术改造项目审核面更广
节能量审核方式	对申报项目的初审和对完工项目的终审	对完工项目的审核	节能技术改造项目审核要求更多，政策性更强；合同能源管理项目计算更为复杂
第三方审核机构的选择	从财政部、国家发展改革委公布的机构名单中选择，目前有26家节能量审核机构	一般为财政部、国家发展改革委公布名单中26家节能量审核机构	基本相同
审核关注要点	真实性、符合性、准确性	真实性、符合性、准确性	节能技改项目符合性要求更多，合同能源管理项目不仅要确认节能技术改造项目的真实性，还包括合同能源管理合同等的真实性

首先，从项目是否需要强制性审核上看，节能技术改造项目的审核面更大，所有申请节能技改奖励资金的项目都需要经过第三方审核，而合同能源管理项目目前没有强制性要求。

其次，从节能量审核次数上看，节能技术改造项目审核从项目申报开始到项目完工后结束，每个项目至少要经过第三方机构的两次审核，包括初审和终审；而合同能源管理项目一般只需经过一次审核。

再次，从第三方机构选择上看，《管理办法》明确要求节能技术改造项目节能效果必须经过第三方机构审核，第三方机构必须在财政部、国家发展改革委公布的名单内，而合同能源管理项目并没有对审核机构做出如此明确的规定，现在一般认为是财政部、国家发展改革委公布的26家节能量审核机构。

最后，从审核要点上看，虽然两者关注点都是项目真实性、符合性和准确性。但具体内容上差别较大。节能技术改造项目符合性要求更多，包括申报企业必须属于万家企业，项目必须符合国家产业政策等；而合同能源管理项目虽在符合性方面要求稍少，但在审核中不仅要对节能技改项目进行审核，还要对合同能源管理项目，包括合同、效益分享模式等进行审核。由于合同能源管理项目一般规模较小，能源统计、计量基础薄弱，现场核查时需要关注的方面较多，节能量计算更复杂。

总体上看，节能技改项目的审核要求更多、更为严格、更为复杂，第三方机构能力要求更高，任务更重，责任更大。而合同能源管理项目的第三方审核则相对工作量大，计算复杂。

三、实施现状

据不完全统计，从2011年起，26家第三方节能量审核机构对千余个节能技术改造项目进行了节能量审核。从2011年审核情况看，全国33个地区共有869个初审合格项目，年节能量达到1 750万吨标准煤[①]。通过开展第三方节能量审核工作，剔除了一些不合规的节能技术改造项目，挤掉了一些项目单位在节能量申报中存在的水分，对确保财政资金安全和有效使用起到了重要作用。

当然，中国的第三方节能量审核工作目前还处于起步阶段，在实践中面临着一些亟待解决的问题，主要表现在工作程序不规范、技术方法不统一、人员知识能力不足、信息传播和技术交流有限等。国家相关部门已经开始着手解决这些问题，进一步规范节能量审核工作的程序与方法，包括编制节能量审核工作指南、开展"典型节能改造项目节能量测量和验证技术标准研究与应用示范"等相关课题研究、加强审核机构管理和能力建设等，这些将为节能量审核工作的健康发展奠定良好基础。国际上，

① 这33个地区包括辽宁、吉林、黑龙江、浙江、江苏、河南、广西、海南、广东、福建、山东、河北、湖北、安徽、湖南、江西、四川、贵州、云南、青海、甘肃、山西、陕西、新疆、宁夏和内蒙古26个省份，天津和重庆2个直辖市以及大连、宁波、青岛、深圳4个计划单列市以及新疆建设兵团。

2011年，国际标准化组织（ISO）节能量技术委员会（ISO/TC257 Energy savings）成立，中国担任了该技术委员会秘书处，正牵头制定节能技术改造项目、工业企业和区域节能量确定方法的国际标准。这些工作将有利于中国第三方节能量审核工作的快速发展，同时扩大中国节能量审核工作的影响力。

四、问题与建议

节能量审核以及与之密切相关的节能量测量和验证工作是中国节能工作的关键技术支撑。从工作成效看，第三方节能量审核有力支撑了中国节能政策的实施，保障了国家财政奖励资金的安全和效益，对合同能源管理、节能量交易等节能市场化机制的推广具有重要作用。此外，第三方节能量审核也增加了中国节能工作的可信度。随着中国节能工作日益深入，政府、企业、公众等都迫切需要对"大到国家的宏观节能政策，小到一项节能措施"的节能效果进行核定和验证，而节能量审核能够提供令人信服的节能量审核报告，利用审核报告不仅可以得到某一具体项目的节能量，还可以自下而上的评价国家重大节能政策或措施的实施效果，甚至推演中国节能工作整体成效，这无疑增加了中国节能工作的可信度，增强全社会支持节能工作的信心。

但是，目前节能量审核工作依然存在一些制约因素，如不加以改善，将会影响节能量审核工作的健康发展。

首先，第三方机构的专业能力有待提高。从26家节能量审核机构上看，除了几家传统的节能中心外，其余机构之前并不是专门从事节能服务工作的，其节能量审核能力有待培养。此外，由于政府委托的节能量审核工作任务重、要求严、时间紧、环境较为复杂，部分第三方机构因此会出现连续工作以致疲劳作战的情况，节能量审核质量难免受到影响。

其次，节能量审核工作缺乏一致性。由于节能量审核整体上还处于摸索阶段，配套的法规和标准也在发展和完善之中，不同审核机构的审核方法、程序等存在一定差别，特别是在方法学上，还缺乏统一的标准，因此造成节能量审核中对同一项目的节能量认定结果差别较大，而认定结果直接与奖励资金挂钩，差异必然伴随着争议，为节能量审核工作带来更大的困难。

再次，符合性评价占用了过多的审核时间。事实上，目前第三方机构在开展节能量审核时将更多的精力放在项目符合性评价上，如判断项目是否符合财政奖励支持范围，是否符合国家产业政策、是否属于新能源利用项目等。节能项目符合性判断要求节能量审核人员不仅需熟知国家节能政策和节能技术，还要熟悉产业政策、能源政策等，这在客观上增添了节能量审核的复杂程度和工作量，也为第三方机构开展节能量审核增加了更多的风险。

最后，节能量审核的市场需求有待开发。目前中国的节能量审核多以政府委托为主，由于中国的节能市场化机制还未形成，蕴含巨大节能量审核需求的合同能源管理项目、节能量交易等市场化机制还处在发展完善中，中国节能量审核的市场规模仍较小。而第三方机构之所以争当节能量审核先头兵，主要是看好中国未来巨大的节能量审核市场和目前国家节能服务市场的商机。一旦国家财政降低对节能工作的投入，那么节能量审核业务需求量和第三方机构热情都会大打折扣。

鉴于中国的节能量审核机构总体实力还比较弱小，在自身发展过程中还面临一些共性的关键性的问题，因此，节能量审核机构之间迫切需要加强交流与合作，研究建立相关工作协作机制。建立节能量审核机构协作机制，一方面有助于解决节能量审核中方法学和标准化缺失、人员能力不足等技术问题；另一方面能在一定程度上避免在行业发展初期可能存在的恶性竞争，加强行业自律。此外，协作机制的建立与发展，也有利于逐步壮大节能量审核机构力量，促进节能量审核机构成为节能服务的一个重要主体，与政府、企业等相关方产生良性互动，向社会发出自身的声音。

第四章

展望篇

提要：进入“十二五”，中国工业节能工作面临新的发展环境。国际环境复杂多变，国内经济“稳增长”和转型升级压力凸显，再加上2011年工业节能总体表现未达预期，导致未来几年工业节能工作的紧迫感加强、任务量加重。今后，工业领域应继续以提高能效为核心，逐步理顺体制机制，坚持并尊重企业节能主体地位，继续发挥技术节能、结构节能和管理节能的作用，完善节能市场化机制，夯实节能基础工作，形成有利于节能工作持续发展的良好局面，以确保“十二五”工业节能目标的顺利实现。

第一节 “十二五”中国工业节能工作面临的形势

工业节能离不开国内外经济社会发展大局。当前，国际金融危机深层次影响未消，世界经济复苏的长期性、艰巨性和复杂性凸显；国内工业化、城镇化进程加速，资源能源、生态环境约束进一步加大。复杂严峻的国内外环境使“十二五”中国工业节能工作面临诸多挑战，也迎来新的发展机遇。

一、国际环境

一是气候变化问题日益复杂化。气候变化问题早已不是单纯的环境问题，在当前全球政治经济格局下，气候变化问题日益复杂化。从现阶段来看，中国作为温室气体排放第一大国，处于国际舆论的风口浪尖，承受的减排压力日益增大。作为世界工厂，中国出口产品面临着极其尴尬的局面，发达国家一边享受着物美价廉的中国制造，一边给中国制造贴上“高碳”标签，并以低碳经济为由设置“绿色壁垒”。从长期来看，随着《京都议定书》第二承诺期的临近，发达国家淡化历史责任和“共同但有区别的责任”原则的倾向进一步明显，未来中国将有可能肩负与发达国家类似的减排责任。一旦中国承担更多的减排任务，那么中国的发展空间将受到影响。从积极的方面来看，随着应对气候变化和绿色低碳发展逐步成为全球共识，企业只有适应节能减排和绿色发展要求，才能在市场竞争中站稳脚跟进而获得优势，这在一定程度上有助于形成企业节能工作的倒逼之势。

二是国际经济环境发生新变化。国际金融危机的影响还未散去，欧债危机正愈演愈烈。发达国家为早日走出金融危机的阴影，恢复国内经济增长，相继提出“再工业化”，如美国的“绿色经济复苏计划”，日本、欧盟、英国提出的旨在促进“绿色技术”和“绿色经济”发展的一系列举措等。欧美国家“再工业化”的方向是推动节能环保、新能源、信息技术、生物能等新兴产业发展，争夺未来产业竞争的制高点。这种竞争将会引起全球产业结构的新一轮变革，影响工业生产的分工格局和国际贸易关系。目前中国经济规模居世界第二位，经济总量占世界经济的10%，中国同时还是世界货物贸易第一出口大国和第二进口大国[①]。由于现阶段中国处于工业制成品加工组装环节为主的世界分工地位，更容易受到贸易保护主义影响。中国应该抓住这次抢占战略高点的机会，借机转型，进一步提升在世界经济格局中的地位。

三是全球迎来创新密集时代。一场以“智能制造”为核心的第三次工业革命将会引导全球技术创新的新热潮。发达国家在致力经济复苏的同时，将更多的精力放在推动科技进步和科技创新方面。一旦发达国家的一些核心技术准备就绪，随着经济复苏和政策到位，必然会引发新的产业革命。这场新的产业革命将有可能使全球技术要素与市场要素的配置方式发生革命性变化。中国若不能取得先导性技术突破并将其产业化，不仅无法占据此次超级产业革命制高点，更有可能在全球新一轮的产业分工与财富版图切割中被边缘化[②]。

二、国内环境

一是经济发展仍是首要命题。2010年，全国人均国内生产总值（GDP）为4 430美元，仅为世界平均水平的1/3。中国仍处于较低的发展阶段，发展仍是解决所有问题的关键。“十二五”经济发展目标是国内生产总值年均增长7%，低于“十一五”国内生产总值实际增速约4.2%。虽然“十二五”经济增长目标有所降低，但由于中国已经跻身中等收入国家行列，正处于爬坡过坎的敏感期。国际经验表明，在这一阶段，经济容易失调，社会容易失序。因此，“十二五”期间中国要成功跨过“中等收入陷阱”[③]，保持经济平稳健康发展，任务依然十分艰巨。

二是工业化进入深入发展期。中国现阶段仍处于工业化中期，工业的主导作用和支柱地位在较长时期内不会改变，中国作为世界工厂的情况在一段时间内也不太可能改变。目前，中国工业大而不强、发展方式粗放、结构不合理、区域发展不平衡等问题突出，加上国际环境的复杂多变，中国工业谋求由大变强，实现规模速度与质量效益同时提升十分不易。从“十二五”开局之年工业经济运行情况看，工业经济增速从2011年初的高歌猛进骤然进入放缓期。2012年1至2月份，全国规模以上工业企业实现利润6 060亿元，同比下降5.2%，这是自国际金融危机以来，中国工业首次呈现整体利润下降。考虑到世界经济不景气和金融危机对中国的影响逐步加深，以及国内要素成本较快上升、产

① 国务院新闻办公室，《中国对外贸易》（白皮书），2011年12月。
② 《第三次产业革命：中国有多少空间》，《上海证券报》，2012年7月26日。
③ 龚雯，杜海涛，崔鹏，《我们能否跨过“中等收入陷阱”》，《人民日报》，2011年7月25日。

能过剩等问题都很难在短期内化解，预计工业企业全年都将面临较为困难的经营局面①。经济的适度放缓，特别是高耗能行业经济增长速度的放缓，会在短时间内缓解工业节能面临的巨大压力，为节能工作适度调整争取时间并创造条件。但是，随着部分企业出现经营困难，政府财政收入增幅下滑，节能融资工作会变得愈加困难。

三是城镇化进程加快。党的“十八大”报告②释放出“加速城镇化进程”的明确信号，并将推进城镇化作为中国经济结构战略性调整的重点。2011年中国城镇化率首次突破50%，城镇常住人口超过农村常住人口，中国的城乡结构发生历史性变化。有研究表明，城镇化率每提高1%，带动新增投资需求达6.6万亿元，带动消费增加1012亿元，城镇化有望成为中国经济新引擎③。随着居民消费需求不断升级，城市基础建设速度加快，对钢筋水泥等工业原材料的需求将会增加，将不可避免地带来能源消费的刚性增长，对节能工作造成一定压力。

四是资源能源约束加强。中国的能源需求持续增加，导致国内资源能源供给压力增大。2011年，中国能源消费总量突破34亿吨标准煤，居世界第一位，比2010年增长了7%。按此速度推算，“十二五”期末中国能源消费总量将可能突破45亿吨标准煤，比中国能源消费总量控制目标多出5亿吨标准煤④。能源消费增长拉动煤炭生产，引发的社会和环境问题加剧。从能源安全上看，目前中国石油对外依存度高达57%，随着中国能源对外依存度攀升，国际能源供应形势和价格波动对中国经济社会发展的影响将进一步加深。

五是技术瓶颈亟需突破。“十二五”期间，中国工业面临着转型升级的巨大挑战，但技术支撑作用不足，主要表现在：核心技术缺失，自主创新能力不强，技术成果转化速度慢等。在节能技术推广方面，随着前期节能挖潜工作的开展，部分既有节能技术的推广空间越来越有限，拓展节能空间的成本日益提高，技术节能工作难度加大。同时如若技术创新能力持续不足，部分行业将会深陷低效率技术带来的锁定效应。低效率技术锁定会使中国一直保持低效的能源消费模式，能效提升工作将变得愈加困难。

从国内外环境看，应对全球气候变化的责任、国内转型升级的需求和资源环境约束的增大是中国开展节能工作的主要驱动力。面对巨大的节能压力和难得的发展机遇，中国节能工作必须顺应世界经济发展和科技创新潮流，紧跟中国社会经济发展阶段特征，突破国内技术发展瓶颈，助力中国经济转型升级和生态文明建设。

① 方烨，《中国工业利润三年来首降 企业经营困境难以改善》，《经济参考报》，2012年3月28日。

② 胡锦涛主席在中国共产党第十八次全国代表大会上的报告，全称为《坚定不移沿着中国特色社会主义道路前进为全面建成小康社会而奋斗》。

③ 剧锦文，《城镇化有望成为经济快速增长新引擎》，《上海证券报》，2012年11月6日。

④ 根据《能源发展“十二五”规划》，到2015年中国能源消费总量控制目标为40亿吨标准煤。

第二节 2012-2015年中国工业节能目标与任务

“十二五”中国工业节能工作的主线是提高工业能源利用效率。在《工业节能“十二五”规划》中，工业节能目标包括总体目标（全国规模以上工业增加值能耗下降率）、行业节能目标（行业单位工业增加值能耗下降率）、主要产品单耗下降目标以及淘汰落后产能任务4项定量指标。从2011年工业节能表现看，节能总体表现未达预期，主要产品单耗指标下降幅度趋缓，未来4年工业节能工作依然艰巨。从结构节能、技术节能和管理节能工作进展情况看，2011年，技术节能依然发挥着突出作用，结构节能进展缓慢，管理节能作用仍不明显。为顺利实现“十二五”工业节能目标，技术节能工作仍需深化，结构节能工作亟待理顺，管理节能工作尚待突破。

一、2012-2015年中国工业节能目标

《工业节能“十二五”规划》提出工业节能总体目标、主要行业节能目标、主要产品单耗下降率以及淘汰落后产能四项指标。

（一）总体目标

根据《工业节能“十二五”规划》，“十二五”期间工业节能总体目标为规模以上工业增加值能耗比2010年下降21%，年均下降4.61%。2011年规模以上工业增加值能耗实际下降3.49%，仅完成当年节能目标值的75.7%，见表4-1。

表4-1 2011年中国工业节能目标完成情况

指标	规划目标值		2011年实际值	
	五年累计	年均下降目标	实际下降率	节能目标完成率
规模以上工业增加值年下降率（%）	21%	4.61%[1]	3.49%	75.70%[2]

注：1. 表中“1”为年均下降目标4.61%的计算公式为：

$$4.61\%=\left[1-(1-21\%)^{1/5}\right]\times 100\%$$

式中，21%是《工业节能“十二五”规划》提出的“十二五”期间规模以上工业增加值能耗累计下降目标。

2. 表中“2”为2011年节能目标完成率为75.70%的计算公式为：

$$75.70\%=\left(\frac{3.49\%}{4.61\%}\right)\times 100\%$$

式中，3.49%是2011年规模以上工业增加值能耗实际下降率，4.61%则根据《工业节能“十二五”规划》提出的“十二五”工业节能总目标年均分解得到（计算方法见注1）。

据测算，2012-2015年规模以上工业增加值能耗应累计下降18.14%，才能确保“十二五”工业节能目标的实现。按规模以上工业增加值年均增长10.5%计算，2012-2015年累计节能量在5.66亿吨标准煤左右，占“十二五”节能总量的84.5%，未来四年的节能任务加重，见表4-2。

表4-2　2012-2015年中国工业节能目标

节能指标	四年累计	占“十二五”总任务比重
规模以上工业增加值年下降率	18.14%[1]	
节能量	5.66亿吨标准煤[2]	84.5%[3]

注：1. 表中“1”为2012-2015年规模以上工业增加值能耗下降率为18.14%，计算公式为：

$$18.14\% = \left[1 - \frac{(1-21\%)}{(1-3.49\%)}\right] \times 100\%$$

式中，21%是《工业节能“十二五”规划》提出的“十二五”期间规模以上工业增加值能耗累计下降目标，3.49%是2011年规模以上工业增加值能耗实际下降率。

2. 表中“2”为2012-2015年工业节能量为5.66亿吨标准煤，计算公式为：

$$\Delta E = \sum_{i=2012}^{n} g_{2011}(1+10.5\%)^{i-2011} \times (e_i - e_{i-1})$$

式中，ΔE为工业节能量，单位为吨标准煤；n为年份，$2012 \leqslant n \leqslant 2015$，$n$为整数；$g_{2011}$为2011年规模以上工业增加值（2010年价），单位为万元；10.5%为2012-2015年规模以上工业增加值年均增长率的假设值；e_i为第i年的规模以上工业增加值能耗，单位为吨标准煤/万元。因2011年规模以上工业增加值（2010年价）和规模以上工业增加值能耗未公布，所以以2011年全部工业增加值和全部工业增加值能耗代入上述公式进行计算，再按照2012-2015年工业增加值能耗下降目标，计算2012-2015年工业增加值能耗，最后得到2012-2015年的节能量之和。该数据仅供参考。

3. 表中“3”为《工业节能“十二五”规划》提出到2015年规模以上工业增加值能耗比2010年下降21%左右，实现节能量6.7亿吨标准煤。从2011年规模以上工业增加值能耗下降3.49%的情况看，2012-2015年工业节能量目标为5.66亿吨标准煤，占规划提出的“十二五”工业节能量目标的84.5%。

（二）主要行业节能目标

从行业节能目标看，2011年石油和化工、建材、有色金属行业单位工业增加值能耗分别下降1.8%、7.6%和3.4%①，钢铁行业单位工业增加值能耗略有上升。除建材行业外，未来四年其他三大行业的节能任务加重。2012-2015年钢铁、石油和化工、建材、有色金属行业单位工业增加值能耗分别累计下降18.81%、16.5%、13.42%和15.1%，才能确保“十二五”行业目标的实现，见表4-3。

（三）产品单耗下降目标

从主要产品单耗指标看，2011年，乙烯综合能耗、铜冶炼综合能耗、水泥熟料综合能耗、火电供电煤耗等指标下降率超过“十二五”节能目标的20%以上；吨钢综合

① 钢铁和建材行业单位工业增加值能耗下降率是作者估算，仅供参考。石油和化工、有色金属行业单位工业增加值能耗数据分别来自中国石油和化学工业联合会和中国有色金属工业协会。

能耗、铝锭综合交流电耗、原油加工综合能耗、合成氨综合能耗、平板玻璃综合能耗指标下降率不足“十二五”节能目标的20%，未来四年节能任务加重；而烧碱（离子膜）综合能耗不降反升，节能压力进一步增大，见表4-4。总体来看，“十二五”主要产品单耗指标下降趋势变缓，在行业不出现大的技术创新或重大技术突破的前提下，不排除部分产品单耗指标将出现波动的情况。

表4-3　2012-2015年中国部分工业行业节能目标

行业	规划目标值（%）		2011年实际值（%）		调整后的目标值（%）
	五年累计[1]	年均[2]	下降率[3]	实际下降率与目标值差别[4]	四年累计[5]（+/-）
钢铁	18	3.89	-1.0	4.69	18.81
石油和化工	18	3.89	1.8	2.09	16.50
建材	20	4.36	7.6	-3.24	13.42
有色金属	18	3.89	3.4	0.49	15.11

注：计算公式为：表中“4”=表中“2”-表中“3”；表中“5”$=\left[1-\frac{1-\text{表中“1”}}{1-\text{表中“3”}}\right]\times 100\%$。

表4-4　2012-2015年中国主要工业产品单耗下降目标

行业	指标	单位	规划目标	实际完成	未来四年任务	
			五年累计下降幅度[1]	2011年[2]	绝对值[3]	占“十二五”总任务量比重[4]
电力	火电供电煤耗	克标准煤/千瓦时	8	3	5	62.5%
	火电厂厂用电率	%	0.13	0.04	0.09	69.2%
	电网综合线损率	%	0.23	0.22	0.01	4.3%
钢铁	吨钢综合能耗	千克标准煤	25	2.98	22	88.0%
有色金属	铝锭综合交流电耗	千瓦时/吨	713	51.3	661.7	92.8%
	铜冶炼综合能耗	千克标准煤/吨	50	30.2	19.8	39.6%
石油和化工	原油加工综合能耗	千克标准煤/吨	13	0.58	12.4	95.4%
	乙烯综合能耗	千克标准煤/吨	29	28.67	0.33	1.1%
	合成氨综合能耗	千克标准煤/吨	52	5.57	46.43	89.3%
	烧碱（离子膜）综合能耗	千克标准煤/吨	21	-1.77	22.77	108.4%
建材	水泥熟料综合能耗	千克标准煤/吨	3	1.79	1.21	40.3%
	平板玻璃综合能耗	千克标准煤/重量箱	2	0.1	1.9	95.0%

注：计算公式为：表中“3”=表中“1”-表中“2”；表中“4”$=\frac{\text{表中“3”}}{\text{表中“1”}}\times 100\%$。

（四）淘汰落后产能目标

从主要行业淘汰落后产能任务完成情况看，2011年，工业领域18个行业淘汰落后产能任务全面完成，部分行业有望提前完成“十二五”淘汰任务，见表4-5。但是，根据《产业结构调整指导目录（2011年本）》，钢铁、有色金属等行业淘汰任务须在2013年前完成。

表4-5 “十二五”中后期中国工业淘汰落后产能任务余量

行业	单位	规划目标[1]	2011年实际淘汰量[2]	余量[3]	余量占比[4]
炼铁	万吨	4800	3192	1608	33.50%
炼钢	万吨	4800	2846	1954	40.71%
铁合金	万吨	740	212.7	527.3	71.26%
电石	万吨	380	151.9	228.1	60.03%
铜（含再生铜）冶炼	万吨	80	42.5	37.5	46.90%
电解铝	万吨	90	63.9	26.1	29.00%
铅（含再生铅）冶炼	万吨	130	66.1	63.9	49.15%
锌（含再生锌）冶炼	万吨	65	33.8	31.2	48.00%
焦炭	万吨	4200	2006	2194	52.24%
水泥（含熟料及磨机）	万吨	37000	15497	21503	58.10%
平板玻璃	万重量箱	9000	3041	5959	66.21%
造纸	万吨	1500	831.1	668.9	44.59%
化纤	万吨	59	37.25	21.75	36.86%
印染	亿米	55.8	18.67	37.13	66.54%
制革	万标张	1100	488	612	55.64%
酒精	万吨	100	48.7	51.3	51.30%
味精	万吨	18.2	8.4	9.8	53.85%
柠檬酸	万吨	4.75	3.55	1.2	25.26%

注：计算公式为：表中“3”＝表中“1”－表中“2”；表中“4”＝$\frac{\text{表中“2”}}{\text{表中“1”}}\times 100\%$。

二、2012-2015年中国工业节能任务

结构节能、技术节能和管理节能是节能的三种主要手段。从“十二五”工业节能相关规划看，结构节能被放在突出位置，并与国家产业结构调整和工业转型升级等工作结合紧密；技术节能以传统行业节能技术改造为主，“十二五”继续实施节能重点工程，深挖节能潜力；管理节能工作包括能源管理制度建设和节能机制推广等，提高

企业能源管理能力是“十二五”管理节能工作的重要目标。

随着“十一五”大规模的节能技术改造，部分行业技术节能潜力已被深挖，在行业未出现大的技术变革的情况下，技术节能的贡献率有可能会逐步降低。因此，结构节能和管理节能应当受到更多的重视，在“十二五”节能工作中发挥更重要的作用。但是，从2011年工业节能实践看，技术节能仍然发挥突出作用。据不完全统计，技术进步形成节能能力约0.34亿吨标煤①，加上当年工业生产工艺设备替换或技术提升带来的节能效益，由技术进步带来的节能量占到当年工业节能量的大半。与此同时，2011年结构节能和管理节能作用未充分显现，结构节能工作遭遇产业转型升级难题，管理节能工作推进缓慢。因此，未来工业领域必须在加强技术节能的同时，充分重视和加强结构节能和管理节能工作。只有三管齐下，才能确保“十二五”工业节能目标的实现。

（一）结构节能

《节能减排“十二五”规划》列出6项产业结构调整具体任务，包括抑制双高行业过快增长、淘汰落后产能、促进传统产业优化升级、调整能源消费结构、推动服务业和战略性新兴产业发展。

鉴于2011年中国工业节能总体表现，特别是双高耗能行业能耗过快增长带来的巨大节能压力，今后四年，工业领域结构节能工作的重点应放在抑制双高行业过快增长上，逐步实现从源头抑制能源消费总量过快增长；在淘汰落后产能方面，要基于现有工作基础，尽快出台落后产能界定标准，加强淘汰落后监督检查工作；在促进传统产业优化升级方面，要加大技术改造力度，加快两化融合和企业兼并重组，支持开展节能产品惠民工程，大力推广节能产品（设备），形成产品结构优化的倒逼机制；此外，要利用国家培育战略性新型产业的战略机遇期，寻找新的工业经济增长点，助力工业转型升级；同时响应国家调整能源结构的大政方针，积极做好工业领域能源结构优化工作，见表4-6。

表4-6　2012-2015年中国工业领域结构节能任务

结构节能主要任务	描述	2011年实施情况	未来四年任务
抑制双高行业过快增长	严格行业准入；严格控制双高和资源性产品出口；优化重点行业空间布局等	双高行业能耗增速快成为推高当年工业能耗的主要力量[1]	尽快扭转双高行业过快增长的局面

① 2011年国家财政奖励节能技术改造项目初审合格项目形成的节能能力为1750万吨标准煤，2011年合同能源管理项目形成节能能力为1650万吨标准煤，两者合计0.34亿吨标准煤。

（续表）

结构节能主要任务	描述	2011年实施情况	未来四年任务
淘汰落后产能	制定、分解和落实“十二五”淘汰任务	全面完成当年的淘汰任务[2]	落实“十二五”淘汰工作，尽快出台落后产能界定标准，规范淘汰落后监督检查工作等
促进传统产业优化升级	技术改造	继续实施工业锅炉窑炉节能改造、电机系统节能改造等节能重点工程，2011年申请国家财政奖励资金的节能技术改造项目，其初审合格项目的节能量为1750万吨标准煤	落实《工业节能“十二五”规划》中的九大节能重点工程
	两化融合	继续开展两化融合试点工作，2011年，工信部又确定了长株潭城市群、桂林市、柳州市、沈阳市、合肥市、西安—咸阳、兰州市和昆明市8个地区作为第二批国家级两化融合试验区[3]	落实《工业转型升级“十二五”规划》要求，继续深化两化融合试点工作
	节能产品推广	发布高效电机推广目录（第二批—第三批），节能汽车推广目录（第五批—第七批），取消针对高能效定速空调推出的节能惠民补贴政策[4]	扩大节能产品推广范围和支持力度，完善政府绿色采购制度体系等
	提高产业集中度	企业兼并重组步伐加快，产业集中度提高，如国内前十家钢铁企业的产业集中度达到49.2%，前23家水泥企业的产业集中度提高到55%	落实《工业转型升级“十二五”规划》等政策文件关于企业兼并重组相关要求，尽快出台重点行业兼并重组工作细则等
调整能源消费结构	非石化能源消费总量占一次能源消费比重达到11.4%	非石化能源消费总量比重不升反降，一次能源消费中水电、核电、风电比重比上年降低0.6%[5]	落实《可再生能源发展“十二五”规划》要求，实现“十二五”可再生能源发展目标
推动服务业和战略性新兴产业发展	战略性新兴产业增加值占国内生产总值比重达到约8%	初见成效	落实国家关于培育战略性新兴产业的政策和《工业转型升级“十二五”规划》相关要求，发展节能装备制造业和节能服务业等

注：1. 表中“1”为2011年钢铁、石油和化工、建材、有色金属和电力行业占工业能源消费总量的72.15%，比上年提高约3%。五大高耗能行业能耗平均年增速为11.18%，比同年工业能耗增速高出5%。

2. 表中“2”为2011年淘汰落后产能完成情况来自《工信部、国家能源局联合公告2011年全国各地区淘汰落后产能目标任务完成情况》。

3. 表中“3”为除了启动第二批国家级两化融合试验区外，2011年4月，工信部会同科技部、财政部、商务部、国资委印发了《关于加快推进信息化与工业化深度融合的若干意见》。2011年11月，工信部发布了《工业企业“信息化和工业化融合”评估规范(试行)》。

4. 表中“4”为针对高能效定速空调推出的节能惠民补贴政策，从2009年5月21日起已经实施了2年，已于2011年5月底到期取消。

5. 表中“5”为根据《中国能源统计年鉴2012》测算得到。

（二）技术节能

《工业节能“十二五”规划》提出了九大节能重点工程，分别是工业锅炉窑炉节能改造工程、电机系统节能改造工程、余热余压回收利用工程、热电联产工程、工业副产煤气回收利用工程、企业能源管控中心建设工程、两化融合促进节能减排工程以及节能产业培育工程。

仅从获得国家财政奖励资金的节能技术改造项目看，2011年初审合格项目的节能量为1 750万吨标准煤，未来四年技术节能工作仍需加强，见表4-7。从目前国家财政奖励的节能技术改造项目和合同能源管理项目类型看，工业锅炉窑炉改造和余热余压回收利用项目是主要项目类型，节约和替代石油类项目类型不常见。电机系统节能改造因为项目节能量相对较小，前期挖潜较深，因此，单独申请的项目数量越来越少。此外，内燃机系统节能工程和工业副产煤气回收利用工程的实施力度还需加大，进一步明确政策支持力度和方向。企业能源管控中心建设和两化融合促进节能减排工程虽然已开展部分行业试点，但推广力度有待提高。因此，未来四年技术节能任务依然艰巨，除了要继续加强政策和资金支持力度，做好技术调研和评估外，还要攻克技术推广“冷热不均”等难题。

表4-7　2012–2015年中国工业领域技术节能任务

工程名称	预计节能量（万吨标准煤）	2011年节能量（万吨标准煤）
工业锅炉窑炉节能改造工程	4 500	1 750*
电机系统节能改造工程	3 500	
余热余压回收利用工程	3 000	
内燃机系统节能工程	3 000	
热电联产工程	3 500	
工业副产煤气回收利用工程	3 000	
企业能源管控中心建设工程	2 000	
两化融合促进节能减排工程	1 000	
合计	23 500	1 750*

注：*为国家财政奖励节能技术改造项目类型包括燃煤（窑炉）锅炉改造、余热余压利用、能量系统优化、节约和替代石油（仅包括节约石油改造项目）、电机系统改造5种。2011年上述5种类型的初审合格项目节能量之和为1750万吨标准煤。

（三）管理节能

根据《中华人民共和国节约能源法》（以下简称《节约能源法》）、《节能减排“十二五”规划》、《工业节能“十二五”规划》及《万家企业节能低碳行动实施方案》

等法律和政策文件对节能管理工作的要求，管理节能工作可分为能源管理制度建设和节能新机制推广。其中，能源管理制度建设包括能源消费总量控制，节能目标责任制，固定资产投资项目节能评估与审查，产业能耗限额标准专项检查，能源计量、统计和报告制度，能源审计，节能规划以及能源管理岗位和能源管理负责人制度建设等。节能新机制推广包括企业能源管理体系建设、能效对标、电力需求侧管理和节能自愿协议等。

从上述能源管理制度落实和节能新机制实施情况看，2011年，工业企业在能源管理体系建设、能效对标工作等方面取得一定成效，但节能新机制的推广仍显不足；能源消费总量控制以及企业能源计量、统计和报告、能源审计、能源管理岗位和能源管理负责人建设等能源管理制度亟待完善，见表4-8。未来四年，工业领域仍要耐心解决节能管理工作落实不易等难题，按照节能法律、法规和政策要求，加大能源管理制度的落实力度和节能机制的推广力度，力争在重点行业和重点企业实现节能管理方面的一系列突破。

表4-8　2012-2015年中国工业领域管理节能任务

管理节能	具体要求	2011年实施情况	未来四年任务
制度建设	能源消费总量控制	未出台国家级政策	出台并实施全国能源消费总量控制相关政策
	节能目标责任制	尚未发布万家企业节能目标责任考核结果	落实《万家企业节能低碳行动实施方案》，明确和细化万家企业节能目标责任考核工作
	固定资产投资项目节能评估和审查	根据2010年《固定资产投资项目节能评估和审查暂行办法》，部分地区制定、修改和实施相关政策等	落实《节约能源法》要求，严格固定资产投资项目节能评估和审查各项工作
	产品能耗限额标准专项检查	新增一项产品能耗限额标准（即铝及铝合金热挤压棒材单位产品能源消耗限额（GB 26756-2011）），工信部正式启动产品能耗限额标准专项检查工作	落实《节约能源法》要求，制定覆盖面广的产品能耗限额标准，加强产品能耗限额标准专项检查工作
	能源计量、统计和报告	国家尚未出台专门针对能源计量、统计和报告制度建设的政策措施	落实《节约能源法》要求，出台能源计量和统计相关细则，支持企业能源计量、统计制度建设，支持万家企业能源利用状况报告制度建设
	能源审计与编制节能规划	国家尚未出台相关政策，部分企业开展能源审计和编制节能规划工作，但覆盖面不高	落实《节约能源法》和万家企业工作要求，出台加强企业能源审计和节能规划工作的政策措施
	能源管理岗位与能源管理负责人	国家未出台相关政策或细则	落实《节约能源法》要求，出台能源管理岗位与能源管理负责人管理办法等

（续表）

管理节能	具体要求	2011年实施情况	未来四年任务
节能新机制	能效对标	企业能效对标工作持续推进，工信部发布部分行业能效对标指标等[1]	落实万家企业工作要求，提高能效对标工作对企业节能实践的指导作用，开展能效领跑者评选活动等
	能源管理体系	认监委组织的行业试点工作初见成效，截至2012年9月底，共计119家企业获得了能源管理体系认证[2]	落实万家企业工作要求，建立健全能源管理体系
	电力需求侧管理	《电力需求侧管理办法》正式实施	启动电力需求侧管理城市综合试点工作，推动电力需求侧管理相关工作取得实效
	节能自愿协议	加入节能自愿协议的企业数量和规模扩大，如工信部和华为技术有限公司签订节能自愿协议	研制节能自愿协议相关标准，研究节能自愿协议与其他节能政策措施的协作推广等

注：1. 表中“1”为来自工信部办公厅发布的《关于发布2011年度钢铁等行业重点用能产品（工序）能效标杆指标及企业的通知》以及《关于发布2011年度化工行业重点用能产品能效标杆指标及企业的通知》。

2. 表中“2”为根据相关能源管理体系认证试点机构提供的《能源管理体系认证试点总结》综合整理。

第三节　中国工业节能工作的十点思考与建议

一、中国工业节能工作的十点思考

（一）部分地方节能工作与经济发展之间的关系尚未充分理顺，部分地方政府和企业对节能工作的认识存在一定不足，节能积极性相对不高

“十二五”期间，全国单位GDP能耗下降任务依旧被分解到各地区以及重点用能单位。国家节能目标的完成依赖中央的决策部署、地方的推动落实以及企业的实践行动。但是，由于节能驱动力不同，中央政府、地方政府和企业的节能意愿存在一定差别。

对于中央政府来说，节能工作是解决国内能源短缺问题的主要途径，是促进中国经济转型升级和实现绿色发展的重要抓手，是履行应对气候变化责任的体现。因此，中央政府有开展节能工作的坚定决心。但由于中国所处发展阶段和特殊国情，在经济出现波动时，“稳增长”政策有时会传递与节能工作相悖的信号。

地方政府也有开展节能工作的良好意愿。但是由于目前过于注重GDP的政绩考核方式，造成一些地方对经济增长的片面追求。此外，地方政府是以单位GDP能耗下降率作为节能考核指标的。只要地方经济增速远远超过能耗增速，做大GDP对于地方政府是一项“双赢”选择。

对于企业来说，企业是耗能主体也是节能主体。但企业本质上是追求利润最大化的。只要用能成本不足以触动企业核心经济利益，企业自然对节能工作提不起兴趣。在企业节能考核方面，单位产品能耗下降率是企业节能考核重要指标之一，但仅用该指标考量企业节能工作，有时并不全面。以企业提高产品附加值为例，一般情况下，企业可以通过产品深加工提高产品附加值。但是，在其他条件（如技术、装备和原材料品质等）不变的情况下，产品深加工必然会带来单位产品能耗的提高，导致企业节能指标不达标。

因此，由于节能意愿存在一定差别，加上现有的政绩考核方式和节能考核方式等，造成“一些地方对节能减排的紧迫性和艰巨性认识不足，片面追求经济增长，对调结构、转方式重视不够，不能正确处理经济发展与节能减排的关系”[①]，主要体现在：

① 部分地方政府和部分企业对节能工作出现消极应对情绪。以“十二五”节能目标地方分解为例，由于认识到“十一五”节能目标实现的难度，部分地方政府申报节能目标时，不再主动申报更高的节能目标，并与中央政府开始讨价还价；在万家企业节能低碳行动中，部分万家企业表示自身节能目标过高，实现难度很大，有些企业甚至产生抵触情绪。

② 政府与企业的节能目标有时会出现不一致的情况。举例来说，按照现有的地方政府节能考核指标，地方政府要完成节能目标，“最佳选择”是做大地方GDP。作为经济主体的企业，肩负贡献增加值，帮助地方做大GDP的重任。但如果企业增加值是通过产品深加工实现，在其他条件不变的情况下，主要产品单耗必然提高。在这种情况下，会出现地方节能指标能完成，企业节能指标不能够完成的情况。

③ 部分地方政府和企业对结构节能工作并不热衷。中国目前所处发展阶段和政府绩效考核方式等是造成结构节能工作推进缓慢的主要因素。仅从目前的节能考核方式来讲，单位GDP能耗下降率指标对一些地方依靠规模扩张做大GDP是一种变相的鼓励，单位产品能耗下降率指标对部分企业依靠产品深加工等方式开展节能工作是一种阻力。这些因素综合起来，使得结构节能成为部分政府和企业最后考虑的节能手段。

---

① 国务院，《关于印发节能减排“十二五”规划的通知》（国发〔2012〕40号），2012年8月6日。

（二）目前企业节能工作多采取“一刀切”的方式，企业经营状况、环保要求、生产特点、产品类型等差异在企业节能工作中体现的不够充分

企业是节能工作的主体。节能工作的最终落脚点是推动企业开展节能实践。但是，作为微观个体，企业的经营状况、生产工艺、产品类型、原材料特点等存在一定差别，对企业节能意愿和节能活动影响较大。

① 企业经营状况会影响企业节能积极性。节能需要投入。对于大多数企业来说，是否采取节能措施和选择什么样的节能措施，主要基于成本考虑。显然对于经营状况好的企业，节能积极性相对较高；反之，对于经营状况差的企业，节能工作积极性较差。2011年末，随着经济增速的逐步放缓，企业对节能工作的投入和重视程度将出现下滑，这种严峻现实考验着企业节能工作。

② 环保要求的提高可能会增加部分企业节能负担。很多高耗能企业不仅面临着节能减排的巨大压力，同样也承担着日益增大的环保压力。“十二五”期间国家要对企业主要污染物减排情况进行考核。为满足环保要求，企业需要上马脱硫脱销等环保设备，这些设备运行必然提高企业能耗，加大企业节能工作难度。如果分环保和节能两条线对企业进行考核，可能会导致环保达标的企业其节能目标实现不了，这对于同时开展节能和环保工作的企业来说非常不公平。

③ 原材料品质和生产工艺等对企业节能工作影响较大。多数企业用能与生产过程密切相连，因此，产品原材料品质、生产工艺和设备等对企业节能工作影响较大。一般来说，原材料品质下降会导致企业能耗增加。以有色金属行业为例，经过多年开采，中国有色金属矿品位下降，冶炼环节能耗提高，加大了冶炼企业节能工作难度；再如，在经济下行情况下，企业普遍不能够满负荷运转，但是由于生产工艺不同，企业会采取不同的对策。一种情况是企业根据经营情况，及时关停生产线，企业能耗随之下降，单位增加值能耗可能维持不变；另一情况是企业设备关停意味着整条生产线报废，企业为避免更大的损失会在亏损情况下维持一定的生产规模，这时单位增加值能耗提高。在这种情况下，如果仅以单位增加值能耗作为企业节能考核指标，将有失公允。

④ 企业生产环境不同，通用的节能手段对部分企业并不适用。以节能技术推广为例，电石生产中应用密闭式电炉被认为是一种有效的节能手段。但是，由于密闭式电炉对空气湿度的要求较高。如果企业身处潮湿的西南地区，为保证设备正常运行，企业须消耗更多能源对原材料进行烘干，这对于企业来说是一种得不偿失的行为。

⑤ 产品品质要求提高会增加企业节能工作压力。随着经济社会发展，产品升级换

代，为提高产品品质付出的能源投入相应增大。以钢铁生产为例，十年前的钢材品质与目前的钢材品质不能同日而语。为提高产品品质，钢铁生产企业可能需要延长生产线或者进行产品深加工，从而消耗更多的能源。如果仅以单位产品能耗作为企业节能指标，企业为提高产品质量或延长产品寿命而额外增加的能源投入就成了"耗能指标"。

⑥ 由于行业在产业链中的地位和作用不同，节能责任划分不明有时会引起行业间互相推诿。能源在工业生产中的流向，大致可以分为能源供应端→工业原材料生产端→工业产品制造端→工业产品消费端。在节能权责并无明确划分的情况下，上游行业会认为自身的节能行为被下游行业"无偿享用"。特别是能源供应端和工业原材料生产端，节能任务相对重，但往往被冠以"高耗能"行业之名。因此，如果部分企业认为自身承担了"其他企业"的节能任务，很容易造成节能责任的互相推诿，会给企业节能工作造成一定的负面影响。

总之，企业节能工作遇到的实际情况千差万别，对于不同的企业来说，应该根据实际情况，实施差异化的节能措施。但是，由于目前中国的节能工作多采取"自上而下"的模式，有利于企业节能工作的市场环境尚未形成，仅依靠政府监督管理，还无法应付繁重、复杂、多变的企业节能工作。

（三）技术节能工作面临着创新能力总体不足，部分先进适用的节能技术推广不充分，部分既有技术节能推广空间收窄，单位节能能力投资额日增和配套资金、市场服务不健全等新老问题

"十一五"期间，通过节能技术改造和淘汰落后产能来提高主要产品能耗利用效率是推动工业部门节能工作取得显著成效的决定性因素[①]。有研究表明，"十一五"期间，技术节能占到工业部门节能贡献率的64.2%左右[②]。"十二五"期间，技术节能工作继续发挥重要作用。根据《工业节能"十二五"规划》，九大重点节能工程预计实现节能量23 500万吨标准煤，占"十二五"工业节能量的1/3。

在取得显著成效并被给予厚望的同时，技术节能工作也面临一系列挑战。

挑战一：技术创新能力总体依然不足。为突破能源资源环境瓶颈制约，中国节能工作对科技创新提出更加迫切的需求。但中国技术创新能力总体依然不足，主要体现在："原始创新能力比较薄弱，企业技术创新活力和动力亟待加强"[③]等，这些问题

① 戴彦德，白泉等著，《中国"十一五"节能进展报告》，中国经济出版社，北京，2012年9月。
② 国家发展改革委能源研究所熊华文研究员在《中国"十一五"节能进展报告》中计算了26种工业产品单耗下降形成的技术节能量为32033万吨标准煤，对工业部门节能的贡献率达到64.2%。
③ 科技部，《国家中长期科学和技术发展规划纲要（2006-2020年）》。

影响和制约了中国节能工作的持续深入。

挑战二：一些节能效果明显的先进技术推广不充分。从“十一五”期间入选《国家重点节能技术推广目录》的节能技术推广情况来看，仍有部分技术，如稀土永磁无铁芯技术等，需要尽快在业内推广[①]。

挑战三：部分既有节能技术的推广空间日趋收窄。通过“十一五”大规模的节能挖潜工作，目前中国部分企业的节能技术水平已经接近或达到世界先进水平，如火电机组平均供电煤耗，铝锭综合交流电耗指标等。在技术创新能力不足的情况下，部分既有技术的推广空间日趋收窄，将引发部分行业深陷技术锁定效应。

挑战四：拓展技术节能空间的成本相应提高。“十一五”期间，投资少、见效快、技术相对简单的节能措施迅速推广。“十二五”期间，要形成同样的节能能力，单位节能能力的投资额需增加。从中央财政支持的节能技术改造项目看，“十一五”期间单位节能能力平均投资为2 500元/吨标准煤，“十二五”期间将提高到3 273元/吨标准煤。随着拓展技术节能空间的成本不断提高，技术节能工作的难度加大。

挑战五：技术节能推广仍面临资金和市场服务短缺等障碍。随着单位节能能力投资额日增，节能技术推广成本也在提高。在节能融资机制尚未健全的情况下，仅依靠国家和企业节能投入显然无法满足庞大的节能资金需求。此外，从事节能技术推广的节能服务公司仍处于初级阶段，部分节能服务公司的业务能力、资金规模和服务质量等尚不能满足企业节能服务需求。

挑战六：配套管理能力不足。技术节能工作必须配合管理手段才能顺利开展。随着企业节能技术水平提高，对于节能管理制度、管理人员的要求也会明显提高。但是，中国的企业普遍存在“重硬件轻软件”现象，很多企业以为替换一台设备，实施一项技改措施就能一劳永逸。在这种思想影响下，技术所需的管理制度和人员能力建设相对滞后，造成部分先进技术发挥不了应有的节能效果。

随着中国工业节能工作的推进，部分投资少、见效快、门槛低的节能技术已经获得较高的普及率。技术节能如要持续发挥作用，避免技术锁定效应，必须将技术创新摆在关键位置，解决好技术研发，产业化和推广中的新老问题。

（四）高耗能行业增长势头强劲，产业结构调整工作进展缓慢

结构节能是节能重要手段之一。由于各产业（行业）的能源消费强度不同，提高能源消费强度低产业（行业）的经济比重，同时降低能源消费强度高产业（行业）的经济比重，能够拉低整个国民经济的能源消费强度。因此，产业结构调整是实现单位

① 中节能咨询公司，《国家重点节能技术推广目录》（2008-2010）实施效果评价项目，2012年3月。

GDP或单位工业增加值能耗下降目标的重要途径之一。但是，整个"十一五"期间，国内"高耗能、高排放产业增长过快，结构节能目标没有实现"。进入"十二五"，产业结构调整工作进展依旧缓慢。主要表现在：高耗能行业增长势头强劲。2011年6大高耗能行业投资增速为18.3%，比上年提高3.7%[①]。随着高耗能项目接连上马，高耗能行业能耗增速提高，钢铁、石油和化工、建材、有色金属和电力5大行业能耗增速比上年提高约8.5%，能耗之和占当年工业能耗的72.15%。高耗能行业继续成为推高工业能耗的主要力量。

究其原因，一方面是因为中国社会的发展阶段使然。中国目前正处于工业化、城镇化加速阶段，钢铁、水泥等高耗能产品需求量高，高耗能行业投资将在一段时间内维持高位；二是地方经济利益驱动。受经济体制、政绩考核方式等因素影响，部分地方政府视重工业发展为扩大GDP和提高地方财政收入的一条主要途径；三是受技术和市场条件制约。在国内技术储备不足、居民收入和消费能力有限的情况下，工业转型升级面临技术短缺和市场环境培育不足的问题。

在淘汰落后产能方面，自"十一五"以来，淘汰落后产能一直是中国产业结构优化的重要手段之一。但是，中国目前的淘汰落后产能工作仍以行政手段为主，地方政府成为落实淘汰任务的主力。由于担心经济利益受损以及下岗职工带来失业率提高等社会问题，部分地方政府的积极性不高，执行力不够。此外，随着以设备规模为主要指标的淘汰标准的日益提高，淘汰工作的持续性也将受到考验。

总之，"十二五"中国工业处于转型升级的关键时期，传统的工业发展模式日益受到挑战，对产业结构调整的需求更加迫切。加上既有技术的节能推广空间逐步收窄，"十二五"节能工作对于结构调整的依赖程度将比"十一五"时期更高，产业结构调整工作亟待突破。

（五）部分政府和企业对管理节能的认识相对不足，目前部分基层政府和大部分企业的节能管理能力还不能适应工作需求

"十一五"以来，中国节能管理体系初步形成，国家各部门和各地方政府的节能管理机构逐渐强化，企业层面的节能管理制度建设和管理实践逐步开展。但是，部分政府机构和部分企业对管理节能的认识还存在一定误区。

---

① 据国家统计局统计，2011年，六大高耗能行业完成投资4.1万亿元，比上年增长18.3%，增幅比上年高3.7%。分行业看，电力、热力的生产与供应业，石油加工、炼焦及核燃料加工业投资增速分别为1.8%和10.1%，增幅分别比上年下降5.4%和3.1%；化学原料及化学制品制造业、非金属矿物制品业、黑色金属冶炼及压延加工业、有色金属冶炼及压延加工业投资增速分别为26.4%、31.8%、14.6%和36.4%，增幅分别比上年高12.1%、4.7%、6.5%和3.7%。

① 对管理节能的节能效果存疑。由于管理节能工作面临一定的不确定性，管理节能效果难以预测、计算和验证，导致部分政府和企业对管理节能工作的实施效果存疑，这是管理节能工作难以大规模推广的主因之一。

② 认为管理节能主要依靠企业推动，政府作用有限。相较于节能技术改造，管理节能工作看似不需要过高的投入，部分管理措施门槛较低，因此容易被认为单靠企业自身力量就能实施。事实上，由于部分管理节能措施较难获得立竿见影的节能效果，加上管理节能对企业制度和人员等要求较高，因此，管理节能工作的开展会比新技术和新设备的推广更为困难，管理节能工作更需要政府从中发挥作用。

③ 认为管理节能就是制定规章制度。建立一套完善的节能管理制度并不意味着节能工作能一劳永逸。对于企业来说，更重要的是发挥企业中每个员工在节能管理工作中的作用。只有领导层对能源管理工作充分重视，委派专人从事能源管理相关事务，企业建立起明确的能源绩效考核评价制度，围绕节能工作形成部门协作机制，企业能源管理工作才能顺利展开。

④ 认为管理节能的经验总结和推广的作用有限。在国内节能管理工作中，对节能管理案例的研究和推广重视不够。以能效对标达标活动为例，能效对标活动的目的之一是总结和推广能效标杆企业经验，以先进企业带动后进企业，最终实现整个行业能效水平提升。但是，在目前的能效对标达标活动中，对企业节能经验总结和推广的重视程度不够，造成部分行业能效对标达标活动的指导性和示范性不强。

由于管理节能工作的特殊性，部分政府和企业对管理节能认识相对不足，目前政府与企业节能管理能力还不能满足目前的工作需求。主要体现在：

① 节能管理机制推广的政策支持力度不足。由于管理节能的特殊性，政府需要制定激励政策鼓励企业应用和推广节能管理新机制或措施。但是，目前节能管理机制的推广缺乏强有力的政策抓手。如在企业能源管理体系建设中，由于开展能源管理体系建设的企业与没有建立能源管理体系的企业相比，优势并不明显，企业出于成本或管理方面的考虑，对于能源管理体系建设的积极性不高。

② 基层节能管理能力不足。节能管理工作越到基层，工作量越大。但是目前基层节能机构和人员配置等还不能满足工作需求。目前，全国还有超过80%的县尚未设置节能监察机构，部分基层节能主管部门只有平均一人或者半个人负责节能管理工作。

③ 企业节能管理制度建设和人员能力建设不足。企业能源审计、能源利用状况报告制度等在重点用能单位的普及率依然不高，拥有专门的能源管理岗位的企业为数不多，大多数企业在节能管理方面的投入不足。

（六）对节能政策的前置性评价、实施细则研究和后评估等工作的重视程度不够，由于多头管理，不同部门和领域的政策有时会出现不一致的情况

节能政策对于节能工作的开展具有重要意义。从“十一五”以来，中国出台了大量有利于工业能效提升的相关政策。这些政策的实施带来了显著的节能成效，对于地区、企业的节能工作起到重要的指导作用。但是，部分节能政策的制定缺乏前置性评价，部分节能政策的落实缺少配套措施，还有部分已经实施的节能政策措施尚未开展政策后评估工作。

① 部分节能政策的制定缺乏足够的前置性评价。以合同能源管理项目为例，节能服务公司从最初的3家发展到几百家，大概用了十几年时间。2010年，随着合同能源管理扶持政策的陆续出台，节能服务公司在短时间内激增到上千家。当然，节能服务公司的涌现能够极大地满足中国节能工作需求，但是，这种数量上的激增到底是受单纯的市场需求驱动，还是受国家财政奖励政策刺激？目前的节能市场是否需要几千家的节能服务公司？节能服务公司该如何保证服务质量监管？等等，这些问题需要政策制定者在政策出台前充分考虑和论证，否则政策的实施会达不到预期效果甚至有可能背离政策制定的初衷。

② 部分节能政策的落实缺少细则。如万家企业节能低碳行动的实施程序和规则还不完善，企业节能量的计算和考核方式有待细化；部分先进适用的节能技术的推广还缺少相配套的政策激励措施等。上述政策配套措施的不完善将会影响这些政策的执行力。

③ 部分节能政策措施缺少后评估。“十一五”时期全社会形成的节能量约在6.7亿吨标准煤，这是一个引以为傲的数据。但是，由于权威或公认的节能量计算和评估方法缺失，各部门的节能贡献率、各项节能措施的投入成本效益等无法明确，各种解读（其中不乏误解）迭出。这种后评估环节的缺失会导致部分节能政策的指导性和公信力下降。

此外，由于节能工作存在多头管理，部分政策会出现不一致情况。从纵向上看，“十二五”国家规划、部门规划、地区规划和行业规划有时会出现任务不统一；从横向上看，经济规划、节能规划、环保规划和技术规划等会出现目标不一致等现象。这种指导思想上的不一致，会带来行动上的莫衷一是。

（七）有利于节能的价格、财税、金融等经济政策还不完善，基于市场的节能机制还不健全

“十一五”以来，中国的节能工作主要以行政推进为主，节能经济手段稍显薄

弱。首先，现阶段资源价格、税收、投资等的关系没有充分理顺，能源价格机制还不足以反映当前国内资源稀缺程度和供求关系；再次，财税政策对于节能技术和产品、节能服务产业的支持力度和覆盖面有待提高；最后，由于有利于节能的市场环境尚未形成，企业节能内生动力普遍不足。

此外，由于节能市场的培育和发展仍处于初级阶段，部分节能市场化机制推进过程中还存在一些突出问题。

① 推广的节能产品良莠不齐。节能产品惠民工程作为拉动消费、提高节能产品市场占有率的节能重点工程，近几年受到国家财政的大力支持，推广的节能产品在消费者中获得一定口碑。但是，由于缺乏有效监管，部分节能产品存在“以次充好”的现象。如果不加以遏制，对节能市场的培育将造成不良影响。

② 节能服务产业亟待规范化发展。近年来，中国节能服务产业发展迅速，但是，节能服务公司在数量急剧扩大的同时，部分节能服务公司的业务能力和服务质量等亟待提高，部分有节能意愿的企业没有获得相应的节能服务。

③ 碳排放权交易试点工作推进较为困难。2011年，中国启动了7个城市碳排放权交易试点工作，为建立国家统一碳市场做准备。但由于碳排放权交易涉及很多复杂的市场和技术问题，试点城市碳排放权交易工作开展较为困难，目前试点城市中碳排放权交易的成功案例较少。

④ 金融机构的节能作用尚未充分发挥。节能项目与其他投融资项目相比，专业性强，政策导向性高，信贷风险和交易成本相对较高，项目开发难度较大。此外，由于专业领域不同，节能推广开发机构与金融机构很难在一开始就达成共识[①]。近年来，在国际开发机构的支持下，国内部分政策性银行和商业银行等纷纷推出节能项目融资计划，但这些融资计划亟需有效解决持续推进等问题。

（八）工业领域节能法规和标准还不完善，节能监察力度和能力亟待加强

工业是中国节能工作主力军。但是，目前工业节能相关法律、法规和标准不够健全，影响了工业节能工作的全面推进。

与建筑、交通等领域相比，工业领域没有专门的节能法规，工业部门规章如《工业企业节约用电管理办法》、《重点用能单位管理方法》等亟待制定、修订。在工业节能标准方面，节能基础标准、重点产品能耗限额标准、重点耗能工业设备节能标准和管理标准等存在不同程度的缺失。特别是重点耗能设备管理标准的研制工作，基本上处于起步阶段。

① Rebert P. Taylor,《关于中国节能融资的下一步工作》，2012年6月21日。

在节能执法方面，节能监察方面的法律法规迟迟不见出台，还有部分节能监察机构尚未获得节能执法权。部分拥有执法权的节能监察机构，人员、设备等配备不足，影响了节能执法工作的开展。即便节能执法机构配备了充足的资金和人员，但由于缺乏执法规范和监督，加上执法人员缺少足够培训，影响了节能执法效果。

（九）节能基础工作相对薄弱，能源消费统计、计量、监测体系建设滞后

一直以来，中国节能基础工作相对薄弱，特别是能源消费统计、计量、监测体系建设滞后，影响了节能工作的扎实推进。

在能源消费统计方面，能源消费核算和统计制度有待完善，统计系统队伍有待扩大，统计数据发布渠道有待畅通。在实际工作中，由于能源消费核算方法不够完善，国家和各地区能源消费之和的统计数据存在20%左右的较大差距；由于能源消费统计数据发布滞后，基层节能主管部门难以及时有效的获得统计数据信息，难以为决策提供有力支撑等。

在企业能源计量方面，目前还有很多企业尚未配备能源计量器具，尚不具备能源计量能力。而企业一旦配备计量设备，随之将产生设备维护、监管等工作。在节能主管部门、节能监测机构和企业责任分担不明的情况下，仅依靠企业的自觉性，很难督促企业将能源计量工作做到位。而企业能源计量工作不到位，将会影响企业节能工作成效。在"十一五"千家企业节能目标责任考核中，部分企业没有配备能源计量器具，也没有开展能源审计或能源诊断工作，导致很多企业的节能量只能依靠经验值估算。

在节能监测方面，由于企业能源计量、统计工作滞后，加上部分政府与企业节能管理能力有限，影响了节能监测工作的顺利推进。从全国范围看，企业节能监测的覆盖面依然不足。

（十）对工业节能努力和成效的正面宣传不够充分

工业是中国节能工作的主力，而高耗能行业是中国工业节能工作的排头兵。"十一五"期间，高耗能行业对国家节能目标的实现做出了突出贡献，六大高耗能行业累计实现节能量约4亿吨标准煤，部分行业能效水平位居世界前列，一些企业的装备技术水平可以与世界上任何国家相媲美，越来越多的企业将节能减排当做一项社会责任，融入企业文化中。

但是，高耗能行业和企业的公众形象依然不佳，"高能耗、低能效"的标签依旧被贴在大多数高耗能行业或企业的身上。不可否认，高耗能行业是近些年来推动中国能源消费高增长的主要力量，高耗能行业的能效水平与发达国家相比总体偏低，部

分高能耗企业确实存在节能工作落实不到位等问题。然而需要指出的是，高耗能行业"能耗增速快、比重大、能效低"是由诸多因素造成的：首先，中国所处发展阶段决定了对高耗能产品的旺盛需求；其次，受技术基础、能源结构、原材料品质等因素制约，部分高耗能行业的能效提升工作不易；最后，由于节能市场环境尚未形成，企业节能内生动力普遍不足，部分企业尚未将节能内化为企业自身需求。

总之，中国高耗能行业的节能工作是在诸多客观因素的制约下，逐步推进的。高耗能行业节能工作的艰巨性和复杂程度为其他行业所不能比拟，节能果实的培育与摘取相当不易。因此，高耗能行业的节能努力和成效值得充分肯定，先进行业和企业的节能经验和成就应该获得正面宣传，以扭转公众对高耗能行业或企业"一边倒"的印象，鼓舞高耗能行业和企业的节能热情。

二、中国工业节能工作的十项建议

（一）深刻认识节能工作的作用，妥善处理节能减排与经济发展、环境保护之间的关系，树立节能大局观，促进相关方达成更为广泛的节能共识

在中国的节能事业迈向"十二五"的关键时刻，深刻认识节能工作的作用和地位，妥善处理节能减排和经济增长、环境保护之间的关系，合理协调相关方关系，达成更为广泛的节能共识，成为推动中国节能减排事业继续向前的关键。

节能工作是解决能源资源短缺的重要途径之一，也是助力中国经济转型升级的重要抓手。这种重要性体现在：①通过节能市场的培育，形成倒逼机制，促使经济逐步摆脱传统发展路径依赖，寻找新的经济增长点；②通过节能技术创新和产业化发展，促进传统工业转型升级，提升工业技术水平；③通过节能管理理念的灌输和节能能力的培养，提高企业能源管理能力和服务水平，促进企业精细化管理，提升企业综合竞争力。因此，节能工作对中国转变经济发展方式，提高经济发展的质量和效益，起到了重要的推动作用。

节能工作与环境保护、加强资源综合利用和促进循环经济等工作可以是相互促进的关系，如节能工作能够减少化石燃料燃烧带来的污染物排放，提高资源综合利用率，产生显著地经济、环境和社会效益。节能与环境保护、资源综合利用等的目标是一致的，都是推动中国走向可持续发展的道路。因此，节能工作应当与环境保护、资源综合利用等工作协调一致，在标准制定、制度设计、措施推进等方面体现节能大局观。

全社会达成较为广泛的节能共识，是推动节能工作持续向前的重要前提。针对目前部分地方与企业节能意愿和节能认识上的不足，一方面须认真宣传、贯彻和实施《节约能源法》，促进全社会形成节能工作法理上的共识；另一方面要改变“崇尚GDP”的政绩考核方式，建立能耗强度和总量双控制度，提高部分地方节能工作的紧迫感，改进部分地方的节能工作方式。

（二）坚持并尊重企业节能主体地位，建立政府与企业的沟通机制，企业节能管理能力建设应制度建设、能力建设和文化建设并举

企业是节能工作的主体。政府在节能管理工作中，不仅要将企业视为节能主体，加强引导、监督和管理，同时也要了解企业节能实际，尊重企业的节能选择，支持并服务于企业的节能工作。

首先，建立政府与企业沟通机制。政府进一步加强企业节能工作的统一管理，研究设立企业节能管理专职机构；积极组织“企业节能论坛”、“中小企业节能服务论坛”等活动，增强政府与企业互动交流；建立企业节能预警机制，跟踪了解企业节能进展，及时调整企业节能工作思路。

其次，制定差异化的企业节能措施。政府根据企业规模、生产经营状况、能效高低、技术水平等制定差异化的企业节能措施。对于同时具有节能意愿和节能能力的企业，政府应充分尊重企业的节能选择，支持企业根据自身情况，编制节能规划，制定能效目标，实施节能措施等。

最后，支持企业节能服务工作。政府在做好企业节能服务工作的同时，支持相关行业协会、节能中介机构、金融机构和技术研发机构，搭建企业节能服务网络，促进节能信息、人员、资金、技术向企业的流动。

在企业节能管理能力建设方面，做到制度建设、人员建设和文化建设三者并重。

首先，注重企业节能管理制度建设。帮助企业建立遵法贯标机制，落实节能目标责任制，建立企业节能组织机构，开展能源计量、统计、审计和报告制度建设，建立节能激励约束机制等。特别是加快能效对标达标、能源管理体系等节能新机制在企业中的推广。

其次，着力培养企业节能能力。落实《节约能源法》对能源管理岗位和能源管理负责人相关要求，明确企业能源管理负责人上岗条件和职权等；加快能源计量、监测器具配备，对一线员工用能行为进行规范和指导，定期开展节能专业技能培训等。

最后，营造企业节能文化氛围。加强企业节能内外部宣传，定期组织开展员工节

能技能、节能实践等方面的评比活动，提高企业全员参与热情，将员工节能行为扎根到企业文化建设中。

（三）以提高技术创新能力为核心，制定节能技术长远发展规划，研究建立节能技术遴选、评价、推广和后评估制度，拓展先进节能技术的传播和推广渠道，创新节能技术融资机制和服务模式

技术创新是深挖节能潜力的关键，“十二五”期间的技术节能工作需要以提高技术创新能力为核心，研发先进适用的高效节能技术，不断拓展节能技术的推广空间。

首先，以提高技术创新能力为核心，做好节能技术长远发展规划。结合科技发展规划，开展节能技术发展专项规划的研究工作，建立节能技术创新体系建设方案以及技术研发、产业化、推广路线图等，为节能技术的长远发展提供指导。

其次，研究技术遴选、评价、推广和后评估制度。定期开展技术调研工作。以行业推荐、专家评审、企业实践等方式对节能技术的先进性、适用性、可操作性和实施效果等进行评估。根据评估结果，有针对性地开展节能技术推广工作。

再次，拓展先进节能的技术传播和推广渠道。支持相关行业协会定期开展企业节能技术交流活动，搭建节能技术服务网络等，充分发挥行业协会的技术传播作用；建立和完善节能技术交易平台，降低交易成本，实现节能技术供需方的有效对接等。此外，国家可以采用“专利买断”的方式，实现对“少而精”节能技术的“免费”推广。

最后，创新节能技术融资和服务模式。随着拓展节能空间成本的不断提高，政府适当加大节能技术改造项目的资金投入，扩大获得节能财政资金的企业范围，提高金融机构节能工作参与度等；在节能服务方面，成立专门的节能基金，支持中小企业的节能技术服务工作，同时，壮大节能服务公司规模，提高节能服务质量等。

（四）严格新建项目准入，培育战略性新兴产业，规范淘汰落后产能工作，发挥结构节能在中国节能工作中的作用

结构节能工作对于“十二五”国家节能目标的实现具有重要作用。结构节能工作的顺利推进亟需相关方提高对节能工作的认识，并在绩效考核方式等根本制度上做出调整。

目前国内结构节能工作的重点依然是“控制增量，优化存量”。

“控制增量”是为了防止部分地方片面追求经济规模，盲目上马高耗能、低水平重复建设项目。“控制增量”要从规划、项目审批、信贷等入手，加强固定资产投资项目节能评估和审查的实施力度，从源头把好节能准入关；在“控制增量”的同时，积极培育战略性新兴产业发展。从加强战略性新兴产业指导工作入手，做好区域规划和行业规划，加大政策支持力度，调整产业政策重点，鼓励企业技术创新，推动战略性新兴产业与传统产业融合发展。

“优化存量”的重点包括对传统工业的改造和对落后产能的淘汰。在实际工作中，一方面要加大传统行业改造力度，推动工业化和信息化的深度融合，提高企业技术水平和管理精细化水平。另一方面要严格淘汰落后产能工作。研究淘汰落后产能界定标准，加大淘汰落后产能工作的实施和监督力度。同时，发挥能源价格的杠杆作用，利用法律手段和市场手段推动形成落后产能退出机制等。

（五）加大管理节能工作力度，积极推广节能管理新机制，建立能源管理绩效评价制度，推广节能管理最佳实践和案例，提高基层的节能管理能力

随着中国节能工作的不断深入，管理节能的作用凸显。政府与企业需要加大管理节能工作投入，发挥管理节能的作用。

首先，推广节能管理新机制。建立以政府为主导的能源管理体系推广模式，在项目投资、节能资金、技术服务等方面，对开展能源管理体系建设的企业倾斜，同时进一步加强能源管理体系的培训与咨询工作，鼓励更多的企业通过能源管理体系认证。在能效对标实施和推广方面，建议结合“能效领跑者”发布制度，促进先进企业的节能管理经验传播和节能实践推广。

其次，建立能源管理绩效评价制度。研究能源管理绩效评估方法，对企业管理节能效果进行评估。政府或行业协会可以根据企业能源管理绩效评价结果，开展国家级、区域级或行业内的管理节能绩效评优活动，激发企业的参与热情。

再次，研究建立企业节能管理最佳实践案例库。总结企业能效对标达标活动、能源管理体系建设、能源管理绩效评价等工作经验，建立企业节能管理最佳实践和案例库，为企业节能实践和政府节能管理工作等提供支持。

最后，提高基层的节能管理能力。针对基层节能管理能力薄弱的现状，增加人员编制，开展相关能力建设。

（六）转变政府节能工作职能，在政策制定和实施过程中重视相关方协商，提高节能政策的可操作性，增加政策执行的透明度，建立政策实施效果评估制度，把握节能政策实施的步伐和节奏

中国国情决定了政府在社会经济生活等各领域具有较强的渗透能力。“十一五”期间，节能工作主要以行政手段推进，这种方式能够带来“集中力量办大事”的成效，也容易引发政府与企业间的矛盾。随着中国节能工作的深入，对于政府转变节能工作职

能，建立相关方协商机制，增加节能政策可操作性和执行透明度的呼声愈发强烈。

首先，转变政府节能工作职能，多经济手段推动节能工作。进一步界定政府节能管理的范围、内容和方式等。对于能够用经济手段推动的节能工作，政府应从“台前”走到“幕后”。

其次，注重建立政策协商机制。在节能政策的制定和实施过程中，节能主管部门一方面要与企业加强交流；另一方面要与经济、环保、技术等部门充分协商，以保持政策制定的一致性和政策实施的有效性。

再次，提高节能政策的可操作性和执行的透明度。在节能政策落地之前，开展必要的配套细则研究，以形成一套完整的、逻辑清晰、操作性强的实施指南，指导和规范政策实施工作。在政策实施过程中，建议相关机构持续跟踪和调研，对政策措施的实施方法、实施步骤、监督过程和考核结果等做到公开和透明。

最后，积极开展节能政策后评估。建立政策实施效果评估制度，开发节能政策后评估工具，如将节能量测量与验证作为自下而上的评估工具之一，对政策实施效果进行评估和报告。政策实施效果可以委托第三方进行评估，评估过程和结果应接受监督。

此外，要提高政策实施的灵活度。节能工作与经济社会发展密切相关，一旦经济出现波动或者技术出现重大变革，对节能工作的影响巨大。在实际工作中，应根据情况，调整节能政策实施的步伐和节奏。只要节能大方向整体向前，建议可以允许部分节能指标在一定范围和一段时间内出现波动。

（七）加快能源价格改革，实施有利于节能的财税政策，推动企业节能内生机制的形成，完善现有的节能市场化机制。

降低成本是企业开展节能工作的驱动力之一，只有形成较高的能源成本，企业才能将节能工作转化成内在需求。

首先，加快能源价格改革，发挥能源价格的调节机制。建议逐步取消能源补贴，使能源价格更好的体现资源稀缺性、市场供需变化和环境成本。此外，建议加大差别电价、惩罚性电价的实施力度，同时利用好差别电价带来的资金，如通过转移支付的方式支持企业节能技术改造项目的实施等。

其次，实施“有增有减”节能财税政策。建议一方面逐步加大节能技术改造、节能管理工作的资金投入，研究提高煤炭的资源税率，对煤炭和原油行业开征碳税等[①]；另一方面研究降低“两高一资”产品出口退税率，并适当减免进口先进设备及

① 梁嘉琳，《节能环保税收政策将“有增有减”》，《经济参考报》，2012年12月11日。

零配件的关税等。

此外，继续完善节能产品的认证和推广、合同能源管理、碳排放权交易等节能市场化机制，加快节能市场的培育。

① 对于节能产品的认证和推广来说，要解决目前市场上产品"虚标"等现象，需加强节能产品的监督检查，提高消费者对节能产品的信心，培养节能生活方式和消费方式；政府要建立绿色采购制度，加大对节能产品的宣传力度，拓展节能产品的销售渠道等；此外，研究节能产品认证制度与其他绿色产品认证制度的协调统一，避免消费者为过多的"绿色标识"买单。

② 对于合同能源管理来说，要以市场为中心，用金融杠杆撬动产业发展。出台激励政策，引导金融机构加大对节能环保领域的信贷支持，并设立专业化的节能项目担保基金，缓解节能服务公司融资难等问题。国家财政补贴的范围可以扩展到节能服务宣传、节能项目融资、节能服务人才培养、节能技术研发、节能量审核等领域。此外，研究出台相关政策文件，规范节能服务公司发展，提高节能服务公司的业务能力和服务质量等。

③ 对于碳排放权交易来说，当务之急是进行顶层设计工作。如出台《国家应对气候法》，制定碳排放总量控制方案和碳排放指标分配方案，建立温室气体排放计量、监测体系等。

（八）加快工业节能法规和标准的制定、修订步伐，加强节能监察工作，开展执法能力建设

加快工业节能法制化进程，围绕《节约能源法》对工业节能工作的要求，制定、修订《工业节能管理条例》《工业节能管理办法》《重点用能企业节能管理办法》《工业节能监察管理办法》《工业节约用电管理办法》等配套法规。

健全工业节能标准体系，加快制定、修订高耗能行业单位产品能耗限额、产品能效等强制性国家标准及耗能设备工艺能效标准和管理标准等。在相关标准和规范的研制过程中，应与相关行业和企业充分沟通，提高标准和规范的实操性。

尽快出台节能监察配套法规，加快工业节能监察执法能力建设，同时加强产品能耗限额标准、淘汰落后产能、固定资产投资项目节能评估和审查等专项检查以及日常检查工作等。

（九）夯实节能计量统计基础，构建节能支撑体系，形成有利于节能工作持续发展的良好局面

构建节能支撑体系，加强企业能源计量、统计、报告等基础工作，构建节能监察

和预警系统，加强节能量审核工作，培养节能人才队伍等。

首先，将企业能源计量、统计、报告工作放在企业能源管理的突出位置。加强企业能源计量器具的配备，研究企业能源计量器具配备等方面的扶持政策。

其次，建立健全基本覆盖国家、省、市（县）三级的节能监察监控系统网络，提升节能监察水平。同时加强地方、行业节能动态监测分析，提高节能预测预警能力，开展重点用能单位在线监测试点工作等。

再次，搭建工业节能管理信息平台。建立工业节能管理信息平台及数据库，开发能源审计、能效对标等用能诊断和节能管理工具等。

最后，强化节能人才队伍建设。开展能源管理师培训、企业能源管理负责人制度建设、节能执法人员能力建设等。

（十）加强工业节能工作宣传，奠定节能工作群众基础

评选国家级、地区级、行业内节能工作先进集体和个人，给予荣誉或物质奖励，对工业企业最佳实践和案例等进行重点宣传。

加强工业节能工作宣传，利用出版物、报刊、平面媒体、会展、专题论坛等多种形式，宣传中国工业领域的节能努力、经验与成效。

附　　录

附录1 “十二五”工业节能相关规划指标

附表1-1 “十二五”主要节能指标

指标	单位	2010年	2015年	变化幅度/变化率
工业				
单位工业增加值（规模以上）能耗下降率	%			[-21%左右]
火电供电煤耗	克标准煤/千瓦时	333	325	−8
火电厂厂用电率	%	6.33	6.2	−0.13
电网综合线损率	%	6.53	6.3	−0.23
吨钢综合能耗	千克标准煤	605	580	−25
铝锭综合交流电耗	千瓦时/吨	14 013	13 300	−713
铜冶炼综合能耗	千克标准煤/吨	350	300	−50
原油加工综合能耗	千克标准煤/吨	99	86	−13
乙烯综合能耗	千克标准煤/吨	886	857	−29
合成氨综合能耗	千克标准煤/吨	1402	1350	−52
烧碱（离子膜）综合能耗	千克标准煤/吨	351	330	−21
水泥熟料综合能耗	千克标准煤/吨	115	112	−3
平板玻璃综合能耗	千克标准煤/重量箱	17	15	−2
纸及纸板综合能耗	千克标准煤/吨	680	530	−150
纸浆综合能耗	千克标准煤/吨	450	370	−80
日用陶瓷综合能耗	千克标准煤/吨	1 190	1 110	−80
建筑				
北方采暖地区既有居住建筑改造面积	亿平方米	1.8	5.8	4
城镇新建绿色建筑标准执行率	%	1	15	14

（续表）

指标	单位	2010年	2015年	变化幅度/变化率
交通运输				
铁路单位运输工作量综合能耗	吨标准煤/百万换算吨公里	5.01	4.76	[－5%]
营运车辆单位运输周转量能耗	千克标准煤/百吨公里	7.9	7.5	[－5%]
营运船舶单位运输周转量能耗	千克标准煤/千吨公里	6.99	6.29	[－10%]
民航业单位运输周转量能耗	千克标准煤/吨公里	0.450	0.428	[－5%]
公共机构				
公共机构单位建筑面积能耗	千克标准煤/平方米	23.9	21	[－12%]
公共机构人均能耗	千克标准煤/人	447.4	380	[15%]
终端用能设备能效				
燃煤工业锅炉（运行）	%	65	70～75	5～10
三相异步电动机（设计）	%	90	92～94	2～4
容积式空气压缩机输入比功率	千瓦/（立方米/分）	10.7	8.5～9.3	－1.4～－2.2
电力变压器损耗	千瓦	空载：43 负载：170	空载：30～33 负载：151～153	－10～－13 －17～－19
汽车（乘用车）平均油耗	升/百公里	8	6.9	－1.1
房间空调器（能效比）	—	3.3	3.5～4.5	0.2～1.2
电冰箱（能效指数）	%	49	40～46	－3～－9
家用燃气热水器（热效率）	%	87～90	93～97	3～10

注：摘自《节能减排“十二五”规划》。

附表1-2 “十二五”淘汰落后产能任务一览表

行业	主要内容	单位	产能
电力	大电网覆盖范围内，单机容量在10万千瓦及以下的常规燃煤火电机组，单机容量在5万千瓦及以下的常规小火电机组，以发电为主的燃油锅炉及发电机组（5万千瓦及以下）；大电网覆盖范围内，设计寿命期满的单机容量在20万千瓦及以下的常规燃煤火电机组	万千瓦	2000
炼铁	400立方米及以下炼铁高炉等	万吨	4800

（续表）

行业	主要内容	单位	产能
炼钢	30吨及以下转炉、电炉等	万吨	4800
铁合金	6300千伏安以下铁合金矿热电炉，3000千伏安以下铁合金半封闭直流电炉、铁合金精炼电炉等	万吨	740
电石	单台炉容量小于12500千伏安电石炉及开放式电石炉	万吨	380
铜（含再生铜）冶炼	鼓风炉、电炉、反射炉炼铜工艺及设备等	万吨	80
电解铝	100千安及以下预焙槽等	万吨	90
铅（含再生铅）冶炼	采用烧结锅、烧结盘、简易高炉等落后方式炼铅工艺及设备，未配套建设制酸及尾气吸收系统的烧结机炼铅工艺等	万吨	130
锌（含再生锌）冶炼	采用马弗炉、马槽炉、横罐、小竖罐等进行焙烧、简易冷凝设施进行收尘等落后方式炼锌或生产氧化锌工艺装备等	万吨	65
焦炭	土法炼焦（含改良焦炉），单炉产能7.5万吨/年以下的半焦（兰炭）生产装置，炭化室高度小于4.3米焦炉（3.8米及以上捣固焦炉除外）	万吨	4200
水泥（含熟料及磨机）	立窑，干法中空窑，直径3米以下水泥粉磨设备等	万吨	37000
平板玻璃	平拉工艺平板玻璃生产线（含格法）	万重量箱	9000
造纸	无碱回收的碱法（硫酸盐法）制浆生产线，单条产能小于3.4万吨的非木浆生产线，单条产能小于1万吨的废纸浆生产线，年生产能力5.1万吨以下的化学木浆生产线等	万吨	1500
化纤	2万吨/年及以下黏胶常规短纤维生产线，湿法氨纶工艺生产线，二甲基酰胺溶剂法氨纶及腈纶工艺生产线，硝酸法腈纶常规纤维生产线等	万吨	59
印染	未经改造的74型染整生产线，使用年限超过15年的国产和使用年限超过20年的进口前处理设备、拉幅和定形设备、圆网和平网印花机、连续染色机，使用年限超过15年的浴比大于1：10的棉及化纤间歇式染色设备等	亿米	55.8
制革	年加工生皮能力5万标张牛皮、年加工蓝湿皮能力3万标张牛皮以下的制革生产线	万标张	1100
酒精	3万吨/年以下酒精生产线（废糖蜜制酒精除外）	万吨	100
味精	3万吨/年以下味精生产线	万吨	18.2
柠檬酸	2万吨/年及以下柠檬酸生产线	万吨	4.75
铅蓄电池（含极板及组装）	开口式普通铅蓄电池生产线，含镉高于0.002%的铅蓄电池生产线，20万千伏安时/年规模以下的铅蓄电池生产线	万千伏安时	746
白炽灯	60瓦以上普通照明用白炽灯	亿只	6

注：摘自《节能减排“十二五”规划》。

附表1-3 “十二五”工业转型升级规划的主要指标

类别	指标		2010年	2015年	累计变化
经济运行	工业增加值增速（%）				[8][1]
	工业增加值率提高（%）				2
	全员劳动生产率增速（%）				[10][1]
技术创新	规模以上企业R&D经费内部支出占主营业务收入比重（%）			>1.0	
	拥有科技机构的大中型工业企业比重（%）			>35	
产业结构	战略性新兴产业增加值占工业增加值比重（%）		7	15	8
	产业集中度（%）[2]	钢铁行业前10家	48.6	60	11.4
		汽车行业前10家	82.2	>90	7.8
		船舶行业前10家	48.9	>70	21.1
“两化”融合	主要行业大中型企业数字化设计工具普及率（%）		61.7	85.0	23.3
	主要行业关键工艺流程数控化率（%）		52.1	70.0	17.9
	主要行业大中型企业ERP普及率（%）			80.0	
资源节约和环境保护	规模以上企业单位工业增加值能耗下降（%）				21
	单位工业增加值二氧化碳排放量下降（%）				>21
	单位工业增加值用水量下降（%）				30
	化学需氧量、二氧化硫排放量下降（%）				10
	氨氮、氮氧化物排放量下降（%）				15
	工业固体废物综合利用率（%）		69	72	3

注：1. 此表指标摘自《工业转型升级规划（2011—2015年）》。
2. 表中1[ ]内数值为年均增速；
3. 2是按产品产量计算的产业集中度。

附表1-4 “十二五”主要行业节能目标

（单位：%）

序号	1	2	3	4	5	6	7	8	9
行业	钢铁	有色金属	石化	化工	建材	机械	轻工	纺织	电信
单位工业增加值能耗下降目标	18	18	18	20	20	22	20	20	18

注：摘自《工业节能减排“十二五”规划》。

附表1-5 “十二五”主要产品单位能耗下降目标

序号	指标	单位	2010年	2015年	下降目标（%）
1	吨钢综合能耗	千克标准煤/吨	605	580	4.1
2	铜冶炼综合能耗	千克标准煤/吨	350	300	14.3
3	铝锭综合交流电耗	千瓦时/吨	14013	13300	5.1
4	吨水泥熟料综合能耗	千克标准煤/吨	115	112	2.6
5	平板玻璃综合能耗	千克标准煤/重箱	17	15	11.8
6	乙烯综合能耗	千克标准煤/吨	886	857	3.3
7	合成氨生产综合能耗	千克标准煤/吨	1402	1350	3.7
8	烧碱生产综合能耗（离子膜法，30%）	千克标准煤/吨	351	330	6
9	电石生产综合能耗	千克标准煤/吨	1105	1050	5
10	造纸综合能耗	千克标准煤/吨	1130	900	20
11	日用玻璃综合能耗	千克标准煤/吨	437	380	13
12	发酵产品综合能耗	千克标准煤/吨	900	820	8.9
13	日用陶瓷综合能耗	千克标准煤/吨	1190	1110	6.7
14	万米印染布综合能耗	千克标准煤/万米	2298	2114	8
15	吨纱（线）混合数综合能耗	千克标准煤/吨	368	339	8
16	万米布混合数综合能耗	千克标准煤/万米	1817	1672	8
17	粘胶纤维综合能耗（长丝）	千克标准煤/吨	4713	4477	5
18	铸件综合能耗	千克标准煤/吨合格铸件	600	480	20
19	多晶硅工艺能耗（高温氢化）	千克标准煤/吨	39000	33000	15.4
20	多晶硅工艺能耗（低温氢化）	千克标准煤/吨	36000	30000	16.7

注：摘自《工业节能“十二五”规划》。

附表1-6 “十二五”重点节能工程投资需求

序号	工程名称	投资需求（亿元）	节能量（万吨标准煤）
1	工业锅炉窑炉节能改造工程	900	4500
2	内燃机系统节能工程	600	3000
3	电机系统节能改造工程	700	3500

（续表）

序号	工程名称	投资需求（亿元）	节能量（万吨标准煤）
4	余热余压回收利用工程	600	3000
5	热电联产工程	700	3500
6	工业副产煤气回收利用工程	600	3000
7	企业能源管控中心建设工程	400	2000
8	两化融合促进节能减排工程	900	1000
9	节能产业培育工程	500	—
合计		5900	23500

注：摘自《工业节能“十二五”规划》。

附录2 2011～2012年节能政策列表

1.《关于印发“十二五”节能减排综合性工作方案的通知》（国发〔2011〕26号）

2.《关于印发工业节能“十二五”规划的通知》（工信部规〔2012〕3号）

3.《关于印发工业转型升级规划（2011—2015年）的通知》（国发〔2011〕47号）

4.《关于印发国家环境保护“十二五”规划的通知》（国发〔2011〕42号）

5.《关于印发“十二五”控制温室气体排放工作方案的通知》（国发〔2011〕41号）

6.《关于印发“十二五”资源综合利用指导意见和大宗固体废物综合利用实施方案的通知》（发改环资〔2011〕2919号）

7.《关于印发国家能源科技“十二五”规划的通知》（国能科技〔2011〕395号）

8.《关于印发煤炭工业发展“十二五”规划的通知》（发改能源〔2012〕640号）

9.《关于印发造纸工业发展“十二五”规划的通知》（发改产业〔2011〕3101号）

10.《关于印发钢铁工业“十二五”发展规划的通知》（工信部规〔2011〕480号）

11.《关于印发“十二五”国家战略性新兴产业发展规划的通知》（国发〔2012〕28号）

12.《关于印发万家企业节能低碳行动实施方案的通知》（发改环资〔2012〕2873号）

13.《关于印发万家企业节能目标责任考核实施方案的通知》（发改办环资〔2012〕1923号）

14.《关于加强万家企业能源管理体系建设工作的通知》（发改环资〔2012〕3787号）

15.《关于进一步加强万家企业能源利用状况报告工作的通知》（发改办环资

〔2012〕2251号）

16.《关于开展节能减排财政政策综合示范工作的通知》（财建〔2012〕383号）

17.《关于印发绿色信贷指引的通知》（银监发〔2012〕4号）

18.《关于印发节能产品惠民工程推广信息监管实施方案的通知》（工信部联节〔2012〕335号）

19.《关于进一步加强合同能源管理项目监督检查工作的通知》（发改办环资〔2012〕1755号）

20.《关于开展碳排放权交易试点工作的通知》（发改办气候〔2011〕2601号）

21.《关于开展电力需求侧管理城市综合试点工作的通知》（财建〔2012〕368号）

22.《关于印发电力需求侧管理城市综合试点工作中央财政奖励资金管理暂行办法的通知》（财建〔2012〕367号）

23.《关于组织推荐第三方节能量审核机构的通知》（财办建〔2011〕89号）

24.《关于建立工业节能减排信息监测系统的通知》（工信部节〔2011〕237号）

25.《关于进一步加强工业节能减排信息监测系统建设工作的通知》（工信部节〔2012〕8号）

26.《关于印发淘汰落后产能工作考核实施方案的通知》（工信部联产业〔2011〕46号）

27.《产业结构调整指导目录（2011年本）》（发改委令〔2011〕9号）

28.《关于印发淘汰落后产能中央财政奖励资金管理办法的通知》（财建〔2011〕180号）

29.《关于下达2011年工业行业淘汰落后产能目标任务的通知》（工信部产业〔2011〕161号）

30.《国家重点节能技术推广目录》（第四批）（发改委公告〔2011〕34号）

31.《关于发布2011年度钢铁等行业重点用能产品（工序）能效标杆指标及企业的通知》（工信厅节〔2012〕166号）

32.《关于开展2011年度重点用能行业单位产品能耗限额标准执行情况和高耗能落后机电设备（产品）淘汰情况监督检查的通知》（工信部节〔2012〕310号）

33.《关于开展2012年度重点用能行业单位产品能耗限额标准执行情况和高耗能落后机电设备（产品）淘汰情况监督检查的通知》（工信部节〔2012〕341号）

附录3　中国能源数据

附表3-1　中国能源与经济主要指标

	1990年	1995年	2000年	2005年	2006年	2007年	2008年	2009年	2010年	2011年
人口（万人）	114333	121121	126743	130756	131448	132129	132802	133450	134091	134735
城镇人口比重（%）	26.41	29.04	36.22	42.99	44.34	45.89	46.99	48.34	49.95	51.27
GDP增长率（%）	3.80	10.90	8.30	11.31	12.70	14.20	9.60	9.20	10.40	9.3
GDP（亿元）	18668	60794	99215	184937.4	216314.4	265810.3	314045.4	340902.8	401512.8	472881.6
第一产业	27.1	20.0	15.1	12.1	11.1	10.8	10.7	10.3	10.1	10.0
第二产业	41.3	47.2	45.9	47.4	47.9	47.3	47.4	46.2	46.7	46.6
第三产业	31.5	32.9	39.0	40.5	40.9	41.9	41.8	43.4	43.2	43.4
一次能源消费量（百万吨标准煤）	987	1311.8	145531	235997	258676	280508	291448	306647	324939	348002
石油进口依存度（%）	−20.5	7.6	33.8	43.9	48.8	50	50.9	56.6	54.8	56.7*
城镇居民人均可支配收入（元）	1510	4283	6280	10493	11759	13786	15781	17175	19109	21810
农村居民人均纯收入（元）	686	1578	2253	3255	3587	4140	4761	5153	5919	6977
城市人均住房面积（建筑面积）（平方米）	13.7	16.3	20.3	26.1	27.1	28	29.1*	31.3	31.6	32.7
农村人均住房面积（居住面积）（平方米）	17.8	21	24.8	29.7	30.7	31.6	32.4	33.6	34.1	36.2
重工业占工业增加值比重（%）	50.60	52.70	60.20	69.00	69.80	70.30	70.50	70.84	71.20	71.85
全社会固定资产投资（亿元）	4517	20019	32918	88774	109998	137324	172291	224595.8	251683.8	311485.1
能源工业固定资产投资（亿元）	847	2369	2840	10206	11826	13701	16417	19477.9	21627.1	23045.6
发电量（十亿千瓦时）	621.2	1007	1355.6	2500.3	2865.7	3281.6	3466.9	3681.2	4207.2	4713
粗钢产量（百万吨）	66.4	95.4	128.5	353.2	419.2	489.7	503.05	572.18	637.23	685.28
水泥产量（百万吨）	209.7	475.6	597	1068.9	1235	1360	1400	1644	1881.91	2099.26

（续表）

	1990年	1995年	2000年	2005年	2006年	2007年	2008年	2009年	2010年	2011年
货物出口总额（亿美元）	620.9	1487.8	2492	7619.5	9690.7	12180.1	14285	12016.1	15777.5	18983.8
货物进口总额（亿美元）	533.5	1320.8	2250.9	6599.5	7916.1	9558.2	11331	10059.2	13962.4	17434.8
SO2排放量（百万吨）	15.02	23.7	19.95	25.49	25.89	24.68	23.21	22.14	21.85	22.18
人民币兑美汇率	4.783	8.351	8.278	8.192	7.972	7.604	6.945	6.831	6.770	6.459

注：1. *为公报数。
2. GDP按当年价格计算，增长率按可比价格计算。
3. 石油进口依存度为净进口量占国内消费量比重。
4. 能源工业固定资产投资包括煤炭开采洗选业、石油和天然气开采业、石油加工和炼焦业、电力和热力生产及供应业、燃气生产和供应业。
资料来源：国家统计局。

附表3-2　2000–2011年中国产业结构和工业结构的变化

（单位：%）

	2000年	2001年	2002年	2003年	2004年	2005年	2006年	2007年	2008年	2009年	2010年	2011年
产业结构												
第一产业	15.1	14.4	13.7	12.8	13.4	12.1	11.1	10.8	10.7	10.3	10.1	10.0
第二产业	45.9	45.2	44.8	46.0	46.2	47.4	47.9	47.3	47.4	46.2	46.7	46.6
工业	40.4	39.7	39.4	40.5	40.8	41.8	42.2	41.6	41.5	39.7	40.0	39.9
建筑业	5.6	5.4	5.4	5.5	5.4	5.6	5.7	5.8	6.0	6.6	6.6	6.8
第三产业	39.0	40.5	41.5	41.2	40.4	40.5	40.9	41.9	41.8	43.4	43.2	43.4
工业结构												
轻工业		62.9	62.6	65.8	67.6	69.0	69.8	70.3	70.5	70.8	71.2	71.8
重工业		37.1	37.4	34.2	32.4	31.0	30.3	29.7	29.5	29.2	28.8	28.2

资料来源：国家统计局。

附表3-3　2000–2011年中国主要工业品产量

产品	单位	2000年	2001年	2002年	2003年	2004年	2005年	2006年	2007年	2008年	2009年	2010年	2011年
粗钢	万吨	12 850.0	15 163.4	18 236.6	22 233.6	28 291.1	35 324.0	41 914.9	48 928.8	50 305.0	57 218.23	63 722.99	68 528.31
钢材	万吨	13 146.0	16 067.6	19 251.6	24 108.0	31 975.7	37 771.1	46 893.4	56 560.9	60 460.0	69 405.0	80 276.58	88 619.57
十种有色金属	万吨	784.0	884.0	1 012.0	1 228.1	1 441.1	1 635.0	1 916.3	2 379.2	2 553.6	2 648.5	3 120.98	3 435.44
水泥	万吨	59 700.0	66 104.0	72 500.0	86 208.1	96 682.0	106 884.8	123 676.5	136 117.3	142 355.7	164 398.0	188 191.7	209 925.86
平板玻璃	万重量箱	18 352.2	20 964.12	23 445.56	27 702.6	37 026.17	40 210.24	46 574.7	53 918.07	55 184.63	58 574.07	66 330.8	79 107.55
纯碱	万吨	834.0	914.4	1 033.2	1 133.6	1 334.7	1 421.1	1 560.0	1 765.0	1 854.6	1 944.8	2 034.8	2 294.03
烧碱	万吨	667.9	788.0	878.0	945.3	1 041.1	1 240.0	1 511.8	1 759.3	1 926.0	1 832.4	2 228.4	2 473.52
乙烯	万吨	470.0	480.6	543.0	611.8	629.9	755.5	940.5	1 027.8	987.6	1 072.6	1 421.34	1 527.50
发电量	亿千瓦时	13 556.0	14 808.0	16 540.0	19 105.8	22 033.1	25 002.6	28 657.3	32 815.5	34 957.6	37 146.5	42 072	47 130
原煤	亿吨	10.0	11.6	13.8	16.7	19.9	22.1	23.7	25.3	28.0	29.7	32.35	35.20
原油	万吨	16 000.0	16 395.9	16 700.0	16 960.0	17 587.3	18 135.3	18 476.6	18 631.8	19 043.1	18 949.0	20 301.40	20 287.55
天然气	亿立方米	272.0	303.3	326.6	350.2	414.6	493.2	585.5	692.4	803.0	852.7	948.5	1 026.89

资料来源：国家统计局。

附表3-4　2000-2011年中国一次能源生产量及结构

年份	能源生产量（万吨标准煤）（发电煤耗计算法）	占能源生产量的比重（%）			
		原煤	原油	天然气	核电、水电、风电
2000	135048	73.2	17.2	2.7	6.9
2001	143875	73.0	16.3	2.8	7.9
2002	150656	73.5	15.8	2.9	7.8
2003	171906	76.2	14.1	2.7	7.0
2004	196648	77.1	12.8	2.8	7.3
2005	216219	77.6	12.0	3.0	7.4
2006	232167	77.8	11.3	3.4	7.5
2007	247279	77.7	10.8	3.7	7.8
2008	260552	76.8	10.5	4.1	8.6
2009	274619	77.3	9.9	4.1	8.7
2010	296916	76.5	9.8	4.3	9.4
2011	317987	77.8	9.1	4.3	8.8

资料来源：国家统计局。

附表3-5　2000-2011年中国一次能源消费量及结构

年份	能源消费总量（万吨标准煤）（发电煤耗计算法）	占能源消费总量的比重（%）			
		煤炭	石油	天然气	水电、核电、风电
2000	145531	69.2	22.2	2.2	6.4
2001	150406	68.3	21.8	2.4	7.5
2002	159431	68.0	22.3	2.4	7.3
2003	183792	69.8	21.2	2.5	6.5
2004	213456	69.5	21.3	2.5	6.7
2005	235997	70.8	19.8	2.6	6.8
2006	258676	71.1	19.3	2.9	6.7
2007	280508	71.1	18.8	3.3	6.8
2008	291448	70.3	18.3	3.7	7.7
2009	306647	70.4	17.9	3.9	7.8
2010	324939	68.0	19.0	4.4	8.6
2011	348002	68.4	18.6	5.0	8.0

资料来源：国家统计局。

附表3-6 2005-2011年中国工业分行业终端能源消费量

（单位：万吨标准煤）

行业	2005年	2006年	2007年	2008年	2009年	2010年	2011年
钢铁	39180	44355	49801	51468	55989	56413.01	62490.32
石化	39834.26	42568.43	46190.16	47038.2	47824.35	48611.76	54667.43
建材	22209.33	23567.72	24099.26	26450.97	27965.77	28671.83	31443.53
有色金属	8066.8	9542.02	11611.81	12029.2	12154.83	13614.31	14977.06
电力	10272	11437	11745	11492	12145	12625.71	14238.46
合计	119562.4	131470.2	143447.2	148478.4	156079.0	159936.6	177816.8

注：1. 钢铁行业能耗取黑色金属冶炼及压延业加工业能耗值，因其统计口径与中国钢铁协会统计不完全可比，此数据分析仅供参考；

2. 石油和化工行业包括天然气和油气开采业，石油加工、炼焦及核燃料加工业，化学原料及化学制品制造业，化学纤维制造业，橡胶制品业；

3. 建材行业包括非金属矿采选业与非金属矿物制品业；

4. 有色金属行业包括有色金属矿采选业与有色金属冶炼及压延业；

5. 电力行业是指电力、热力的生产与供应业，该数据分析仅供参考；

6. 以上行业数据均为发电煤耗计算法得到的能耗值。

资料来源：以上数据来自历年《中国能源统计年鉴》。

附表3-7 2005-2011年中国主要工业品单位产品能耗

产品	单位	2005年	2006年	2007年	2008年	2009年	2010年	2011年
吨钢综合能耗	千克标准煤/吨	694.0	645.1	628.0	628.9	619.4	604.6	601.7
吨钢可比能耗	千克标准煤/吨	—	623.0	614.3	609.6	595.4	581.1	—
原油加工综合能耗	千克标准煤/吨	104.2	109.8.	107.4	105.8	103.0	96.63	96.05
乙烯综合能耗	千克标准煤/吨	985.7	967.1	956.4	941.6	910.1	879.4	850.8
合成氨综合能耗	千克标准煤/吨	1452.8	1482.7	1426.3	1426.2	1390.4	1377.5	1371.9
烧碱综合能耗	千克标准煤/吨	596.5	620.5	618.0	577.5	534.3	454.9	433.5
纯碱综合能耗	千克标准煤/吨	395.8	401.7	397.5	354.7	332.6	306.7	300.6
电石综合能耗	千克标准煤/吨	1120.0	1141.1	1107.3	1094.0	1020.0	1040.6	1051.6

（续表）

产品	单位	2005年	2006年	2007年	2008年	2009年	2010年	2011年
水泥综合能耗	千克标准煤/吨	126.0	120.0	115.0	104.0	103.8	100.03*	98.52*
熟料综合能耗	千克标准煤/吨	148.0	142.0	138.0	130.0	124.2	118.04*	116.25*
平板玻璃综合能耗	千克标准煤/重量箱	22	19	17	16.6	16.5	16.3*	16.2*
氧化铝综合能耗	千克标准煤/吨	998.2	802.7	868.1	794.4	631.3	590.6	565.7
铝锭综合交流电耗	千瓦时/吨	14575.0	14697.0	14441.0	14283.0	14152.0	13964.3	13913
铜冶炼综合能耗	千克标准煤/吨	733.1	594.8	485.8	444.3	404.1	398.8	368.6
铅冶炼综合能耗	千克标准煤/吨	654.6	542.3	551.3	463.3	475.7	421.1	445.7
湿法炼锌综合能耗	千克标准煤/吨	1957.0	1247.5	1063.3	1027.6	963.1	999.1	958.9
供电煤耗	克标准煤/千瓦时	370.0	367.0	356.0	345.0	340.0	333	329
发电煤耗	克标准煤/千瓦时	343.0	342.0	332.0	322.0	320.0	312	—

注：*为笔者估算，仅供参考。
资料来源：中国钢铁工业协会，中国石油和化学工业联合会、中国建筑材料联合会，中国有色金属工业协会以及中国电力企业联合会。

附表3-8　2001-2011年中国能源消费弹性系数与中国工业能源消费弹性系数

年份	能源消费总量增长率（%）	GDP增长率（%）	能源弹性系数	工业能源消费总量增长率（%）	工业增加值增长率（%）	工业能源消费弹性系数
2001	3.35	8.30	0.404	3.17	8.67	0.366
2002	6.00	9.08	0.661	5.65	9.97	0.567
2003	15.28	10.03	1.523	15.74	12.75	1.235
2004	16.14	10.09	1.600	16.64	11.51	1.446
2005	10.56	11.31	0.934	10.56	11.58	0.912
2006	9.61	12.70	0.757	12.58	12.90	0.975
2007	8.44	14.20	0.594	8.50	14.90	0.570
2008	3.90	9.60	0.406	4.37	9.90	0.441

（续表）

年份	能源消费总量增长率（%）	GDP增长率（%）	能源弹性系数	工业能源消费总量增长率（%）	工业增加值增长率（%）	工业能源消费弹性系数
2009	5.21	9.20	0.567	4.73	8.70	0.544
2010	5.97	10.40	0.574	5.85	12.10	0.483
2011	7.10	9.30	0.76	6.22	10.70	0.581

注：中国能源消费弹性系数与中国工业能源消费弹性系数系作者根据相关数据计算得到，供参考。
资料来源：1. GDP增长率以及工业增加值增长率来自国家统计局，均按可比价格计算。
2. 能源消费总量增速与工业能源消费总量增速均来自国家统计局，采用等价值计算。

附表3-9 2005-2011年单位GDP能耗与工业增加值能耗变化情况

年份	单位GDP能耗（吨标准煤/万元）	单位GDP能耗下降率（%）	工业增加值能耗（吨标准煤/万元）	工业增加值能耗下降率（%）
按2005年价格计算				
2005	1.276	—	2.59	—
2006	1.241	2.74	2.54	1.98
2007	1.179	5.04	2.40	5.46
2008	1.118	5.20	2.20	8.43
2009	1.077	3.61	2.05	6.62
2010	1.034	4.01	1.92	6.61
按2010年价格计算				
2010	0.809	—	1.44*	—
2011	0.793	2.01	1.39*	3.49

注：1. 2005-2010年数据来自《2011中国工业节能进展报告——“十一五”工业节能成效与经验回顾》（国宏美亚，2012年2月）。
2. 2011年单位GDP能耗和下降率来自《2011年份省市万元地区生产总值（GDP）能耗等指标公报》。
3. 2011年规模以上工业增加值能耗下降率来自工信部。
4. 按照2010年价计算的2010年和2011年工业增加值能耗仅供参考。
5. 标*数据仅供参考。

附表3-10 2011年各地区节能目标完成情况表

地区	2011年万元GDP能耗降低目标（%）	2011年万元GDP能耗降低率（%）	“十二五”节能目标完成进度（%）
北京	6.50	6.94	38.58
天津	4.00	4.28	22.05
河北	3.66	3.69	20.17

（续表）

地区	2011年万元GDP能耗降低目标（%）	2011年万元GDP能耗降低率（%）	“十二五”节能目标完成进度（%）
山西	3.50	3.55	20.71
内蒙古	2.50	2.51	15.63
辽宁	3.40	3.40	18.55
吉林	3.50	3.59	20.95
黑龙江	3.50	3.50	20.42
上海	4.50	5.32	27.56
江苏	3.50	3.52	18.06
浙江	3.50	3.07	15.72
安徽	3.50	4.06	23.75
福建	3.20	3.29	19.17
江西	3.00	3.08	17.93
山东	3.66	3.77	20.61
河南	3.50	3.57	20.83
湖北	3.50	3.79	22.14
湖南	3.50	3.68	21.49
广东	3.50	3.78	19.42
广西	3.30	3.36	21.02
海南	−6.00	−5.23	−48.27
重庆	3.80	3.81	22.26
四川	3.50	4.23	24.77
贵州	3.20	3.51	21.97
云南	3.20	3.22	20.13
陕西	3.50	3.56	20.77
甘肃	3.20	2.51	15.63
青海	1.50	−9.44	−85.42
宁夏	−3.50	−4.60	−27.66
新疆	2.00	−6.96	−63.71

注：1. 2011年万元GDP能耗降低目标依据各省、区、市人民政府确认函。
2. 2011年万元GDP能耗降低率依据国家统计局核定数（西藏自治区数据暂缺）。
3. 负号表示单位GDP能耗上升。

资料来源：国家发展改革委。

附表3-11 2011年中国淘汰落后产能完成情况

行业	淘汰内容	单位	淘汰目标	实际淘汰量
炼铁	400立方米及以下炼铁高炉	万吨	3122	3192
炼钢	年产30万吨及以下的转炉、电炉	万吨	2794	2846
水泥熟料	立窑，干法中空窑，直径3米以下水泥粉磨设备等	万吨	15327	15497
平板玻璃	“平拉法”（含格法）落后产能	万重量箱	2940.7	2940.7
焦炭	土法炼焦（含改良焦炉），单炉产能7.5万吨/年以下的半焦（兰炭）生产装置，炭化室高度小于4.3米焦炉（3.8米及以上捣固焦炉除外）	万吨	1975	2006
铁合金	6300千伏安以下矿热电炉、3000千伏安以下铁合金半封闭直流电炉、铁合金精炼电炉等	万吨	211	212.7
电石	单台炉容量小于12500千伏安电石炉及开放式电石炉	万吨	152.9	151.9
电解铝	铝自焙电解槽及100千伏安及以下自焙槽	万吨	61.9	63.9
铜冶炼（含再生铜）	鼓风炉、电炉、反射炉炼铜工艺及设备	万吨	42.5	42.5
铅冶炼（含再生铅）	采用烧结锅、烧结盘、简易高炉等落后方式炼铅工艺及设备，未配套 建设制酸及尾气吸收系统的烧结机炼铅工艺等	万吨	66.1	66.1
锌冶炼（含再生锌）	采用马弗炉、马槽炉、横罐、小竖罐等进行焙烧、简易冷凝设施进行收尘等落后方式炼锌或生产氧化锌工艺装备	万吨	33.8	33.8

注：1. 淘汰内容来自《节能减排“十二五”规划》，部分行业淘汰内容与《产业结构调整指导目录（2011年本）》略有不同。如《产业结构调整指导目录（2011年本）》中焦炭行业的淘汰内容为“土法炼焦（含改良焦炉），单炉产能5万吨/年以下或无煤气、焦油回收利用和污水处理达不到准入条件的半焦（兰炭）生产装置，炭化室高度小于4.3米焦炉（3.8米及以上捣固焦炉除外）（西部地区3.8米捣固焦炉可延期至2011年）；无化产回收的单一炼焦生产设施”等。

2. 2011年工业行业淘汰落后产能目标任务来自工信部，表中铜冶炼、铅（含再生铅）冶炼、锌（含再生锌）冶炼为新增行业。

3. 2011年淘汰落后产能完成情况摘自《工信部、国家能源局联合公告2011年全国各地区淘汰落后产能目标任务完成情况》。

附录4　2011年国际节能合作项目动态

1. 能源基金会中国可持续能源项目工业项目

能源基金会中国可持续能源项目主要集中在低碳发展之路、交通、建筑、工业、电力、可再生能源六大方面。中国的高能耗行业，包括工业（钢铁、水泥、石化）、建筑、电力和交通是该项目的研究重点。其中，工业项目总目标是为了帮助中国政府制定并实施工业能效政策，促进工业部门的能效提高。

2011年，能源基金会中国可持续能源项目工业项目活动如下：

① 支持工业能效政策和标准的制定与实施。主要包括支持工业节能规划和政策相关研究，工业能效标准的制定、宣传和贯彻，能源管理体系和能量系统优化的推广和应用，“十一五”工业节能政策和行动实施效果的评估等。

② 推动重点耗能工业企业最佳实践的示范和规模化。支持万家企业节能低碳行动的设计工作，能源管理师制度建设和重大节能新技术的示范和产业化工程研究等。

③ 加强节能监测和技术服务的能力建设。支持地方节能监察中心组织建设能源管理信息平台和工业能效监控平台，扩大中国工业节能减排大学联盟，构建地方节能项目合作机制等。

2. 中国工业企业能效促进项目（CEEPI）

中国工业企业能效促进项目（CEEPI）是工信部与世界银行及全球环境基金合作开展的，面向中国工业企业开展的能源管理制度和能力建设促进项目。项目内容包括4个方面：①国内外工业节能政策研究；②能源管理负责人能力建设，包括研究制定工业企业能源管理岗位和能源管理负责人制度，开发培训方案和教材，组织相关培训等；③实施重点耗能行业和企业能源管理制度和能力建设试点示范项目；④开展工业企业能源管理宣传和推广活动。本项目于2011年10月份正式生效，项目执行期4年。

目前，项目已完成江苏、四川、宁夏和西安4个能源管理负责人培训基地的考察、评选等前期准备工作，并在江苏南京成功举办了第一期“能源管理负责人高级培训班”。此外，行业能源管理负责人培训方案和教材开发，国内外工业节能政策研究工作等也在有条不紊的展开。

3. 中国节能融资项目（CHEEF）

中国节能融资项目（CHEEF）是由国家发展改革委与世界银行（WB）和全球环境基金（GEF）在中国节能促进项目前两期基础上合作开发的、完善中国节能融资市场化机制和体系、加强节能政策制定和实施能力建设的第三期项目。项目内容包括两方面：①WB转贷项目：通过转贷银行开发节能贷款业务,支持重点用能行业的大中型工业企业加快实施节能技术改造，并通过总结推广转贷银行成功经验，引导其他银行开展节能贷款业务，促进中国节能金融市场的形成和制度建设。②GEF赠款项目，包括加强转贷银行节能贷款业务能力建设，支持国家节能政策实施能力建设等。本项目于2008年10月份正式生效，计划于2013年底结束。

目前项目支持进出口银行和华夏银行共计实施节能贷款项目31项，节能贷款资金总额（含配套贷款）345.78百万美元，实现年节能量163万吨标准煤。项目还进一步推动了固定资产投资项目节能评估和审查制度建设、全国重点用能企业能源利用状况监测系统的建立及国家节能中心能力建设等相关工作。

4. 中小企业节能减排融资机制创新研究项目

中小企业节能减排融资机制创新研究项目是工信部为破解中小企业节能减排融资难题，探索建立中小企业节能减排融资新机制，有效推动中小企业节能减排工作深入开展，利用亚行技术援助资金于2011年7月组织实施的。目前，项目已完成了《中小企业节能减排项目融资案例研究》、《中小企业节能减排项目融资创新机制研究》、《中小企业节能减排项目甄选标准和操作指南》、《中小企业节能减排促进基金设立与运营方案研究》等4项成果，为制定促进中小企业节能减排融资政策、措施提供了重要支撑。

附录5　企业节能量计算方法

《企业节能量计算方法》（GB/T13234-2009）规定了企业节能量的分类和计算的基本原则、企业节能量以及节能率的计算方法。

该标准适用于企业节能量和节能率的计算。其他用能单位、行业（部门）、地区、国家宏观节能量的计算也可参考采用。

根据该标准，节能量（Energy saved）是指满足同等需要或相同目的的条件下，能源消费减少的数量。企业节能量（Energy saved of enterprise）是指企业统计报告期内实际能源消费量与按比较基准计算的能源消耗量之差。企业节能量一般分为产品节能量（Energy saved of productions）、产值节能量（Energy saved of output value）、技术措施节能量（Energy saved of technique）、产品结构节能量（Energy saved of product mix variety）和单项能源节能量（Energy saved by energy types）等。

1. 产品节能量的计算

1.1 单一产品节能量

生产单一产品的企业，产品节能量按式（1）计算：

$$\Delta E_c = (e_b - e_j) M_b \tag{1}$$

式中：

ΔE_c——企业产品节能量，单位为吨标准煤（tce）；

e_b——统计报告期的单位产品综合能耗，单位为吨标准煤（tce）；

e_j——基期的单位产品综合能耗，单位为吨标准煤（tce）；

M_b——统计报告期产出的合格产品数量。

1.2 多种产品节能量

生产多种产品的企业，企业产品节能量按式（2）计算：

$$\Delta E_c = \sum_{i=1}^{n} (e_{bi} - e_{ji}) \mathrm{M}_{bi} \tag{2}$$

式中：

e_{bi}——统计报告期第i种产品的单位产品综合能耗，单位为吨标准煤（tce）；

e_{ji}——基期第i种产品的单位产品综合能耗或单位产品能源消耗限额，单位为吨标准煤（tce）；

M_{bi}——统计报告期产出的第i种合格产品数量；

n——统计报告期内企业生产的产品种类数。

2. 产值节能量

产值节能量按式（3）计算：

$$\Delta E_g = (e_{bg} - e_{jg}) G_b \tag{3}$$

式中：

ΔE_g——企业产值（或增加值）总节能量，单位为吨标准煤（tce）；

e_{bg}——统计报告期企业单位产值（或增加值）综合能耗，单位为吨标准煤/万元（tce/万元）；

e_{jg}——基期企业单位产值（或增加值）综合能耗，单位为吨标准煤/万元（tce/万元）；

G_b——统计报告期企业的产值（或增加值，可比价），单位为万元。

3. 技术措施节能量

3.1 单项技术措施节能量

单行技术措施节能量按式（4）计算：

$$\Delta E_{ti} = (e_{th} - e_{tq}) P_{th} \quad (4)$$

式中：

ΔE_{ti}——某项技术措施节能量，单位为吨标准煤（tce）；

e_{th}——某种工艺或设备实施某项技术措施后其产品的单位产品能耗量，单位为吨标准煤（tce）；

e_{tq}——某种工艺或设备实施某项技术措施前其产品的单位能源消耗量，单位为吨标准煤（tce）；

P_{th}——某种工艺或设备实施某项技术措施后其产品产量。

3.2 多项技术措施节能量

多项技术措施节能量按式（5）计算：

$$\Delta E_{t} = \sum_{i=1}^{m} \Delta E_{ti} \quad (5)$$

式中：

ΔE_{t}——多项技术措施节能量，单位为吨标准煤（tce）；

m——企业技术措施项目数。

4. 产品结构节能量

产品结构节能量按式（6）计算：

$$\Delta E_{cj} = G_{z} \times \sum_{i=1}^{n} (K_{bi} - K_{ji}) \times e_{jci} \quad (6)$$

式中：

ΔE_{cj}——产品结构节能量，单位为吨标准煤（tce）；

G_{z}——统计报告期总产值（总增加值，可比价），单位为万元；

K_{bi}——统计报告期替代第i种产品产值占总产值（或总增加值）的比重，%；

K_{ji}——基期第i种产品产值占总产值（或总增加值）的比重，%；

e_{jci}——基期第i种产品的单位产值（或增加值）能耗，单位为吨标准煤/万元（tce/万元）；

n——产品种类数。

5. 单项能源节能量

5.1 产品单项能源节能量

产品单项能源节能量按式（7）计算：

$$\Delta E_{cn}=\sum_{i=1}^{n}(e_{bci}-e_{jci})\times M_{bi} \tag{7}$$

式中：

ΔE_{cn}——产品某单项能源品种能源节能量，单位为吨（t）、千瓦时（kWh）等；

e_{bci}——统计报告期第i种单位产品某项能源品种能源消耗量，单位为吨（t）、千瓦时（kWh）等；

e_{jci}——基期第i种单位产品某单项能源品种能源消耗量或单位产品某项能源品种能源消耗限额，单位为吨（t）、千瓦时（kWh）等；

M_{bi}——统计报告期产出的第i种合格产品数量；

n——统计报告期企业生产的产品种类数。

5.2 产值单项能源节能量

产值单项能源节能量按式（8）计算：

$$\Delta E_{gn}=\sum_{i=1}^{n}(e_{bgi}-e_{jgi})\times G_{bi} \tag{8}$$

式中：

ΔE_{gn}——产品某单项能源品种能源节能量，单位为吨（t），千瓦时（kWh）等；

e_{bgi}——统计报告期第i种产品单位产值（或单位增加值）某单项品种能源消耗量，单位为吨/万元（t/万元）、千瓦时/万元（kWh/万元）等；

e_{jgi}——基期第i种产品单位产值某单项品种能源消耗量，单位为吨/万元（t/万元）、千瓦时/万元（kWh/万元）等；

G_{bi}——统计报告期第i种产品产值（或增加值，可比价），单位为万元；

n——统计报告期企业生产的产品种类数。

附录6 术语表

1. 常用能源计量单位

单位	含义
tce	吨标准煤（吨煤当量）。标准煤是按煤的热当量值计算各种能源的计量单位。1kgce=7 000kcal=29 307kJ
Mtce	百万吨标准煤
kgce	千克标准煤
gce	克标准煤
toe	吨油当量。油当量是按石油的热当量值计算各种能源的计量单位。1kgoe=10 000kcal=41 816kJ
Btu	英热单位。1Btu=252cal=1 055J
kcal	千卡
Mt	百万吨
st	短吨。1st=2000Ib=907.185kg
MW	千千瓦（兆瓦）
GW	百万千瓦（吉瓦）
TW	十亿千瓦（太瓦）
kWh	千瓦小时
GWh	百万千瓦小时
TWh	十亿千瓦小时

2. 常见能源名词

（1）能源分类

能源种类	定义
一次能源	从自然界取得未经改变或转变而直接利用的能源。如原煤、原油、天然气、水能、风能、太阳能、海洋能、潮汐能、地热能、天然铀矿等
二次能源	由一次能源经过加工直接或转换得到的能源。如石油制品、焦炭、煤气、热能等
可再生能源	指一次能源中，可以再生的水能、太阳能、生物能、风能、地热能和海洋能等资源的统称
非可再生能源	指一次能源中，只能一次性使用、不可循环再生的能源称为非可再生能源，如石油、煤炭、天然气等
清洁能源	指在生产和使用过程中不产生有害物质排放的能源。可再生的、消耗后可得到恢复的或非再生的经洁净技术处理过的能源（如洁净煤油等）
非清洁能源	指在生产和使用过程中对环境污染较大的能源称为非清洁能源，如煤炭、石油及核燃料等

（2）热工术语

术语	含义
燃料发热量	单位质量燃料完全燃烧时放出的热量，其单位是kJ/kg或kJ/m³。燃料发热量有高、低位发热量之分，热平衡计算的基准通常使用低位发热量
高位发热量	燃料完全燃烧，并当燃料产物中的水蒸气凝结为水时的全部反应热
低位发热量	燃料完全燃烧，其燃烧产物中水蒸气仍以气态存在时的反应热，它等于从高位发热量中扣除水蒸气凝结后的热量，是燃料燃烧时实际放出的可利用热量
当量热值	单位量的某种能源，在绝热状况按能量守恒定律全部转换为热量，这一热量即为该能源的当量热值。如1千瓦小时电的当量热值为3 596千焦（860大卡）
等价热值	为得到单位量的二次能源（如水蒸气、电、煤气、焦炭等）或单位量的载能体（如水、压缩空气、氧气等）实际所消耗的一次能源的热量，即为该二次能源或者载能体的等价热值。如要获得1千瓦小时电能，需要消耗320克标准煤（每千克标准煤为29 307千焦），则取电的等价热值为9 378千焦
标准煤	计算综合能耗时用以表示能源消耗量的单位。应用基低位发热量为29 307千焦（7 000大卡）的固定燃料成为1千克标准煤
标准油	计算综合能耗时用以表示能源消耗量的单位。应用基低位发热量为41 868千焦（10 000大卡）的液体燃料成为1千克标油
综合能耗	规定的耗能体系在一段时间内实际消耗的各种能源实物量，按规定的计算方法和单位，分别折算为一次能源后的总和
终端能耗	指一定时期内全国（地区）各行业和居民生活消费的各种能源在扣除了用于加工转化二次能源和损失量以后的能源消耗量

（3）能源利用术语

术语	含义
单位国内生产总值综合能耗	指一定时期内，一个国家或者地区每生产一个单位的国内生产总值所消耗的能源
单位工业增加值能耗	指一定时期内，一个国家或地区每生产一个单位的工业增加值所消耗的能源
能源消费弹性系数	能源消费增长速度与国民经济增长速度之间的比值
节能量	统计报告期内能源实际消耗量与按比较基准计算的总量之差。比较基准可以使单位产品能耗、单位产值能耗和能源消耗定额等
节能率	报告期节能量与基准期的能源消耗量之比。即采取节能措施之后节约的能量与未采取节能措施之前能源消费量的比值

资料来源：《2009年中国能源统计年鉴》，杨申仲《能源管理工作手册》等。

3. 能源计量单位换算

（1）中国

能源名称	平均低位发热量	折标准煤系数
原煤	20 908kJ（5 000kcal）/ kg	0.714 3 kgce/kg
洗精煤	26 344kJ（6 300kcal）/ kg	0.900 0 kece/kg
其他洗煤		
洗中煤	8 363kJ/（2 000kcal）/ kg	0.285 7 kgce/kg
煤泥	8 363~12 545kJ/（2 000~3 000kcal）/ kg	0.285 7~0.428 6 kgce/kg
焦炭	28 435kJ/（6800kcal）/ kg	0.971 4 kgce/kg
原油	41 816kJ/（10000kcal）/ kg	1.428 6 kgce/kg
燃料油	41 816kJ/（10000kcal）/ kg	1.428 6 kgce/kg
汽油	43 070kJ/（10300kcal）/ kg	1.471 4 kgce/kg
煤油	43 070kJ/（10300kcal）/ kg	1.471 4 kgce/kg
柴油	42 652kJ/（10200kcal）/ kg	1.457 1 kgce/kg
液化石油气	50 179kJ/（12000kcal）/ kg	1.714 3 kgce/kg
炼厂干气	45 998kJ/（11000kcal）/ kg	1.571 4 kgce/kg
天然气	38 931kJ/（9310kcal）/ kg	1.330 0 kgce/m3
焦炉煤气	16 726~17 981kJ/（4 000~4 300kcal）/ m^3	0.571 4~0.614 3 kgce/m^3
其他煤气		
发生炉煤气	5 227kJ/（1 250kcal）/ m^3	0.178 6 kgce/m^3
重油催化裂解煤气	19 235kJ/（4 600kcal）/ m^3	0.657 1 kgce/m^3
重油热裂解煤气	35 544kJ/（8 500kcal）/ m^3	1.214 3 kgce/m^3
焦炭制气	16 308kJ/（3 900kcal）/ m^3	0.557 1 kgce/m^3
压力气化煤气	15 054kJ/（3 600kcal）/ m^3	0.514 3 kgce/m^3
水煤气	10 454kJ/（2 500kcal）/ m^3	0.357 1 kgce/m^3
煤焦油	33 453kJ/（8 000kcal）/ kg	1.142 9 kgce/kg
粗苯	41 816kJ/（10 000kcal）/ kg	1.428 6 kgce/kg
热力（当量）		0.034 12 kgce/MJ（0.142 86 kgce/1000kcal）
电力（当量）（等价）	3 596kJ/（860kcal）/ kWcal按当年火电发电标准煤耗计算	0.122 9 kgce/kWl）/
生物质能		
人粪	18 817kJ（4500kcal）/ kg	0.643 kgce/kg

（续表）

能源名称	平均低位发热量	折标准煤系数
牛粪	13 799kJ/（3300kcal）/ kg	0.471 kgce/kg
猪粪	12 545kJ/（3000kcal）/ kg	0.429 kgce/kg
羊、驴、马、骡粪	15 472kJ/（3700kcal）/ kg	0.529 kgce/kg
鸡粪	18 817kJ/（4500kcal）/ kg	0.643 kgce/kg
大豆秆、棉花秆	15 890kJ/（3800kcal）/ kg	0.543 kgce/kg
稻秆	12 545kJ/（3000kcal）/ kg	0.429 kgce/kg
麦秆	14 635kJ/（3500kcal）/ kg	0.500 kgce/kg
玉米秆	15 472kJ/（3700kcal）/ kg	0.529 kgce/kg
杂草	13 799kJ/（3300kcal）/ kg	0.471 kgce/kg
树叶	14 635kJ/（3500kcal）/ kg	0.500 kgce/kg
薪柴	16 726kJ/（4000kcal）/ kg	0.571 kgce/kg
沼气	20 908kJ/（5000kcal）/ kg	0.714 kgce/m^3

（2）英国石油公司

原油换算

	吨	千升	桶	美制加仑	吨/年
吨 =	1	1.165	7.33	308	—
千升 =	0.858	1	6.2898	264	—
桶 =	0.136	0.159	1	42	—
美制加仑 =	0.00325	0.0038	0.0238	1	—
桶/日 =	—	—	—	—	49.8*

注：*按世界平均比重计算

石油制品换算

	桶换算成吨	吨换算成桶	千升换算成吨	吨换算成千升
LPG	0.086	11.6	0.542	1.844
汽油	0.118	8.5	0.740	1.351
煤油	0.128	7.8	0.806	1.240
粗柴油/柴油	0.133	7.5	0.839	1.192
燃料油	0.149	6.7	0.939	1.065

天然气（NG）和液化天然气（LNG）换算

	十亿立方米 NG	十亿立方英尺 NG	百万吨油当量	百万吨 LNG	万亿英热单位	百万桶油当量
十亿立方米NG=	1	35.3	0.90	0.73	36	6.29
十亿立方英尺NG=	0.028	1	0.026	0.021	1.03	0.18
百万吨油当量=	1.111	39.2	1	0.805	40.4	7.33
百万吨LNG=	1.38	48.7	1.23	1	52.0	8.68
万亿英热单位=	0.028	0.98	0.025	0.02	1	0.17
百万桶油当量=	0.16	5.61	0.14	0.12	5.8	1

热值当量

	1吨油当量约等于
热单位	1 000万千卡 42吉焦 4 000万英热单位
固体燃料	1.5吨硬煤 3吨褐煤
电	12兆瓦时

资料来源：BP Statistical Review of World Energy，July 2007。